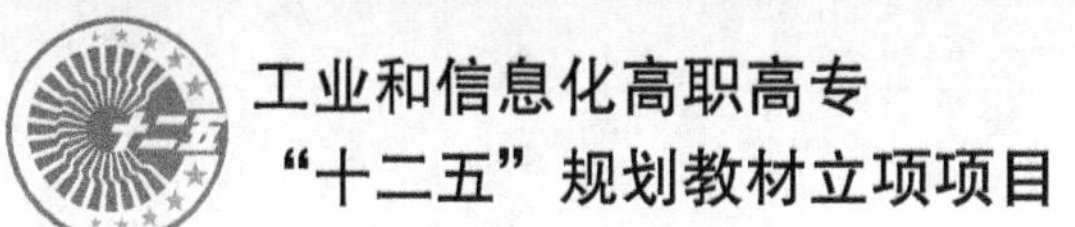

高等职业院校
机电类“十二五”规划教材

CAXA 2009 中文版 基础教程

(第2版)

CAXA 2009 Chinese Edition Foundation Course (2nd Edition)

◎ 朱光苗 主编
◎ 陈建毅 曾长淋 副主编

人民邮电出版社
北京

图书在版编目（CIP）数据

CAXA 2009中文版基础教程 / 朱光苗主编. -- 2版. -- 北京 : 人民邮电出版社, 2012.5（2018.2重印）
高等职业院校机电类“十二五”规划教材 工业和信息化高职高专“十二五”规划教材立项项目
ISBN 978-7-115-27530-1

Ⅰ. ①C… Ⅱ. ①朱… Ⅲ. ①自动绘图－软件包, CAXA 2009－高等职业教育－教材 Ⅳ. ①TP391.72

中国版本图书馆CIP数据核字(2012)第031335号

内 容 提 要

本书以实例贯穿全书，通过实例讲解 CAXA 电子图板的应用知识，重点培养学生的 CAXA 绘图技能，提高解决实际问题的能力。

本书共 11 章，主要内容包括 CAXA 电子图板的基础知识、基本图形的绘制、高级图形的绘制、曲线和图形的编辑、工程标注、规则零件的绘制实例、不规则零件的绘制实例、图块和图库、装配图的绘制、绘图输出及 CAXA 证书考试练习题等。

本书可作为高职高专院校机械、电子及工业设计等专业“计算机辅助设计与绘图”课程的教材，也可作为工程技术人员及计算机爱好者的自学参考书。

◆ 主　　编　朱光苗
副 主 编　陈建毅　曾长淋
责任编辑　赵慧君

◆ 人民邮电出版社出版发行　　北京市丰台区成寿寺路 11 号
邮编　100164　　电子邮件　315@ptpress.com.cn
网址　http://www.ptpress.com.cn
北京京华虎彩印刷有限公司印刷

◆ 开本：787×1092　1/16
印张：12.5　　2012 年 5 月第 2 版
字数：293 千字　　2018 年 2 月北京第 4 次印刷

ISBN 978-7-115-27530-1

定价：32.80 元（附光盘）

读者服务热线：(010)81055256　印装质量热线：(010)81055316
反盗版热线：(010)81055315

目　录

前 言

微型计算机的诞生和快速发展，从根本上改变了传统工程设计的方式和方法。计算机技术与工程设计的结合，产生了极具生命力的新兴交叉技术——CAD 技术。CAXA 电子图板是 CAD 技术领域中一个基础性的应用软件包，它简便易学且具有丰富的绘图功能，受到广大工程技术人员的普遍欢迎。

掌握应用软件 CAXA 对于高职高专院校的学生来说是十分必要的，一是要了解该软件的基本功能，但更为重要的是要结合专业知识，学会利用软件解决专业中的实际问题。我们结合自己十几年的教学经验及体会，编写了这本适用于高职高专层次的 CAXA 教材，本书与同类教材相比，有以下特色。

（1）在内容的组织上遵循了“易懂、实用”的原则，精心选取了 CAXA 的一些常用功能和与机械绘图密切相关的工程实例来构成全书的主要内容。

（2）以绘图实例贯穿全书，将理论知识融入大量的实例中，使学生在实际绘图过程中掌握理论知识，从而提高绘图技能。

（3）本书实践内容的编写参考了人力资源和社会保障部职业技能证书考试的相关规定，与人力资源和社会保障部颁发的职业技能鉴定标准相衔接。最后一章提供了绘图员证书考试练习题，使学生的课程学习与技能证书的获得紧密相连，学习更具目的性。

（4）本书所附光盘提供以下素材。

- “.exb”图形文件

本书所有实例及习题用到的“.exb”图形文件都按章收录在素材文件的“\exb\第×章”文件夹下，读者可以调用和参考这些图形文件。

- “res”结果文件

本书所有实例的结果文件都按章收录在素材文件的“\res\第×章”文件夹下，读者可以调用和参考这些图形文件。

- “.avi”动画文件

本书所有习题的绘制过程都录制成了“.avi”动画，并按章收录在素材文件的“\avi\第×章”文件夹下。

“.avi”是最常用的动画文件格式，几乎所有可以播放动画或视频文件的软件都可以播放。读者只要双击某个动画文件，就可以观看该文件所录制的习题的绘制过程。

注意：播放文件前要安装素材文件中的“avi_tscc.exe”插件，否则，可能导致播放失败。

本书由朱光苗任主编，厦门城市职业学院陈建毅、四川核工业工程学院曾长琳任副主编，参加本书编写工作的还有沈精虎、黄业清、宋一兵、谭雪松、冯辉、郭英文、计晓明、董彩霞、滕玲、郝庆文等。

由于作者水平有限，书中难免存在疏漏之处，敬请读者批评指正。

编　者

2012 年 1 月

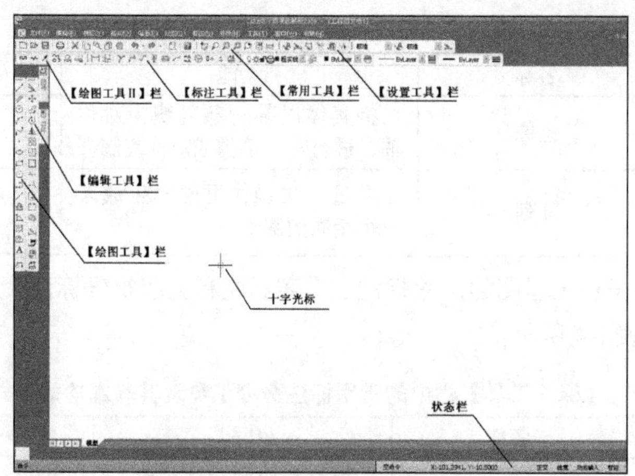

图 1-1　CAXA 用户界面

【绘图工具】栏中主要包含了在绘图过程中常用的绘图命令工具。几种主要的绘图命令工具及其基本功能如表 1-1 所示。

表 1-1　　【绘图工具】栏中的常用绘图命令工具及其基本功能

工具	名称	功能	效果
	直线	绘制直线	
	圆	绘制圆	
	椭圆	绘制椭圆	
	剖面线	为剖切面绘制剖面线	

【绘图工具Ⅱ】栏中的工具用于绘制高级曲线和图形。几种主要的高级绘图命令工具及其基本功能如表 1-2 所示。

表 1-2　　【绘图工具Ⅱ】栏中的常用高级绘图命令工具及其基本功能

工具	名称	功能	效果
	双折线	绘制双折线	
	齿轮	绘制齿轮和轮齿	
	孔/轴	绘制轴或在零件内部绘制孔	

【编辑工具】栏中的工具用于对所绘制的曲线或图形进行编辑。几种主要的编辑命令工具及其基本功能如表 1-3 所示。

表 1-3　　【编辑工具】栏中的常用编辑命令工具及其基本功能

工具	名称	功能	效果
	裁剪	将多余的曲线和图形裁剪掉	
	过渡	主要用于绘制各种倒角	

续表

工具	名称	功能	效果
	镜像	将实体以某一条直线为对称轴，进行对称镜像或对称复制	
	阵列	通过一次操作可同时生成若干个相同的图形	

【标注工具】栏用于对工程图的尺寸标注、文字标注和工程符号标注。几种主要的标注命令工具及其基本功能如表 1-4 所示。

表 1-4　【标注工具】栏中的常用标注命令工具及其基本功能

工具	名称	功能	效果
	尺寸标注	根据拾取的实体不同，自动按实体的类型进行尺寸标注	30 ϕ10 ϕ20
	倒角标注	标注倒角尺寸	2×45° C1
	粗糙度	标注实体的表面粗糙度	1.6
	形位公差	标注形状和位置公差	0.025

【常用工具】栏用于对绘图区内图形的显示方式进行控制。几种常用的命令工具及其功能如表 1-5 所示。

表 1-5　【常用工具】栏中的常用命令工具及其基本功能

工具	名称	功能
	动态显示平移	拖动鼠标光标，平行移动图形
	动态显示缩放	拖动鼠标光标，放大或缩小显示的图形
	显示全部	将当前绘制的所有图形全部显示在屏幕绘图区内

【设置工具】栏用于捕捉点属性、文字参数、标注参数等的设置。几种常用的设置命令工具及其功能如表 1-6 所示。

表 1-6　【设置工具】栏中的常用设置命令工具及其基本功能

工具	名称	功能
	捕捉点设置	设置鼠标光标在屏幕上的捕捉方式
	拾取过滤设置	设置拾取图形元素的过滤条件和拾取盒的大小
	文本样式	设置所有控制工程标注文字的参数，控制文字的外观

其他工具栏的简介如下。

- 【属性工具】栏：用于对图层和线型属性进行设置。
- 【视图管理工具】栏：用于三维模型向二维图纸的转换。

- 【屏幕点属性】栏：在此下拉列表中显示当前屏幕点的捕捉状态。
- 状态栏：提示在绘图过程中各个工具的属性，其中可通过 线宽 按钮决定是否显示线条宽度。

以上是对各命令工具及其基本功能的简要介绍，在选择各命令时也可输入英文命令名称，对应的名称将汇总在本书的附录中，具体应用将在后续章节中详细介绍。

此外，十字光标由鼠标光标控制，用于绘制和拾取图形。绘图区是用户进行绘图设计的工作区域。命令提示行用于显示目前执行命令的提示。

关于基本界面中的其他工具栏，可在工具栏处单击鼠标右键，系统弹出如图 1-2 所示快捷菜单，选择【工具条】选项，在弹出的次级菜单中用户可根据自己的需要进行选择，如图 1-3 所示。

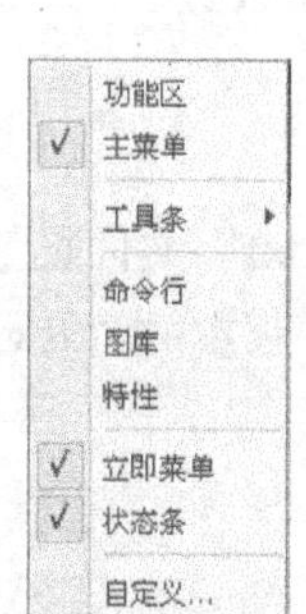

图 1-2　快捷菜单

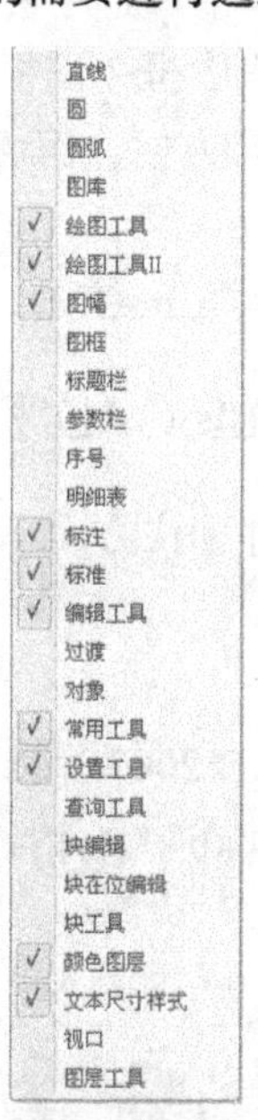

图 1-3　工具条选项的次级菜单

1.3 CAXA 与 AutoCAD 的区别与文件转换

CAXA 与 AutoCAD 各有其优点和缺点，并且两者之间具有兼容性。

一、CAXA 与 AutoCAD 的区别

CAXA 与 AutoCAD 相比，很多命令都已模块化，并且在标注零件尺寸和调用明细栏、标题栏、标准件等方面，都比 AutoCAD 有优势。

（1）图层

CAXA 的各种图层很明确，无须设置，而 AutoCAD 在绘图之前要根据需要重新创建和设置图层。

（2）绘图过程

- 作同心圆时，AutoCAD 需要重复使用画圆命令，而 CAXA 就不需要。

- 画与一条直线成已知角度的另一条直线，CAXA 可以直接调用命令，而 AutoCAD 不能。
- 已知矩形的中心点和长、宽时，CAXA 可以直接进行中心定位来绘制矩形，而 AutoCAD 需要先求出角点的坐标才能绘制。
- 对于镜像命令，CAXA 可选两点或直接拾取直线作为镜像轴，而 AutoCAD 只能用两点作为镜像轴。
- CAXA 具有公式曲线功能，而 AutoCAD 没有。

此外，CAXA 还有很多功能比 AutoCAD 方便，例如轴、倒角和中心线等。

（3）图框的调用

CAXA 可以直接插入图框（图框是 GB 或 JB 标准），标注明细栏也很方便。对于装配图，用 CAXA 生成明细表非常方便，而 AutoCAD 要重新绘制。

（4）标准件

CAXA 的文本处理比 AutoCAD 快，图库也多。

二、CAXA 与 AutoCAD 相比的不足之处

目前，CAXA 在尺寸标注方面不是很方便，需要进一步改进。

三、文件转换

CAXA 可将 AutoCAD 2007 及以下的各版本的“.dwg/dxf”文件批量转换为“.exb”文件，也可将 CAXA 本身的“.exb”文件批量转换为 AutoCAD 各版本的“.dwg/dxf”文件，并可设置转换的路径。

1.4 CAXA 绘图的一般过程

CAXA 绘图的一般过程如图 1-4 所示。

1. 画图前首先要看懂并分析所画图样的内容，并根据视图数量和尺寸大小选择图幅和绘图比例。启动电子图板后，首先要设置图幅和绘图比例

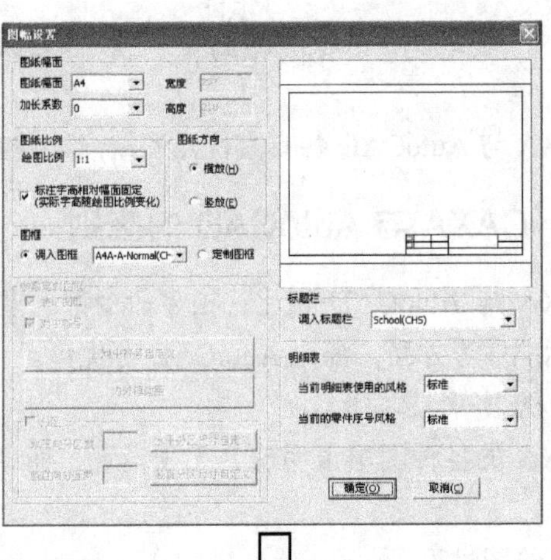

图 1-4 绘图过程

第1章 CAXA 2009 电子图板基础知识

随着计算机技术、信息技术和网络技术的不断成熟和完善，计算机辅助设计（Computer Aided Design，CAD）技术迅速发展。CAD 技术已经渗透到越来越多的行业和领域，其发展和应用水平已经成为衡量一个国家科技和工业现代化水平的重要标志之一。

CAXA 电子图板是计算机辅助设计软件之一，读者要掌握其使用方法并进行工程设计，就要了解其主要功能、特点、用户界面及 CAD 机械制图的一般规定和绘图的基本过程。

1.1 电子图板简介

CAXA 2009 是一个具有自主产权、高效、方便、智能化的二维设计绘图软件。

1.1.1 CAXA 电子图板的内容

CAXA 十多年来坚持“软件服务制造业”的理念，开发出了拥有自主知识产权的 9 大系列 30 多个品种的 CAD、CAPP、CAM、DNC、PDM、MPM 和 PLM 软件产品和解决方案，覆盖了制造业设计、工艺、制造和管理 4 大领域。随着 CAXA 电子图板的不断完善，它已经成为工程技术人员设计工作中不可缺少的工具，主要包括以下内容。

- 设计：CAXA 电子图板（二维 CAD)、CAXA 实体设计（三维 CAD)。
- 工艺：CAXA 工艺汇总表、CAXA 工艺图标。
- 制造：CAXA 数控车、CAXA 线切割、CAXA 制造工程师和 CAXA 网络 DNC。
- 管理：CAXA 图文档。

1.1.2 CAXA 电子图板的特点

作为一套国内自主开发的二维绘图软件，CAXA 电子图板具有以下特点。

（1）耳目一新的界面风格，打造全新交互体验。

CAXA 电子图板改变原有的“文件”、“编辑”、“视图”的菜单模式，采用普遍流行的

Fluent/Ribbon 图形用户界面。新的界面风格更加简洁、直接，使用者可以更加容易地找到各种绘图命令，并且以更少的命令完成 CAD 操作。同时，新版本保留原有 CAXA 风格界面，并通过 F9 键切换新老界面，方便老用户使用。CAXA 电子图板优化了并行交互技术、动态导航以及双击编辑等方面功能，改进了 CAD 软件同用户的交流体验，使命令更加直接简捷，操作更加灵活方便。

（2）全面兼容 AutoCAD 2007 及以下版本，综合性能提升。

为了满足跨语言、跨平台的数据转换与处理的要求，CAXA 电子图板基于 Unicode 编码进行重新开发，进一步增强了对 AutoCAD 数据的兼容性，保证电子图板 EXB 格式数据与 DWG 格式数据的直接转换，从而完全兼容企业历史数据，实现企业设计平台的转换。电子图板支持主流操作系统，改善了软件操作性能，加快了设计绘图速度。

（3）专业的绘图工具以及符合国标的标注风格。

系统提供强大的图形绘制和编辑功能，包括基本的点、直线、圆弧、矩形等以及样条线、等距线、椭圆、公式曲线等的绘制；提供了裁剪、变换、拉伸、阵列、过渡、粘贴、文字和尺寸的修改等图元编辑功能。同时提供智能化的工程标注方式，包括尺寸标注、坐标标注、文字标注、尺寸公差标注、几何公差标注、表面结构标注等。具体标注的所有细节均由系统自动完成，真正轻松地实现设计过程的“所见即所得”。

（4）开放幅面管理和灵活的排版打印工具。

CAXA 电子图板提供开放的图纸幅面设置系统，可以快速设置图纸尺寸、调入图框、标题栏、参数栏以及填写图纸属性信息。还可以快速生成符合标准的各种样式的零件序号、明细表，并且可以保持零件序号与明细表之间的相互关联，从而极大地提高编辑修改的效率，并使工程设计标准化。电子图板支持主流的 Windows 驱动打印机和绘图仪，提供指定打印比例、拼图以及排版等多种输出方式，保证工程师的出图效率，有效节约时间和资源。

（5）参数化图库设置和辅助设计工具。

CAXA 电子图板针对机械专业设计的要求，提供了符合最新国标的参量化图库，共有 20 多个大类、1 000 余种、近 30 000 个规格的标准图符，并提供完全开放式的图库管理和定制手段，方便快捷地建立、扩充自己的参数化图库；并在设计过程中针对图形的查询、计算、转换等操作提供辅助设计工具，集成多种外部工具于一身，有效满足不同场景下的绘图需求。

1.2 基本界面和功能

CAXA 电子图板提供了强大的图形绘制、图形编辑、工程标注等功能，并提供了标准件与常用件的参数化图形库。设计人员也可根据需要建立自己的参数化图符，从而提高工作效率，缩短新产品的设计周期。

CAXA 电子图板的界面有面板式和菜单式两种，用户可以通过 F9 键进行切换，本书主要还是以菜单式进行介绍，主界面如图 1-1 所示，该图板提供了立即菜单的交互方式，与传统逐级查找的问答式交互相比，该交互方式更加直观、快捷。

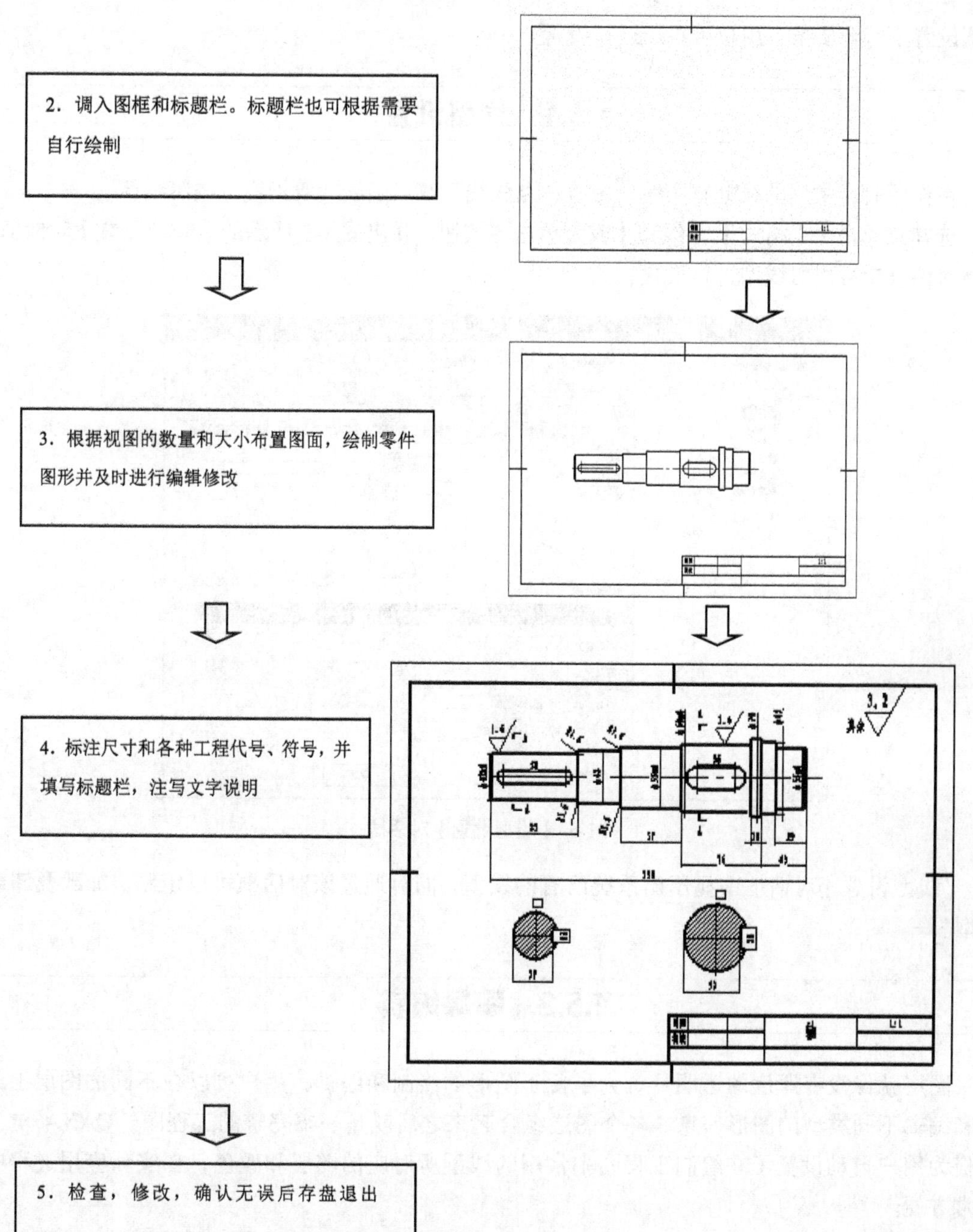

图 1-4　绘图过程（续）

1.5　线型和图层

CAXA 电子图板有默认的线型和图层，用户进入界面后可以直接绘图。如果绘图时系统的默认设置不符合要求，用户可重新进行设置。

1.5.1 线型设置

在作图时，常用的线型有实线、虚线、点画线、双点画线、双折线、波浪线等。

选择菜单命令【格式】/【线型】或者单击按钮，弹出图 1-5 所示的【线型设置】对话框，在该对话框中可以对线型进行设置。

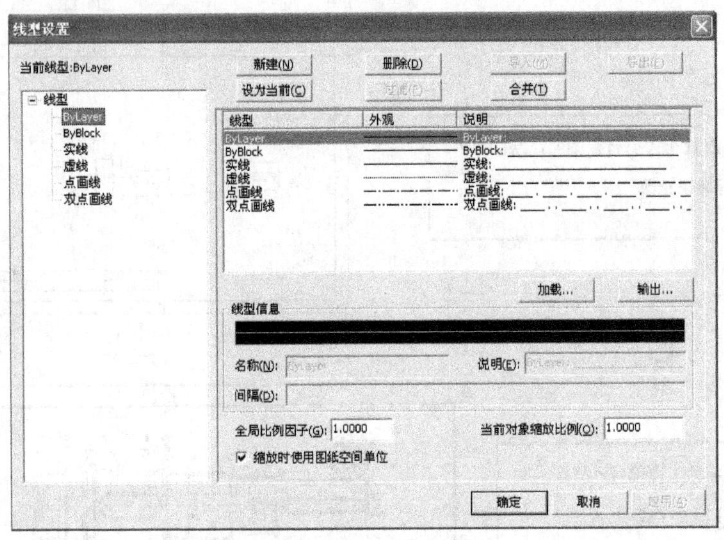

图 1-5 【线型设置】对话框

【线型设置】对话框中显示出系统已有的线型，同时通过该对话框可以定制、加载及卸载线型。

1.5.2 图层编辑

图层就像没有厚度的透明片。为了便于图形的绘制和编辑，用户可以在不同的图层上绘制和编辑不同类型的图形信息。各个图层组合起来之后就是一幅完整的工程图。CAXA 电子图板为用户自动设置了在绘制工程图中常用的线型所对应的图层和颜色，在实际应用过程中非常方便。

每个图层都有“关闭”和“打开”两种状态。被关闭图层上的实体不能被显示，也不能被编辑。用户可以把不同类型的图形放在不同的图层上，并可对每一图层上的图形进行单独修改，使绘图和编辑工作更加方便。

单击【属性工具】栏上的按钮，弹出图 1-6 所示的【层设置】对话框，利用该对话框可对图层进行设置。

在【层设置】对话框中，用户可进行以下操作。

一、设置当前层

选取所需的图层后，单击设为当前(C)按钮，则所选图层成为当前层。

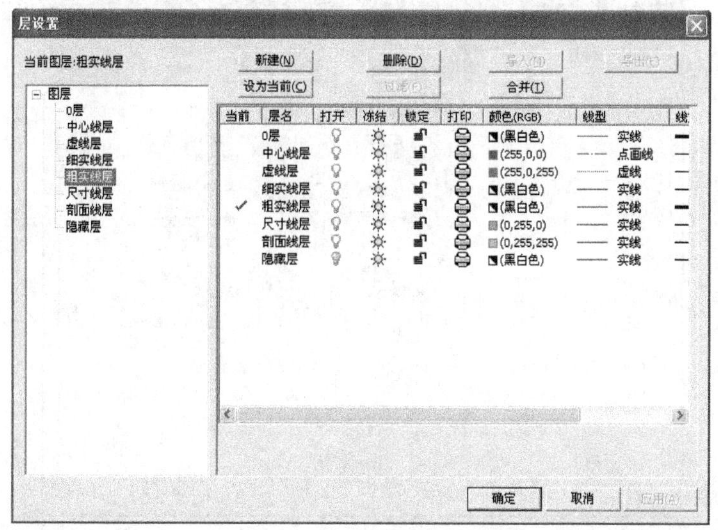

图 1-6 【层设置】对话框

二、新建图层

单击 新建图层 按钮，可以新建一个图层。

三、删除图层

选取要删除的图层后，单击 删除图层 按钮，可删除该图层。

系统初始的层不能被删除，用户只能删除自己创建的图层。

四、层属性操作

对于新建的图层，用户可对其中的任何一项进行修改，例如层名、层描述、层状态、颜色和线型等。

1.6 屏幕点的设置

设置屏幕点就是设置鼠标光标在用户界面上的捕捉方式。

单击【设置工具】栏上的 按钮，弹出图 1-7 所示的【智能点工具设置】对话框，利用该对话框可对捕捉点进行设置。

在【智能点工具设置】对话框的【当前模式】下拉列表中的各选项也可通过用户界面右下角的下拉列表来选择，如图 1-8 所示。

系统提供了以下 4 种捕捉点的捕捉方式。

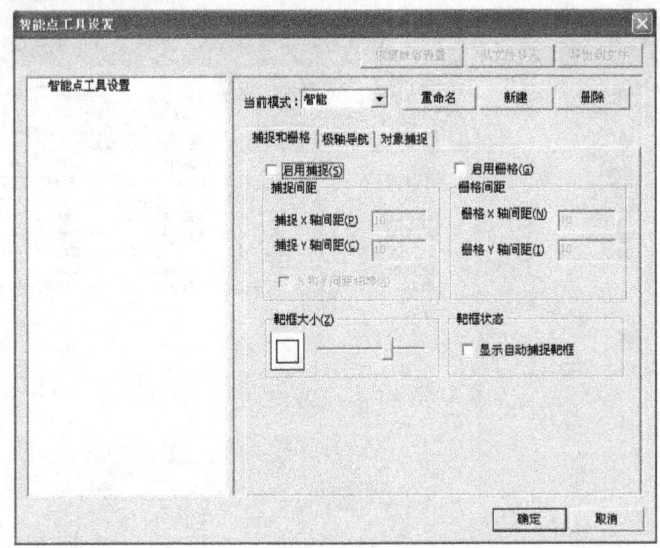

图 1-7 【智能点工具设置】对话框

一、自由点捕捉

在自由点捕捉方式下，点的输入完全由当前鼠标光标的实际位置来确定。

二、栅格点捕捉

在栅格点捕捉方式下，鼠标光标自动捕捉栅格点。用户可设置栅格点的间距及栅格点的可见与不可见，栅格间的距离可以自由设置，因此利用此命令可以快速绘制简单的图形。绘图时，鼠标光标可自动吸附在距离最近的栅格点上。即使栅格点不可见，鼠标光标的吸附功能依然存在。图 1-9 所示为利用栅格点捕捉的示例。

图 1-8　屏幕点设置

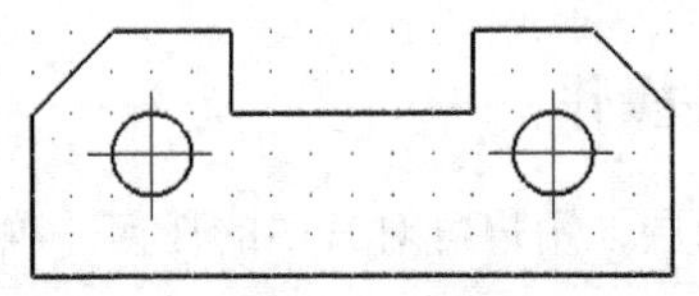

图 1-9　栅格点捕捉示例

三、智能点捕捉

在智能点捕捉方式下，鼠标光标可以自动捕捉一些特征点，如圆心、切点、中点、垂足、端点等。捕捉范围受拾取设置中的拾取盒（吸附于十字光标中心的正方形）大小的控制。利用智能点捕捉可以保证作图精度，提高作图效率。

捕捉不同特征的点时，可在图 1-7 中的【对象捕捉】对话框中进行设置，鼠标光标的形状变化如图 1-10（a）所示。例如，当鼠标光标接近圆心时会变成图 1-10（b）所示的形状。

四、导航点捕捉

在导航点捕捉方式下，系统可通过鼠标光标对若干种特征点进行导航，如孤立点、线段的端点和中点等。同样，在使用导航的同时也可以进行智能点捕捉，以提高捕捉精度。

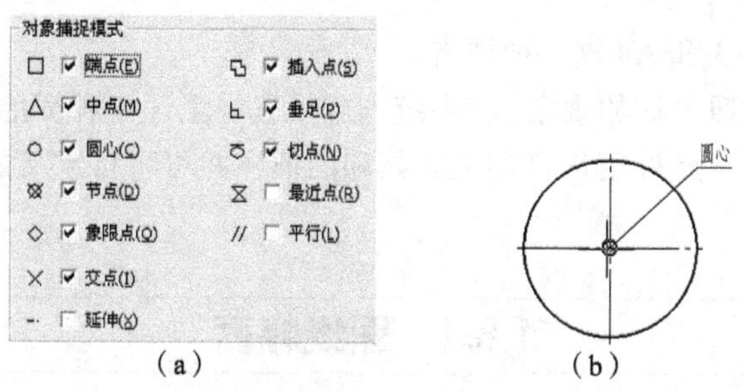

图 1-10　鼠标光标的形状

利用导航点捕捉可保证视图之间的投影关系，使用户很容易获得视图间的“长对正”和“高平齐”关系。导航点的捕捉范围受拾取设置中的拾取盒大小的控制，导航角度可以选择或重新设置。

1.7 拾取过滤设置

拾取过滤设置用于设置拾取图形元素的过滤条件和拾取盒的大小。

单击【设置工具】栏上的 按钮，弹出图 1-11 所示的【拾取过滤设置】对话框，利用该对话框可对拾取过滤条件和拾取盒进行设置。

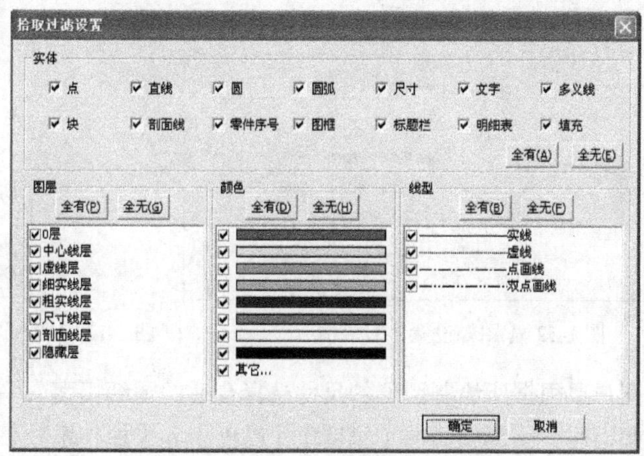

图 1-11 【拾取过滤设置】对话框

其中，【实体】、【线型】、【图层】和【颜色】分组框中的 4 类条件的交集为有效拾取。利用条件组合进行过滤，可以由鼠标光标拾取盒快速、准确地从图中拾取到想拾取的图形元素。

1.8 图幅设置

绘制工程图时，首先要选好图纸的图幅、图框。国标中对机械制图的图纸大小做了统一规定，有 A0、A1、A2、A3 和 A4 这 5 种规格。

CAXA 电子图板按照国标的规定，在系统内部设置了上述 5 种标准图幅以及相应的图框、标题栏和明细栏。同时，允许用户自定义图幅和图框，并可将自定义的图幅、图框制成模板文件。

1.8.1 图纸幅面

用户可选择标准图纸幅面或自定义幅面，还可以设置绘图比例和图纸的放置方向。

单击【幅面操作】工具栏上的 按钮或选择菜单命令【幅面】/【图幅设置】，弹出【图幅设置】对话框，如图 1-12 所示。在该对话框中可以设置图纸幅面、图纸比例和图纸方向，还可以选择是否调入图框和标题栏。

打开【图幅设置】对话框中的【图纸幅面】下拉列表，如图 1-13 所示，在该下拉列表中，用户不仅可以选择 A0、A1、A2、A3 或 A4 的标准图纸幅面，还可以自定义图纸幅面。

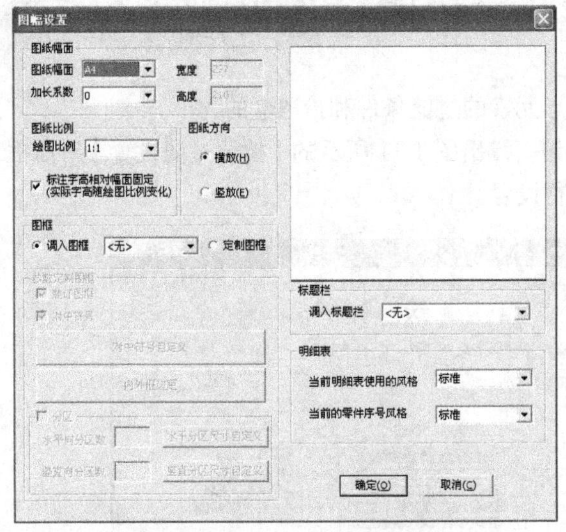

图 1-12 【图幅设置】对话框

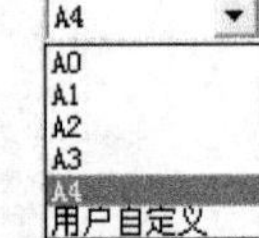

图 1-13 【图纸幅面】下拉列表

在绘制图形时，用户要根据所绘制图形的尺寸选择合适的图纸幅面。

当选择标准图纸幅面时，图纸幅面的【宽度】、【高度】和【加长系数】均不可以改变。

当选择【用户自定义】选项时，用户可根据需要自行设置图纸幅面。

1.8.2 调入和定义图框

下面介绍调入和定义图框的方法。

一、调入图框

用户要调入图框，可以直接单击 按钮，或者在【图幅设置】对话框的【图框】/【调入图幅】下拉列表中直接选择。此时，在该对话框右侧的图形预览框中可预览图框，如图 1-14 所示。

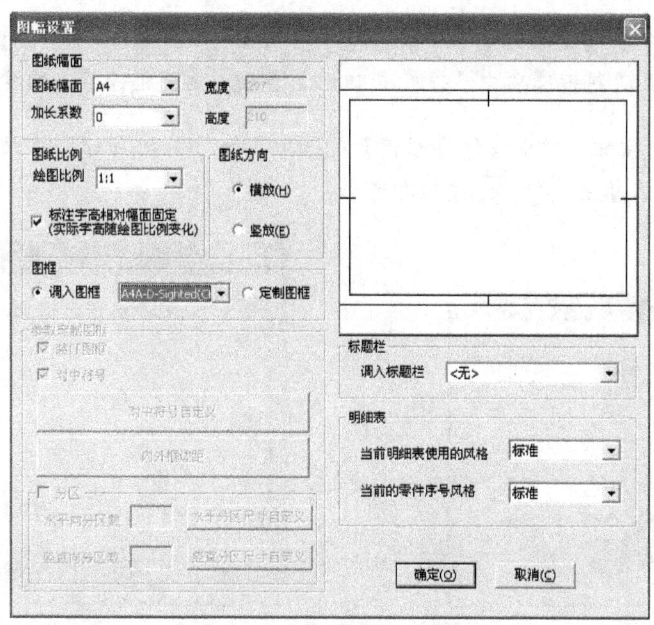

图 1-14 【图幅设置】对话框

为了在绘图过程中保持图纸清晰，有时会在绘图结束后调入图框，这时只需选择菜单命令【幅面】/【图框】/【调入】，弹出图 1-15 所示的【读入图框文件】对话框。该对话框会自动弹出与图纸幅面设置相对应的国标中的图框及自定义的图框，选择其中相应的图标后，单击确定(O)按钮即可。

二、定义图框

利用“定义图框”将屏幕上的某些图形定义为图框。

【实例 1-1】将图 1-16 所示的图形定义为图框，名称为“图框一”。

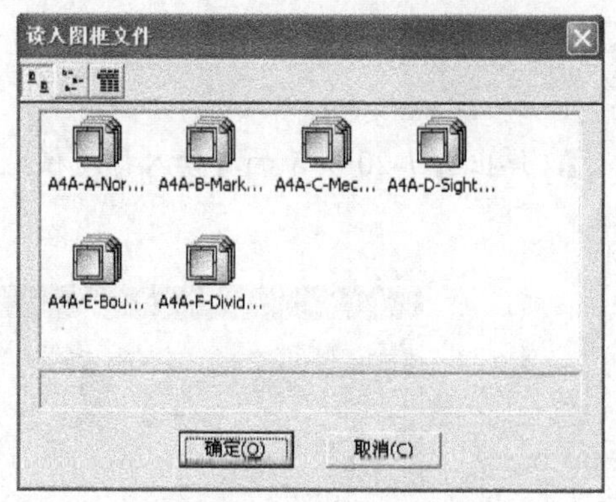

图 1-15 【读入图框文件】对话框

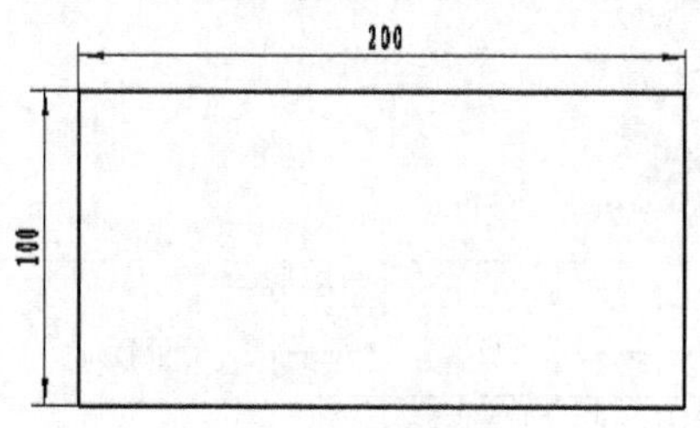

图 1-16 图框文件

1. 选择菜单命令【幅面】/【图框】/【定义】。
2. 根据命令行提示完成以下操作。

拾取元素：//拾取图 1-16 所示的图形，按 Enter 键

基准点：//单击图框右下角的角点，弹出图 1-17 所示的【选择图框文件的幅面】对话框

在【选择图框文件的幅面】对话框中，若单击取系统值(S)按钮，则图框保存在开始设定的幅面的图框选项中。若单击取定义值(D)按钮，则图框保存在自定义的图框选项中。

3. 单击取定义值(D)按钮，弹出【保存图框】对话框，如图 1-18 所示。在该对话框下方的文本框中输入“图框一”，单击确定(O)按钮即可。

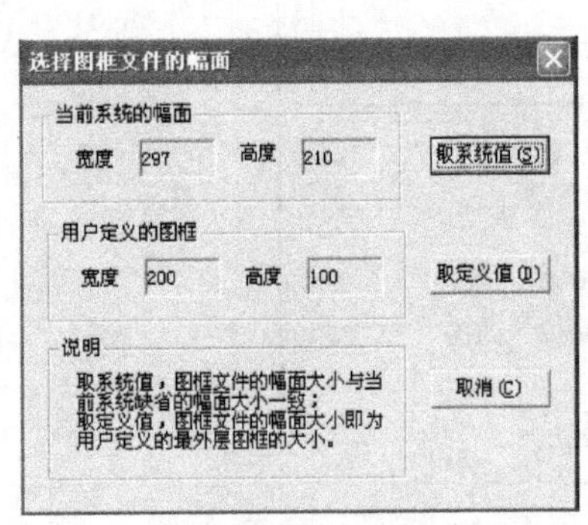

图 1-17 【选择图框文件的幅面】对话框

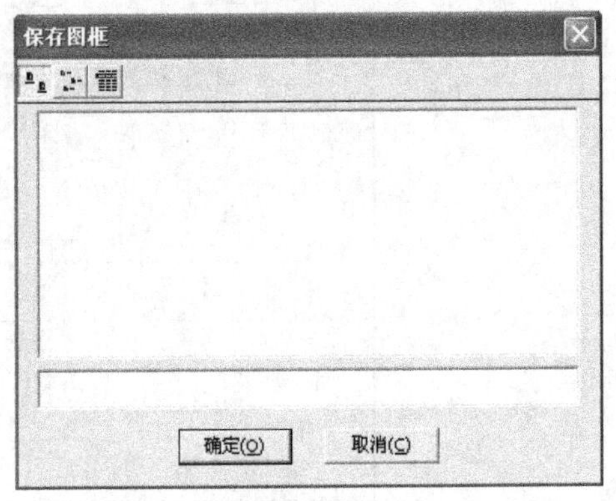

图 1-18 【保存图框】对话框

拾取构成图框的图形元素时，选取的图框中心点要与系统的坐标原点重合，否则无法生成图框。

1.8.3 标题栏

CAXA 电子图板根据 GB/T10691.1—1989 的规定，为用户设置了多种形式的标题栏，同时，也允许用户将图形定义为标题栏，并以文件的方式存储。

下面以实例来说明调入并填写标题栏的方法。

【实例 1-2】调入图 1-19 所示的标题栏并填写相应的内容。

1. 调入标题栏。

（1）选择菜单命令【幅面】/【标题栏】/【调入】，弹出图 1-20 所示的【读入标题栏文件】对话框。

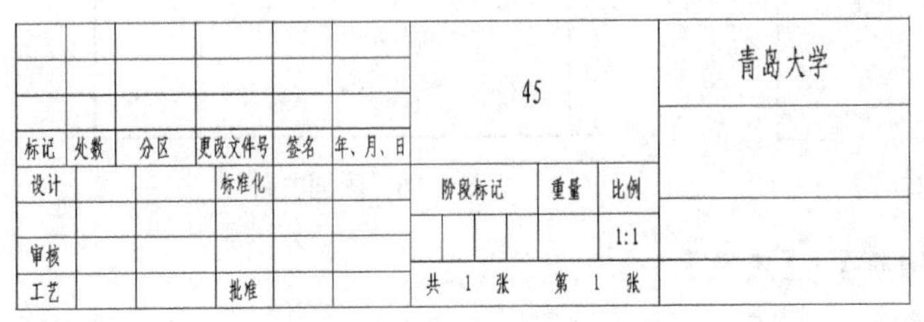

图 1-19 调入并填写标题栏

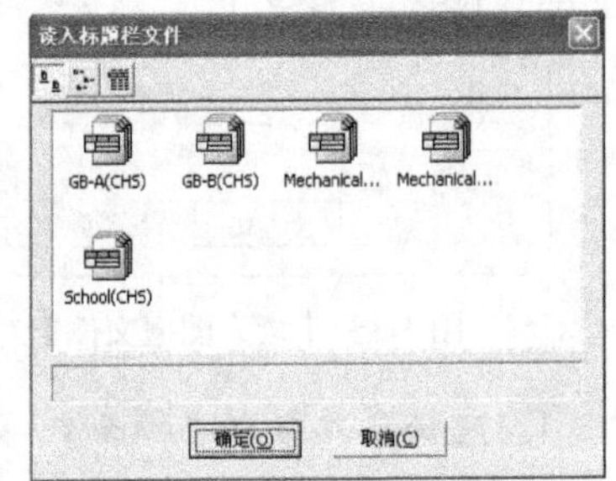

图 1-20 【读入标题栏文件】对话框

（2）在该对话框中选择【GB-A（CHS）】，单击确定(O)按钮，结果如图 1-21 所示。

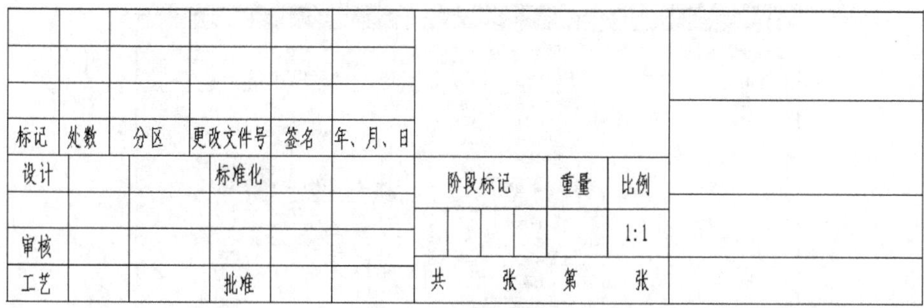

图 1-21　调入标题栏

2. 填写标题栏。

（1）选择菜单命令【幅面】/【标题栏】/【填写】，弹出【填写标题栏】对话框，在该对话框中填写所需的内容，如图 1-22 所示。同时，也可以在【文本设置】和【显示属性】选项卡内对标题栏的内容进行设置。

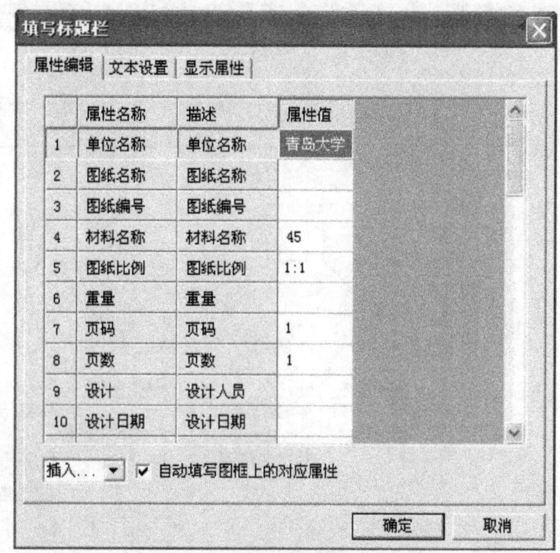

图 1-22 【填写标题栏】对话框

（2）单击 确定(O) 按钮，结果如图 1-19 所示。

1.8.4　零件序号

一、设置零件序号

利用序号设置可以选择零件序号的标注形式。选择菜单命令【格式】/【序号】，弹出图 1-23 所示的【序号风格设置】对话框，该对话框中各选项的功能如下。

- 【序号基本形式】选项卡选择设置序号的标注风格，有【箭头样式】、【引出序号格式】和【文本样式】等分组框。
- 【符号尺寸控制】选项卡如图 1-24 所示，在此可对引出符号的属性进行设置。

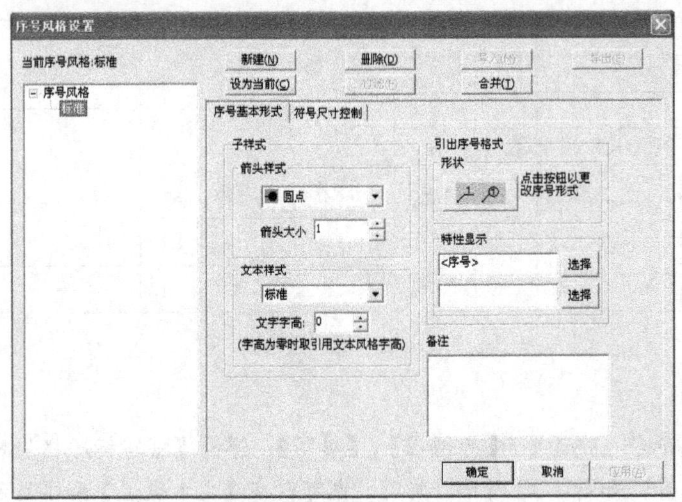

图 1-23 【序号风格设置】对话框之【序号基本形式】选项卡

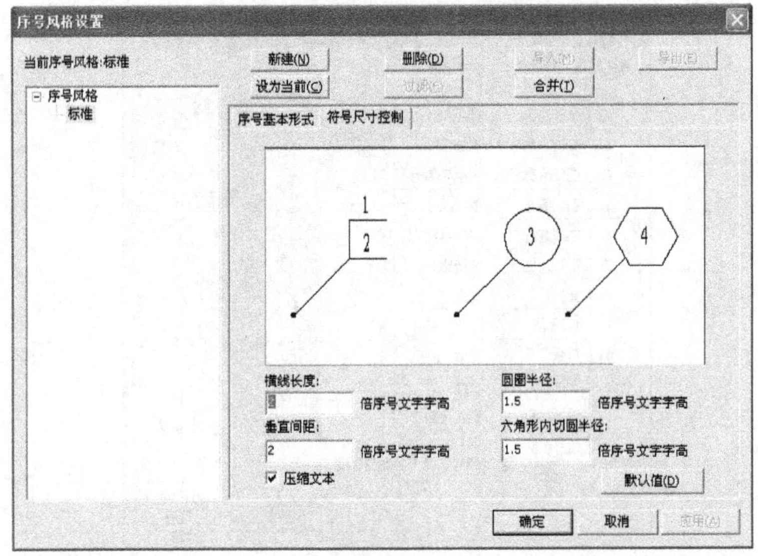

图 1-24 【序号风格设置】对话框之【符号尺寸控制】选项卡

在同一张图纸上，零件序号的形式应统一。若在图纸中已标注了零件序号，则不能再改变其设置。

二、生成序号

利用生成序号可以生成或插入零件序号，并且可实现与明细栏的联动。

【实例 1-3】打开素材文件“\exb\第 1 章\1-5.exb”，如图 1-25 所示，完成 *A*、*B* 两点处的序号标注。

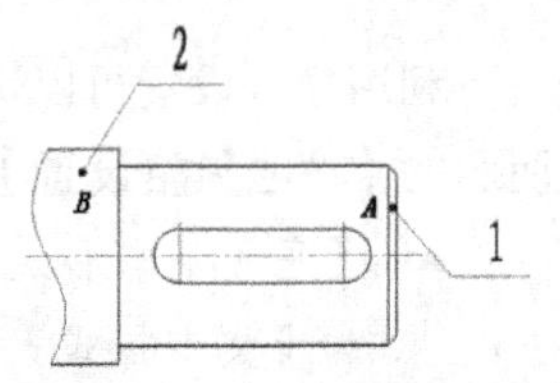

图 1-25 序号标注

1. 选择菜单命令【幅面】/【序号】/【生成】，设置立即菜单栏如图 1-26 所示。

图 1-26 立即菜单栏

2. 根据命令行提示，单击 *A* 点，接着根据提示确定转折点，即可完成序号“1”的标注。此时，立即菜单栏的【1.序号】文本框中的数字会自动变成“2”，根据命令行提示，完成序号“2”的标注，结果如图 1-25 所示。

如果在图 1-26 所示的立即菜单栏的【6.】下拉列表中选择【填写】选项，则在确定引出点和转折点后，则系统弹出图 1-27 所示的【填写明细表】对话框。

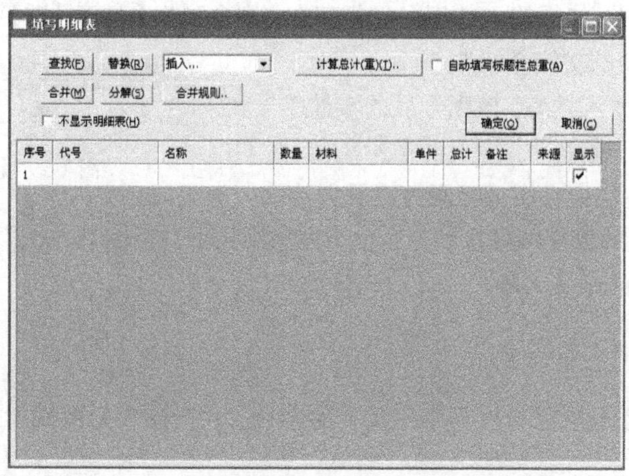

图 1-27 【填写明细表】对话框

如果零件是从图库中提取的标准件或含属性的块，则系统可以自动填写明细栏。

如果提取的标准件被打散，在序号标注时系统将无法识别，也就找不到属性，因此不能自动填写明细栏。

图 1-26 所示的立即菜单栏中的各项内容介绍如下。

- 【1.序号】：指所标注的零件序号，其默认值为“1”，并根据当前序号自动递增，以完成下一次的标注。用户还可以根据需要修改序号，并且可在序号前面增加前缀。例如，在序号之前加“@”，将会生成加圈的序号。
- 【2.数量】：一般为“1”。当一组零件采用公共指引线时，可输入零件的数量。
- 【3.】：在此下拉列表中选择零件序号的排列形式，如【水平】或【垂直】。
- 【4.】：在此下拉列表中选择序号的标注方向，如【由内至外】或【由外至内】。
- 【5.】：在此下拉列表中选择生成序号的同时是否生成明细表。

各种标注类型的示例如图 1-28 所示。

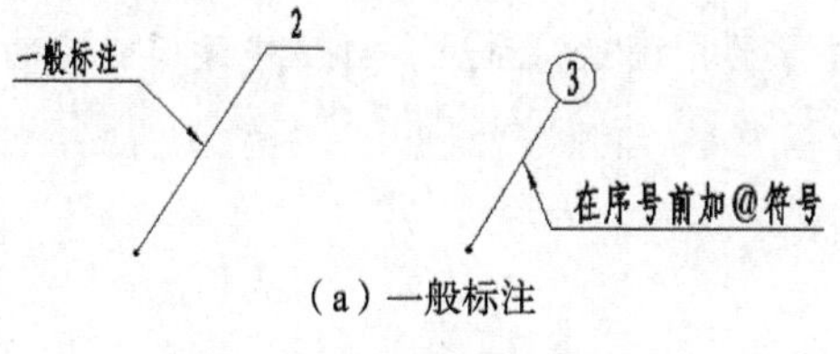

（a）一般标注

图 1-28 序号标注示例

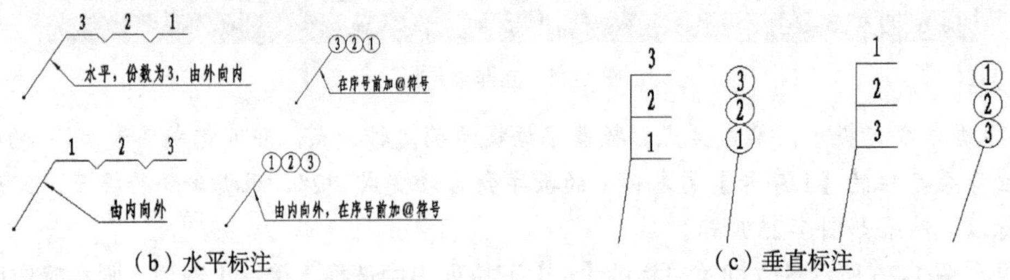

（b）水平标注　　　　（c）垂直标注

图 1-28　序号标注示例（续）

在进行序号标注时，如果输入的序号已经存在，则会弹出【注意】对话框，如图 1-29 所示。该对话框中各按钮的功能介绍如下。

注意
插 入(I)　取重号(R)　自动调整(A)　取 消(C)

图 1-29 【注意】对话框

插 入(I)：进入插入状态，该序号后的零件序号和相应的标题栏都将进行重排。

取重号(R)：标注与原有序号相同的序号。

自动调整(A)：插入的重复序号自动变为整个序号中的下一个序号。

取 消(C)：输入的序号无效。

三、删除序号

利用删除序号可以删除已有序号中不需要的序号。在删除序号的同时，也删除明细表中的各相应项。

【实例 1-4】打开素材文件“\exb\第 1 章\1-6.exb”，如图 1-30 所示，删除图中的序号“1”。

1. 选择菜单命令【幅面】/【序号】/【删除】。
2. 根据命令行提示，拾取序号“1”，结果如图 1-31 所示。

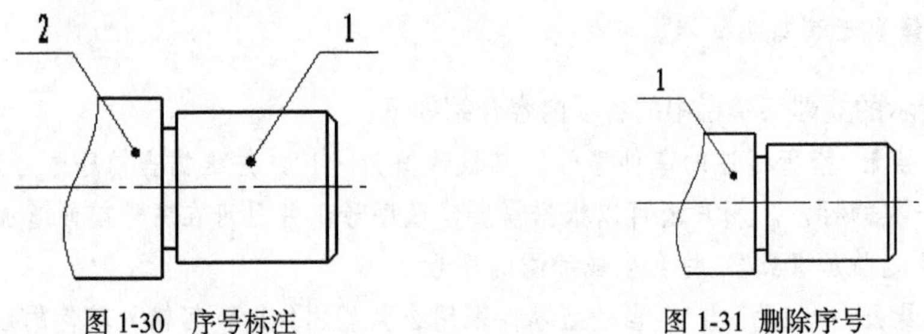

图 1-30　序号标注　　　　图 1-31　删除序号

- 对于多个序号共用一条指引线的序号结点，如果拾取位置为序号，则删除被拾取的序号；若拾取到其他部位，则删除整个结点。
- 如果所要删除的序号没有重号，则同时删除明细栏中相应的表项，否则只删除所拾取的序号。
- 如果删除的序号为中间项，系统会自动将该项以后的序号值顺序减一，以保持序号的连续性。

四、编辑序号

利用编辑序号可以编辑已标注序号的位置。

【实例 1-5】打开素材文件“\exb\第 1 章\1-7.exb”，如图 1-32 左图所示，利用编辑序号将左图修改为右图。

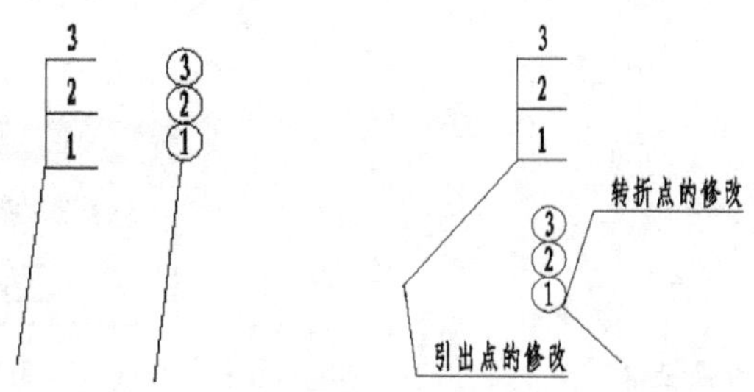

图 1-32 序号编辑

1. 选择菜单命令【幅面】/【序号】/【编辑】。

2. 根据命令行提示，拾取待编辑的序号，然后分别修改序号的引出点和转折点的位置，结果如图 1-37 右图所示。

- 如果拾取的是序号的指引线，则命令行提示“引出点”，输入引出点后，所编辑的是序号的引出点及引出线的位置。
- 如果拾取的是序号的序号值，则命令行提示“转折点”，输入转折点后，所编辑的是转折点及序号的位置。
- 编辑序号只能修改其位置，不能修改序号本身。

五、交换序号

利用交换序号可以交换序号的位置，并根据需要交换明细表中的内容。

【实例 1-6】打开素材文件“\exb\第 1 章\1-8.exb”，如图 1-33 所示，将左图的序号“1”与右图的序号“6”进行交换。

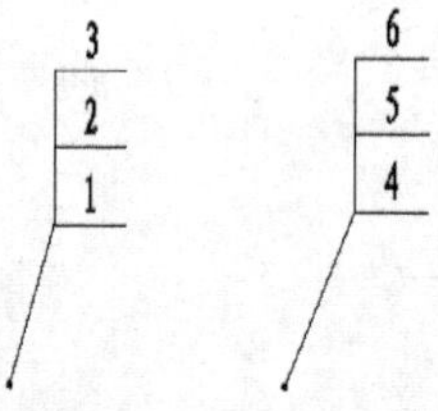

图 1-33 交换序号

1. 择菜单命令【幅面】/【序号】/【交换】。

2. 根据命令行提示，单击图 1-33 左图中的序号，此时弹出【请选择要交换的序号】对话框，如图 1-34 所示。选择【1】单选项后，单击 确定(O) 按钮。

3. 再根根据命令行提示，单击图 1-33 右图中的序号，在弹出的【请选择要交换的序号】对话框中选择【6】单选项，如图 1-35 所示。

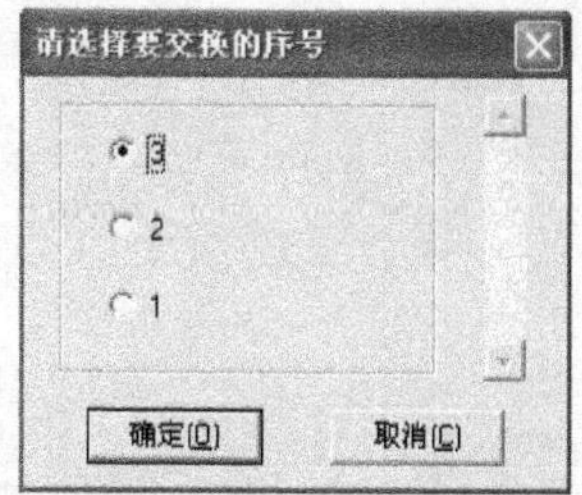

图 1-34 【请选择要交换的序号】对话框（1）

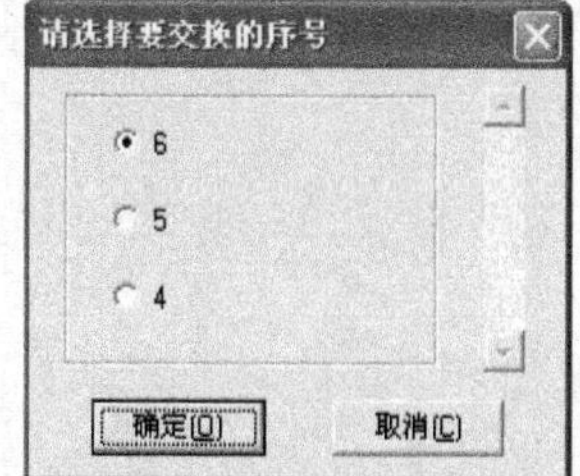

图 1-35 【请选择要交换的序号】对话框（2）

4. 单击 确定(O) 按钮，结果如图 1-36 所示。

需要注意的是，不同类型的序号之间不能进行交换，否则会弹出警告对话框，如图 1-37 所示。

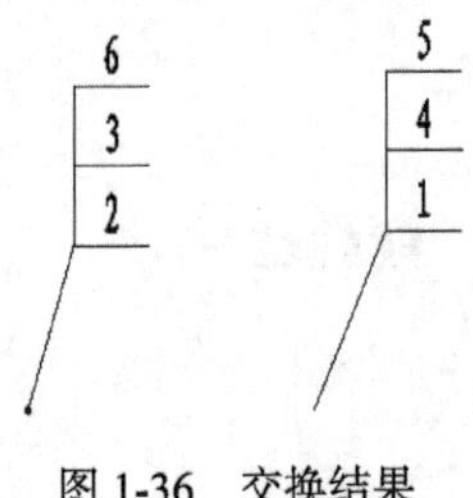

图 1-36　交换结果

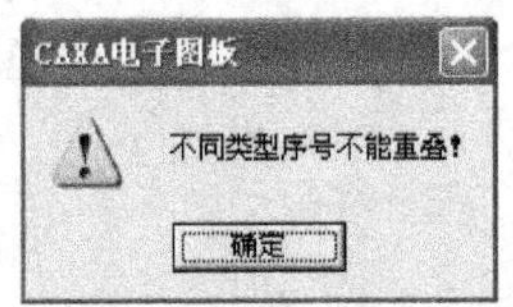

图 1-37　警告对话框

1.9 习题

1. 打开 CAXA 2009，将各图层颜色都设置为黑/白。
2. 调入 A3 图纸，横向，比例为 1∶2，带图框，标题栏为 GB-A（CHS）。

第2章 图形绘制

用户可以根据 CAXA 电子图板提供的作图方法绘制各种复杂的工程图。CAXA 的作图功能比较齐全，本章结合一些实例来介绍相关的绘图命令和操作方法。

2.1 点和直线的绘制

在使用直线命令时，用户可以通过鼠标光标指定线段的端点或利用键盘输入线段的端点坐标，系统就会将这些点连成线段，因此点和线通常是同时出现的。

2.1.1 点

- 【名称】: 点
- 【命令】: Point
- 【图标】: ·
- 【概念】: 创建孤立点或其他形式的点

点是构成图形的基本要素之一，在 CAXA 中，点可分为“孤立点”、“等分点”和“等弧长点”3 种绘制方式，本节将通过实例对点进行讲解。

一、点的形式

单击【绘图工具】栏上的 · 按钮，立即菜单栏如图 2-1 所示，其中有“孤立点”、“等分点”和“等距点”3 种形式，以下分别进行介绍。

- 孤立点，在绘图区可以任意绘制点。
- 等分点，在绘图区内将线段或圆弧进行等分。
- 等弧长点，在绘图区内将圆弧按照两点确定的长度进行等分。

孤立点
等分点
等距点
1. 孤立点
点:

图 2-1　点的形式立即菜单栏

二、点的输入方式

用户可以通过键盘输入点的坐标，绘制线段。

- 绝对坐标。绝对坐标分为绝对直角坐标和绝对极坐标两种形式。

绝对直角坐标的输入形式为“x,y”。x 表示点的 x 坐标值，y 表示点的 y 坐标值。两坐标值之间用“,”号分隔开。例如，“30,50”、“−10,20”。

绝对极坐标的输入形式为“D<Angle”。D 表示点到原点的距离，也就是极轴的长度。Angle 表示极轴方向与 x 轴正向间的夹角。例如，“100<45”、“80<−30”。

从 x 轴正向逆时针旋转到极轴方向，Angle 角为正，否则为负。

- 相对坐标。相对坐标与绝对坐标相比，只是在坐标值前加了符号“@”。
- 相对直角坐标的输入形式为“@x,y”。
- 相对极坐标的输入形式为“@D<Angle”。

用键盘输入点坐标的时候，输入法的方式应该选择“英文”方式。

【实例 2-1】用输入点坐标的方法绘制如图 2-2 所示的导轨草图。

1. 单击【绘图工具】栏上的 ⁄ 按钮，设置立即菜单栏，如图 2-3 所示。

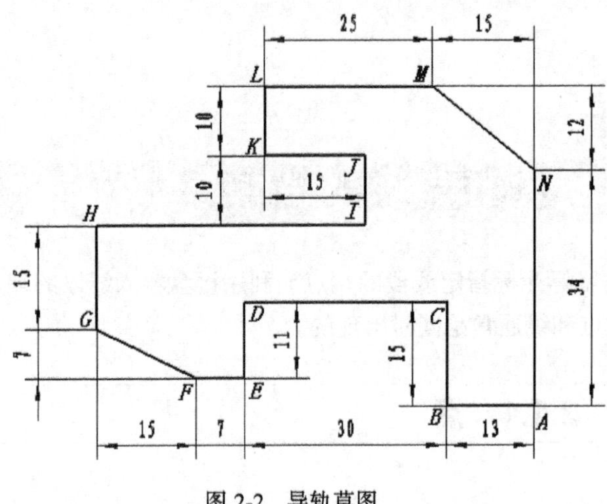

图 2-2 导轨草图

1. 两点线 2. 连续
第一点(切点,垂足点):

图 2-3 两点线立即菜单栏

2. 根据命令行提示完成以下操作。

```
第一点(切点,垂足点): 0,0          //输入 A 点的绝对直角坐标
第二点(切点,垂足点): @-13,0       //输入 B 点的相对直角坐标
第二点(切点,垂足点): @0,15        //输入 C 点的相对直角坐标
第二点(切点,垂足点): @-30,0       //输入 D 点的相对直角坐标
第二点(切点,垂足点): @0,-11       //输入 E 点的相对直角坐标
第二点(切点,垂足点): @-7,0        //输入 F 点的相对直角坐标
第二点(切点,垂足点): @-15,7       //输入 G 点的相对直角坐标
第二点(切点,垂足点): @0,15        //输入 H 点的相对直角坐标
第二点(切点,垂足点): @40,0        //输入 I 点的相对直角坐标
第二点(切点,垂足点): @0,10        //输入 J 点的相对直角坐标
第二点(切点,垂足点): @-15,0       //输入 K 点的相对直角坐标
第二点(切点,垂足点): @0,10        //输入 L 点的相对直角坐标
第二点(切点,垂足点): @25,0        //输入 M 点的相对直角坐标
第二点(切点,垂足点): @15,-12      //输入 N 点的相对直角坐标
第二点(切点,垂足点): @0,-34       //输入 N 点的相对直角坐标,单击鼠标右键完成绘制
```

【实例 2-2】用输入点坐标的方法绘制如图 2-4 所示的平面图形。

1. 单击【绘图工具】栏上的 ⁄ 按钮，设置立即菜单栏，如图 2-5 所示。

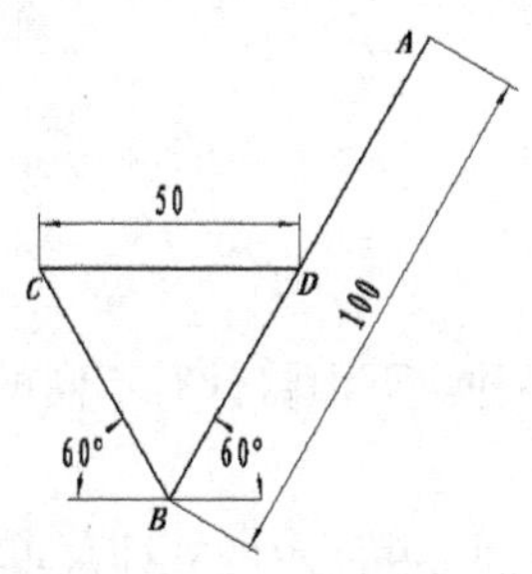

图 2-4 平面图形

图 2-5 两点线立即菜单栏

2. 根据命令行提示完成以下操作。

第一点(切点,垂足点)：0,0 //输入 A 点的绝对直角坐标
第二点(切点,垂足点)：@100<-120 //输入 B 点的相对极坐标
第二点(切点,垂足点)：@50<120 //输入 C 点的相对极坐标
第二点(切点,垂足点)：@50<0 //输入 D 点的相对极坐标，单击鼠标右键完成绘制

三、点的捕捉方式

利用对象捕捉功能可以智能地捕捉到对象上的几何点，如端点、中点、中心点和交点等。

选定相应的绘制命令后，按空格键，弹出图 2-6 所示的快捷菜单，利用该菜单选择相应的特征点。

【实例 2-3】打开素材文件“\exb\第 2 章\2-3.exb”，绘制线段 *AE*、*BF* 和 *OC*，如图 2-7 所示。

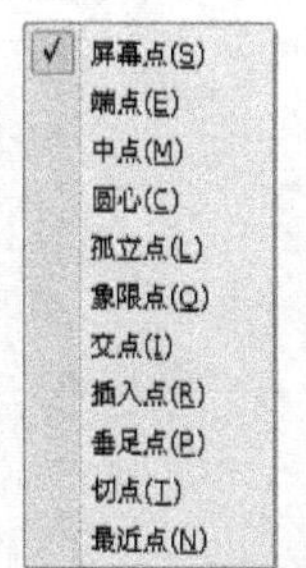

图 2-6 特征点快捷菜单

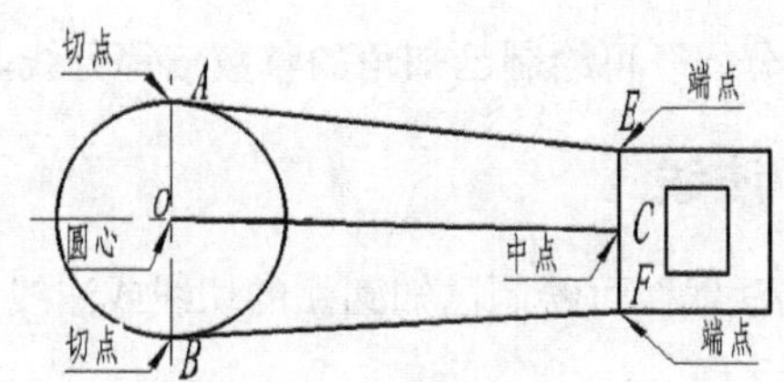

图 2-7 特征点捕捉

1. 绘制线段 *AE*。

（1）单击【绘图工具】栏上的 ⁄ 按钮，设置立即菜单栏如图 2-8 所示。

（2）当命令行提示“第一点（切点,垂足点）”时，按空格键，在弹出的快捷菜单中选择【切点】选项，在圆上 *A* 点附近单击鼠标左键，鼠标光标自动捕捉到切点 *A*。

图 2-8 两点线立即菜单栏

（3）当提示“第二点(切点,垂足点)”时，再次按空格键，在弹出的快捷菜单中选择【端点】选项，在线段 *EF* 靠近 *E* 点处单击鼠标左键，鼠标光标自动捕捉到端点 *E*。

2. 用同样的方法绘制线段 *OC*、*BF*。

2.1.2 直线

- 【名称】: 直线
- 【命令】: Line
- 【图标】:
- 【概念】: 创建直线段

直线是工程图绘制过程中最常用的，其绘制方法有多种。下面将针对不同的直线绘制方式做相应的介绍。

单击【绘图工具】栏上的按钮，命令提示行会弹出图 2-9 所示的立即菜单栏。

单击【1.】下拉列表后，系统弹出可绘制的直线类型，如图 2-10 所示。

图 2-9 两点线立即菜单

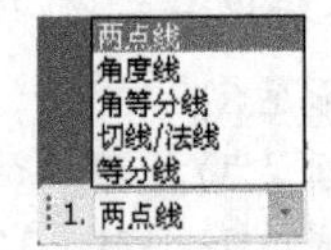

图 2-10 直线类型下拉列表

各种类型的直线介绍如下。

一、两点线

可以选择连续绘制或单个绘制非正交直线和正交直线。

二、角度线

利用“角度线”可绘制与 x 轴、y 轴或与某一直线成一定角度的线段。

三、角等分线

利用“角等分线”可绘制已知角的整数倍等分线。

四、切线/法线

利用“切线/法线”可绘制已知圆弧的切线或法线。

五、等分线

等分线包括角等分线和两条平行线的平分线两种形式。

2.1.3 直线的拉伸、齐边、裁剪与打断

下面介绍对直线的拉伸、齐边、裁剪与打断操作。

一、拉伸

- 【名称】: 拉伸
- 【命令】: Stretch

- 【图标】：
- 【概念】：拉伸是将某一线段或曲线延长或缩短

单击【编辑工具】栏上的按钮，然后根据命令行提示，拾取要拉伸的线段或曲线，即可对其进行拉伸。

拾取点要靠近线段（曲线）上所要进行拉伸的一端。

二、齐边

- 【名称】：齐边
- 【命令】：Edge
- 【图标】：
- 【概念】：以一条曲线为边界对一系列曲线进行裁剪或延伸。

1. 如果选取的曲线与边界有交点，则系统按“裁剪”命令进行操作，即系统将裁剪所拾取的曲线至边界位置。
2. 如果被拾取的曲线与边界线没有交点，则系统将把曲线按其自身的趋势延伸至边界。
3. 圆和圆弧只能从拾取的一端开始延伸，不能两端同时延伸。

三、裁剪

- 【名称】裁剪
- 【命令】Trim
- 【图标】
- 【概念】裁剪对象，使它们精确地终止于由其他对象定义的边界

在绘图过程中常将多余的线段裁剪掉，裁剪方法有快速裁剪、拾取边界裁剪和批量裁剪 3 种。其中，常用的裁剪方法有快速裁剪和拾取边界裁剪两种，以下分别对其进行介绍。

- 快速裁剪。快速裁剪掉拾取的一段曲线。

被裁剪掉的曲线一定要与其他曲线相交，否则无法裁剪。

- 拾取边界裁剪。对于相交比较复杂的情况，可以使用拾取边界的裁剪方式进行裁剪。拾取一条或多条曲线作为剪刀线，以构成裁剪边界，然后对一系列需裁剪的曲线进行裁剪。

2.2 圆、圆弧、矩形和中心线的绘制

圆和圆弧也是组成图形的基本要素，绘制时经常要与捕捉点的快捷菜单组合使用。在绘图

过程中为了使图纸简明，有时会在绘图结束时再绘制中心线。

2.2.1 圆和圆弧

- 【名称】：圆/圆弧
- 【命令】：Circle/Arc
- 【图标】：⊙/⌒
- 【概念】：按照各种给定参数绘制圆/圆弧。

圆和圆弧的绘制方法有多种。

绘制圆时，有“圆心_半径”、“两点”、“3 点”和“两点-半径”4 种方法。其中，最常用的是“圆心_半径”。绘制时，用户只需根据命令行提示确定圆心的位置，然后输入圆的半径即可，而且可以选择有还是无中心线。

绘制圆弧时，有“3 点圆弧”、“圆心_起点_圆心角”和“两点_半径”方法。其中，最常用的是“两点_半径”。绘制时，用户只需根据命令行提示确定两点，然后输入圆弧的半径即可。

【实例 2-4】绘制如图 2-11 所示的图形。

1. 单击【绘图工具】栏上的⊙按钮，设置立即菜单栏如图 2-12 所示。

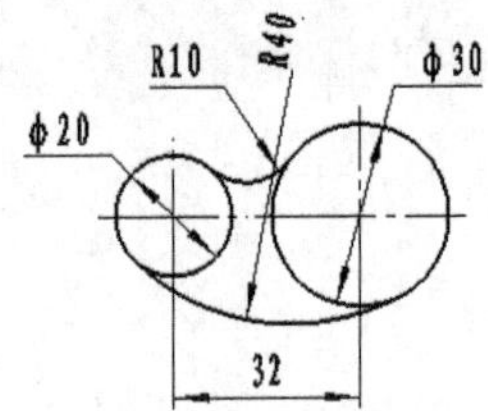

图 2-11　绘制圆弧示例

图 2-12　绘制圆立即菜单

当命令行提示“圆心点”时，在绘图区的适当位置单击一点。

当命令行提示“输入直径或圆上一点”时，输入“20”，按 Enter 键，结果如图 2-13 所示。

2. 单击【绘图工具】栏上的按钮，设置立即菜单栏如图 2-14 所示。

当命令行提示“拾取曲线”时，拾取水平中心线 *I*。

当命令行提示“拉伸到”时，将中心线拖动到适当位置后单击，结果如图 2-13 所示。

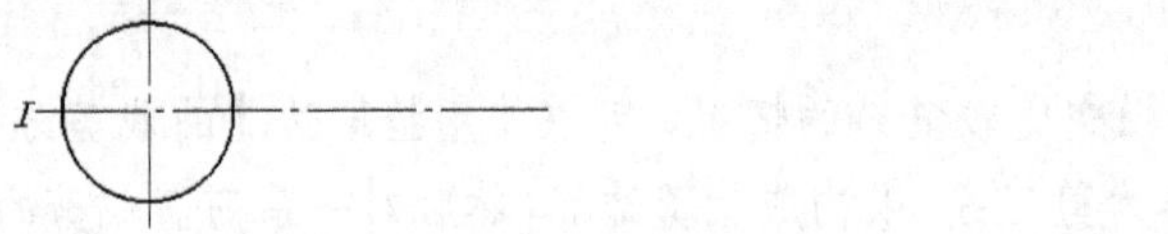

图 2-13　圆

1. 单个拾取
拾取曲线:

图 2-14　绘制直线立即菜单栏

3. 单击【绘图工具】栏上的⫽按钮，设置立即菜单栏如图 2-15 所示。

当命令行提示“拾取曲线”时，拾取竖直中心线 *II*。

当命令行提示“输入距离或点（切点）”时，将鼠标光标置于中心线 *II* 的右侧，输入“32”，按 Enter 键，此时中心线 *II* 与水平中线 *I* 交于 *O* 点，结果如图 2-16 所示。

4. 重复使用【圆】命令，以 *O* 点为圆心绘制一个直径为 30 的圆，结果如图 2-17 所示。
5. 单击【绘图工具】栏上的⌒按钮，设置立即菜单栏如图 2-18 所示。

图 2-15 绘制平行线立即菜单栏

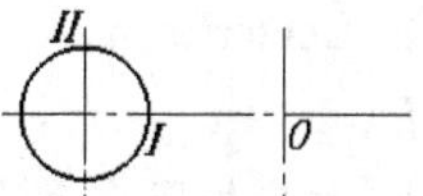

图 2-16 确定圆心 O

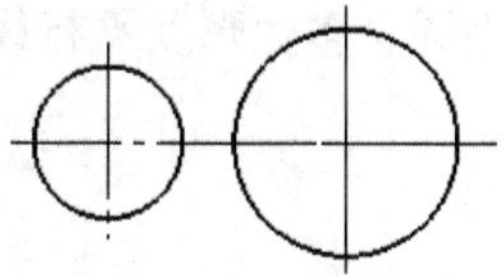

图 2-17 绘制圆

图 2-18 绘制圆弧立即菜单栏

（1）当命令行提示“第一点”时，按空格键，在弹出的快捷菜单中选择【切点】选项，在 ϕ20 圆的适当位置单击一点。

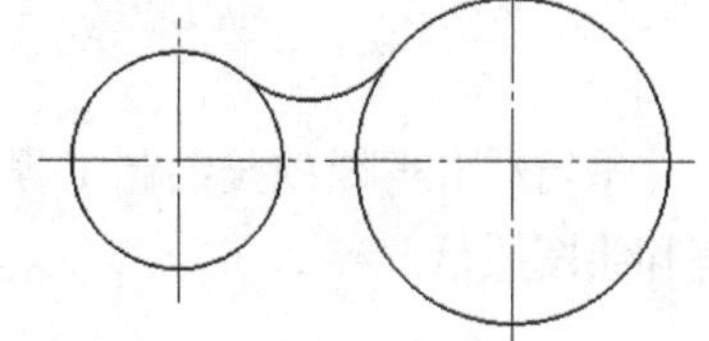

图 2-19 绘制相切圆弧

（2）当提示“第二点”时，重复上述步骤，在 ϕ30 圆的适当位置单击一点，然后输入圆弧半径“10”，按 Enter 键，结果如图 2-19 所示。

6. 绘制半径为 40 的内切圆弧。

绘制方法参考步骤 5，只是在捕捉圆的切点时要靠近两圆的外侧，以保证作图的准确性，最终结果如图 2-11 所示。

2.2.2 按给定条件绘制矩形

- 【名称】：矩形
- 【命令】：Rect
- 【图标】：□
- 【概念】：绘制矩形形状的闭合多义线

用户可以通过设置立即菜单栏来绘制矩形。在立即菜单栏的【1:】下拉列表中有以下两种方式。

- 两角点：用鼠标光标指定第 1 角点和第 2 角点。在指定第 2 角点的过程中，一个不断变化的矩形会出现，待确定好位置后，单击鼠标左键，即可绘制出矩形。用户也可直接用键盘输入两角点的绝对坐标或相对坐标。
- 长度和宽度：在立即菜单栏的【1.】下拉列表中选择【长度和宽度】选项后，立即菜单栏的形式如图 2-20 所示。用户在输入各参数后按照提示指定一个定位点后，一个符合要求的矩形就绘制出来了。

图 2-20 矩形立即菜单栏

2.2.3 中心线

- 【名称】：中心线

- 【命令】: Centerl
- 【图标】:
- 【概念】: 如果拾取一个圆、圆弧或椭圆，则直接生成一对相互正交的中心线。如果拾取两条相互平行或非平行线（如锥体），则生成这两条直线的中心线。

利用【中心线】命令可以给没有中心线的圆、圆弧、椭圆、多边形及平行线绘制出正交的中心线。

2.3 平行线和等距线的绘制

平行线和等距线是绘制工程图过程中经常用到的，使用这两项命令可以大幅度提高绘图效率和绘图质量。

2.3.1 平行线

- 【名称】: 平行线
- 【命令】: Parallel
- 【图标】:
- 【概念】: 绘制与已知线段的平行线

绘制与已知线段的长度相等、不相等的单向或双向平行线。长度相等的平行线由“偏移方式”来实现，长度不等的平行线由“两点方式”来实现。

2.3.2 等距线

- 【名称】: 等距线
- 【命令】: Offset
- 【图标】:
- 【概念】: 绘制给定曲线的等距线。

直线或曲线的等距线可以是双向的，也可以是单向的，其绘制方法与平行线的绘制方法基本相同，但是在绘制单向等距线时，要确定直线所在的方向，而且使用等距线时不能改变曲线的长度。

2.4 剖面线

- 【名称】: 剖面线

- 【命令】: Hatch
- 【图标】:
- 【概念】: 使用填充图案对封闭区域或选定对象进行填充，生成剖面线

通过“拾取点”和“拾取边界”两种方式可以给封闭的区域加上剖面线。

一、“拾取点”方式

单击【绘图工具】栏上的按钮，设置立即菜单栏如图 2-21 所示。根据提示拾取环内点即可添加剖面线。

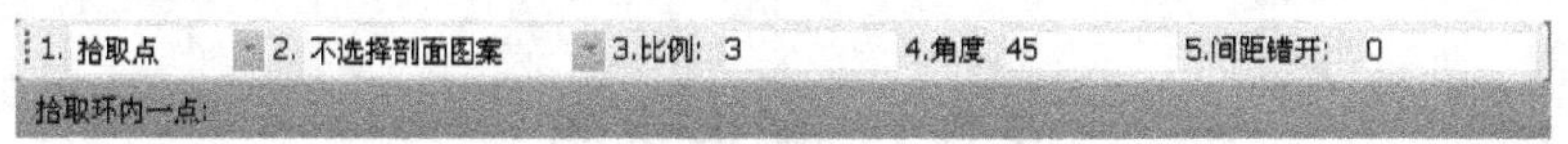

图 2-21　绘制剖面线立即菜单栏

绘制剖面线时所指定的区域必须是封闭的，否则操作无效。
拾取环内点以后，系统首先从拾取点开始从右向左搜索最小封闭环。如果拾取点在环外，则操作无效。

如图 2-22 所示，矩形和圆都是一个封闭环。若拾取点设在 *A* 处，则从 *A* 点向左搜索到的最小封闭环是矩形，因为 *A* 点在环内，因此可以绘制出图 2-22（a）所示的剖面线。若拾取点设在 *B* 点，则从 *B* 点向左搜索到的最小封闭环为圆，因为 *B* 点在环外，所以不能绘制出剖面线，如图 2-22（b）所示。图 2-22（a）和图 2-22（b）是说明拾取点的位置不同，绘制出的剖面线也不相同，而图 2-22（c）和图 2-22（d）是说明拾取点的顺序不同，绘制出的剖面线不同。图 2-22（c）是先拾取 *C* 点，后拾取 *D* 点；图 2-22（d）是先拾取 *E* 点，再拾取 *F* 点，最后拾取 *G* 点。

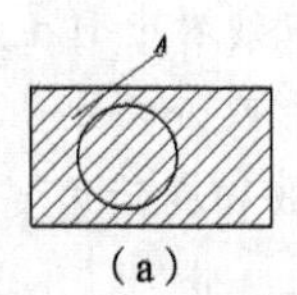

（a）

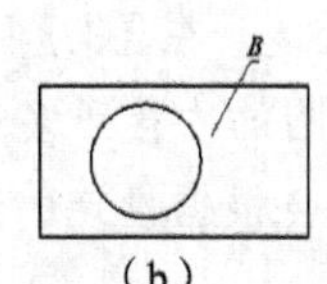

（b）

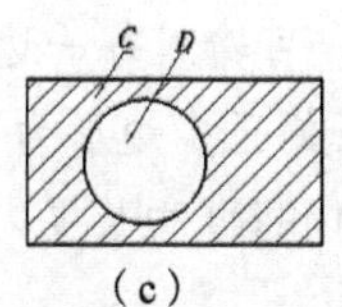

（c）

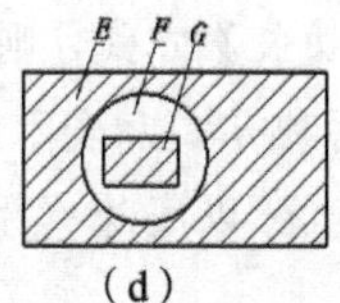

（d）

图 2-22　剖面线绘制示例（1）

二、“拾取边界”方式

系统根据拾取到的曲线搜索环生成剖面线。如果拾取到的曲线不能生成互不相交的封闭环，则操作无效。拾取边界可以单个拾取，也可以用窗口拾取。拾取结束后，单击鼠标右键确认。若边界正常，则绘制出剖面线。

如图 2-23 所示，在图 2-23（a）中拾取矩形和圆，单击鼠标右键确认后，即可在矩形和圆之间绘制出剖面线。在图 2-23（b）中，因为圆与矩形重叠的区域不能构成互不相交的封闭环，所以用“拾取边界”的方式不能绘制出剖面线，不过用户可改用“拾取点”的方式来完成。

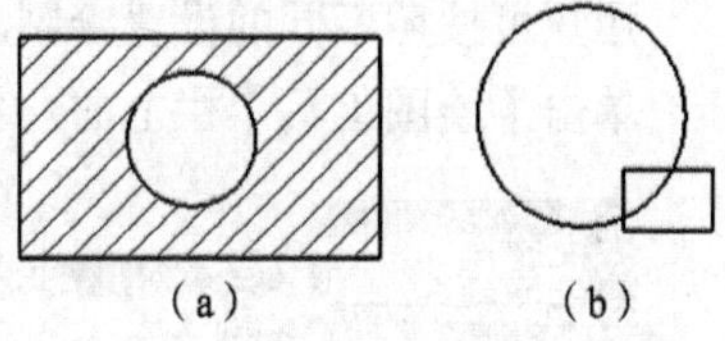
（a）　（b）

图 2-23　剖面线绘制示例（2）

2.5 正多边形、椭圆、公式曲线、样条线和填充的绘制

通过学习本节内容，用户可以使用不同的方式来绘制规则的图形和线条。

2.5.1 正多边形

- 【名称】：正多边形
- 【命令】：Polygon
- 【图标】：
- 【概念】：绘制等边闭合的多边形

单击【绘图工具】栏上的按钮，立即菜单栏如图 2-24 所示。

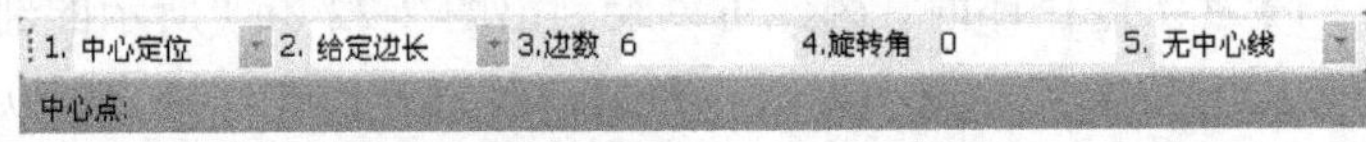

图 2-24　绘制正多边形立即菜单栏

在立即菜单栏的【1.】下拉列表中有【中心定位】和【底边定位】两种绘制正多边形的方法。

- 中心定位：在【2.】下拉列表中有【给定半径】和【给定边长】两种定位方式。若选择【给定半径】方式，则用户可根据提示输入正多边形的内切（或外接）圆半径；若选择【给定边长】方式，则用户可输入每一边的长度。在【3.】下拉列表中有【内接】和【外切】两种方式，表示所画的正多边形为某个圆的内接正多边形或外切正多边形。
- 底边定位：以底边作为定位基准和长度，系统会根据设定的边数和旋转角度绘制出图形。

2.5.2 椭圆

- 【名称】：椭圆
- 【命令】：Ellipse
- 【图标】：
- 【概念】：绘制等边闭合的多边形

用户可按照不同的设置绘制出不同的椭圆。

单击【绘图工具】栏上的按钮，立即菜单栏如图 2-25 所示。

图 2-25　绘制椭圆立即菜单栏

在立即菜单栏的【1.】下拉列表中有【给定长短轴】、【轴上两点】和【中心点_起点】3种绘制椭圆的方法。

- 给定长短轴：此时需要在【2.长半轴】和【3.短半轴】文本框中分别输入半轴的长度，并在【4.旋转角】文本框中输入旋转角度。【5.起始角】、【6.终止角】控制着椭圆的起始角度和终止角度。
- 轴上两点：系统提示输入一个轴的两端点，然后输入另一个轴的长度，用户也可以直接拖动鼠标光标来确定椭圆的形状。
- 中心点_起点：此时用户应输入椭圆的中心点和一个轴的端点（即起点），然后输入另一个轴的长度，也可以直接拖动鼠标光标来确定椭圆的形状。

2.5.3 公式曲线

- 【名称】：公式曲线
- 【命令】：Fomul
- 【图标】：
- 【概念】：根据数学公式或参数表达式快速绘制出相应的数学曲线。

绘制公式曲线时，可以采用直角坐标形式，也可以采用极坐标形式。单击【绘图工具】栏上的按钮，弹出【公式曲线】对话框，如图2-26所示。用户可在该对话框中选择是在直角坐标系还是极坐标下输入公式。

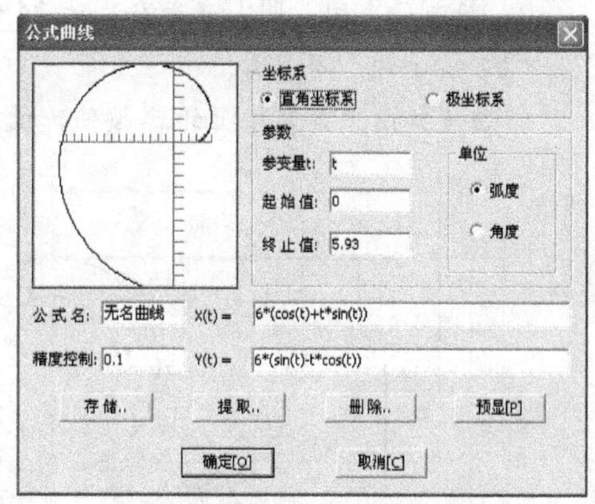

图2-26 【公式曲线】对话框

【公式曲线】对话框中各主要选项的功能如下。

- 参变量：公式中的变量名。
- 起始值：公式中参变量的起始取值。
- 终止值：公式中参变量的终止取值。

2.5.4 样条线

- 【名称】：样条线
- 【命令】：Spline
- 【图标】：
- 【概念】：通过或接近一系列给定点的平滑曲线

用户可绘制过给定顶点（样条插值点）的样条曲线。样条曲线可通过点直接输入，也可从外部样条数据文件中读取。

单击【绘图工具】栏上的按钮，立即菜单栏如图2-27所示。

图2-27 绘制样条线立即菜单栏

若在图2-27所示的立即菜单栏的【3.】下拉列表中选择【闭曲线】选项，则可绘制出首尾相连的样条曲线。

2.5.5 填充

- 【名称】：填充
- 【命令】：Solid
- 【图标】：
- 【概念】：对封闭区域的内部进行实心填充

利用【填充】命令可对封闭区域进行图案填充，在某些制件的剖面需要涂黑时用到。若要填充汉字，则应先将汉字进行“块打散”，然后填充。

2.6 工程实例——绘制定位板

【实例 2-5】利用基本绘图命令绘制如图 2-28 所示的定位板。

1. 绘制两个同心圆，直径分别为 24 和 38，并绘制中心线。

（1）绘制两个同心圆。

单击【绘图工具】栏上的按钮，设置立即菜单栏如图 2-29 所示。

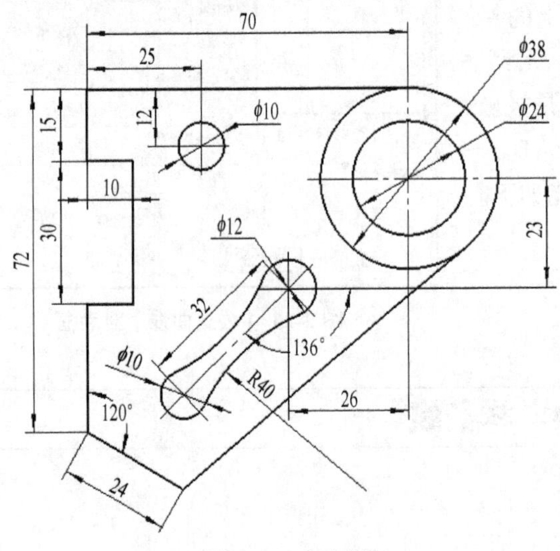

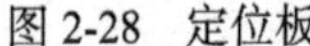

图 2-28 定位板

图 2-29 绘制圆立即菜单栏

根据命令行提示，在绘图区的任意位置单击一点，再根据提示分别输入圆的直径“24”和“38”，按Enter键。

（2）绘制中心线。

单击【绘图工具】栏上的按钮，根据命令行提示，拾取 ϕ38 的圆，按Enter键。

结果如图 2-30 所示。

2. 绘制大体轮廓。

（1）单击【绘图工具】栏上的按钮，设置立即菜单栏如图 2-31 所示。

将命令提示行设置为 正交 线宽 动态输入 智能，根据命令行提示完成以下操作。

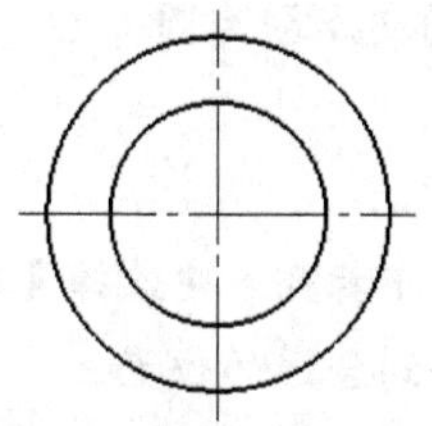

图 2-30　绘制同心圆及中心线

图 2-31　绘制直线立即菜单栏

第一点（切点，垂足点）：　　　　　　//捕捉中心线与圆的交点 A
第二点（切点，垂足点）或长度：70　　//输入从 A 点向左的追踪距离，按 Enter 键
第二点（切点，垂足点）：15　　　　　//输入从 B 点向下的追踪距离，按 Enter 键
第二点（切点，垂足点）：10　　　　　//输入从 C 点向右的追踪距离，按 Enter 键
第二点（切点，垂足点）：30　　　　　//输入从 D 点向下的追踪距离，按 Enter 键
第二点（切点，垂足点）：10　　　　　//输入从 E 点向左的追踪距离，按 Enter 键
第二点（切点，垂足点）：27　　　　　//输入从 F 点向下的追踪距离，按 Enter 键

（2）重复【直线】命令，设置立即菜单栏如图 2-32 所示。

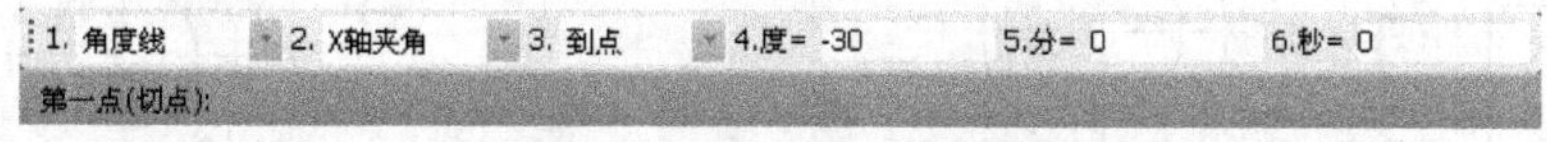

图 2-32　绘制角度线立即菜单栏

根据命令行提示，单击 G 点，接着根据提示输入线段长度“24”。

（3）绘制线段 HI。

重复【直线】命令，设置立即菜单栏如图 2-33 所示。

根据命令行提示，单击 H 点。当提示“第二点”时，按空格键，在弹出的快捷菜单中选择【切点】选项，然后在 ϕ38 圆上的 I 处单击鼠标左键。结果如图 2-34 所示。

图 2-33　绘制两点线立即菜单栏

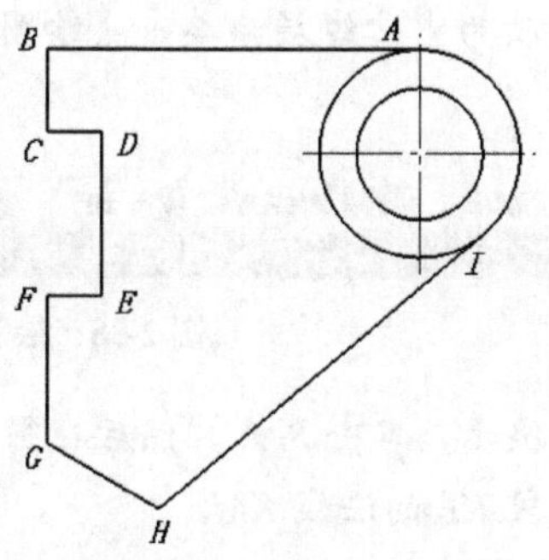

图 2-34　绘制大体轮廓

3. 绘制直径为 10 的圆。

（1）确定圆心 O。

单击【绘图工具】栏上的按钮，设置立即菜单栏如图 2-35 所示。

图 2-35　绘制等距线立即菜单栏

根据命令行提示，拾取线段 I，然后在其下方的任意位置处单击一点即可。

同理，可作线段*II*的等距线，距离为 25。线段 *I*、*II*的交点即为圆心 *O*。

（2）以 *O* 点为圆心绘制直径为 10 的圆。

（3）用【拉伸】命令对中心线进行调整。

单击【编辑工具】栏上的按钮，在立即菜单栏的【1.】下拉列表中选择【单个拾取】选项。根据命令行提示，拾取所要调整的中心线，并将其调整到合适的位置。

（4）用格式刷将中心线转换成细点画线。

单击【编辑工具】栏上的按钮，根据命令行提示，拾取 ϕ38 圆的中心线，然后拾取 ϕ10 圆的两条中心线即可。结果如图 2-36 所示。

4. 绘制圆与圆弧连结。

重复【等距线】命令，分别绘制中心线*III*、*IV*的等距线，距离分别为 23、26，交于 *K* 点。最后使用【拉伸】命令调整中心线的长度，结果如图 2-37 所示。

（1）以 *K* 点为圆心绘制直径为 12 的圆，结果如图 2-37 所示。

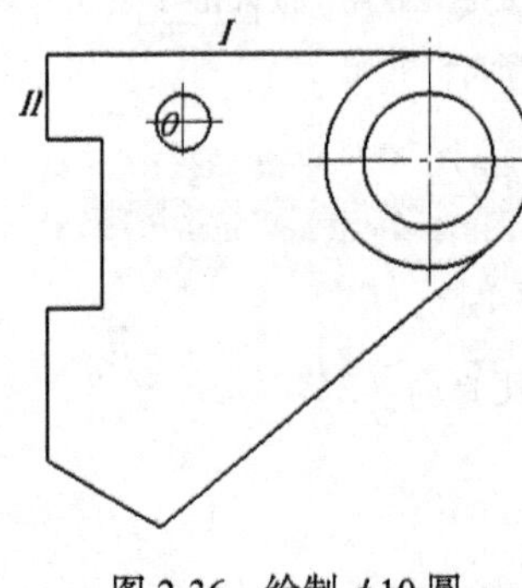

图 2-36　绘制 ϕ10 圆

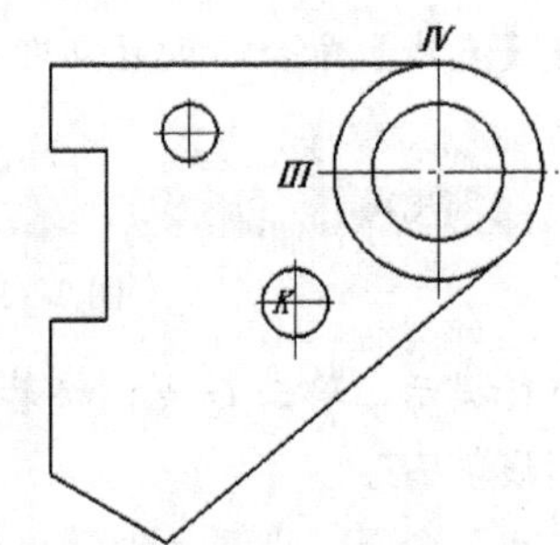

图 2-37　绘制ϕ12 圆

（2）绘制线段 *KL*。

将当前图层改为中心线层，单击【绘图工具】栏上的按钮，设置立即菜单栏如图 2-38 所示。

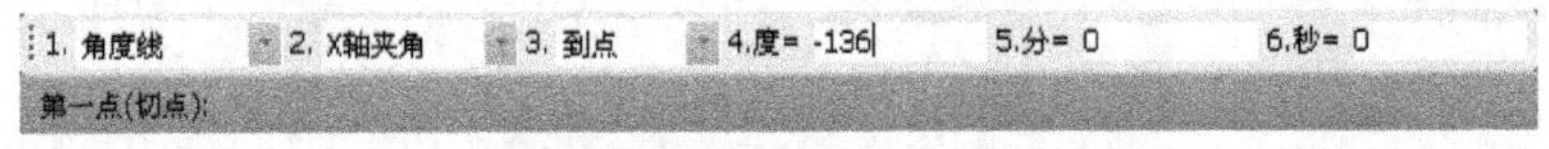

图 2-38　绘制角度线立即菜单栏

根据命令行提示，单击 *K* 点，然后在图中的适当位置 *L* 处单击一点，结果如图 2-39 所示。

（3）绘制线段 *KL* 的法线 *KM*。

单击【绘图工具】栏上的按钮，设置立即菜单栏如图 2-40 所示。

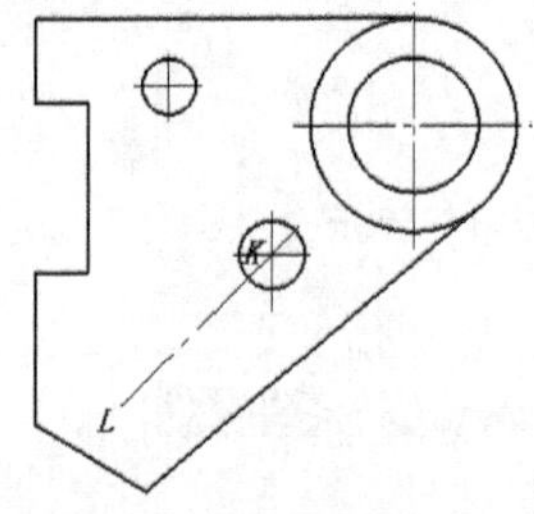

图 2-39　绘制中心线

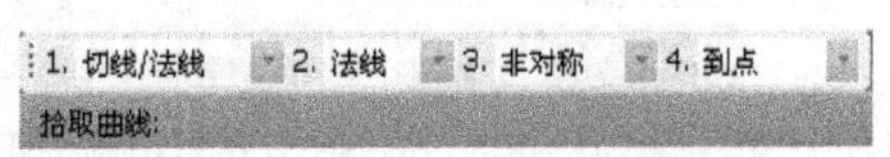

图 2-40　绘制法线立即菜单栏

根据命令行提示，拾取线段 KL，当提示“输入点”时，单击 K 点，然后在图中的适当位置 M 处单击一点，结果如图 2-41 所示。

（4）绘制线段 KM 的等距线 NP，距离为 32，结果如图 2-42 所示。

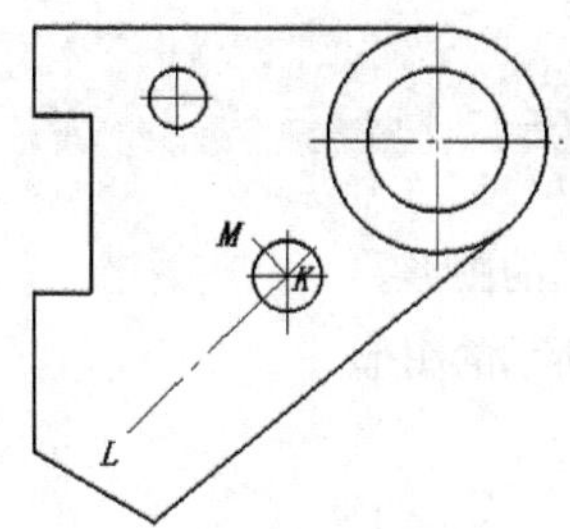

图 2-41　绘制法线

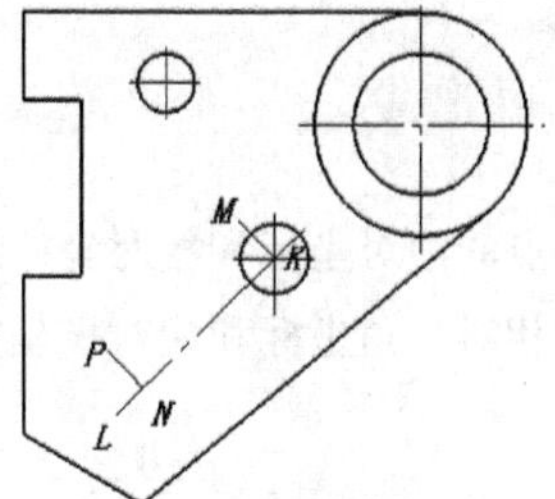

图 2-42　绘制等距线

（5）以 N 点为圆心绘制直径为 10 的圆，结果如图 2-43 所示。

（6）绘制圆弧 KN。

单击【绘图工具】栏上的 按钮，在立即菜单栏的【1.】下拉列表中选择【两点_半径】选项，根据命令行提示完成以下操作。

第一点(切点)：　　　//按空格键，在快捷菜单中选择【切点】选项，在 ϕ12 圆的适当位置单击一点
第二点（切点）：　　//重复上面步骤，在 ϕ10 圆的适当位置单击一点
第三点或半径：40　　//调整好鼠标光标的位置，输入圆弧半径，按 Enter 键
结果如图 2-44 所示。

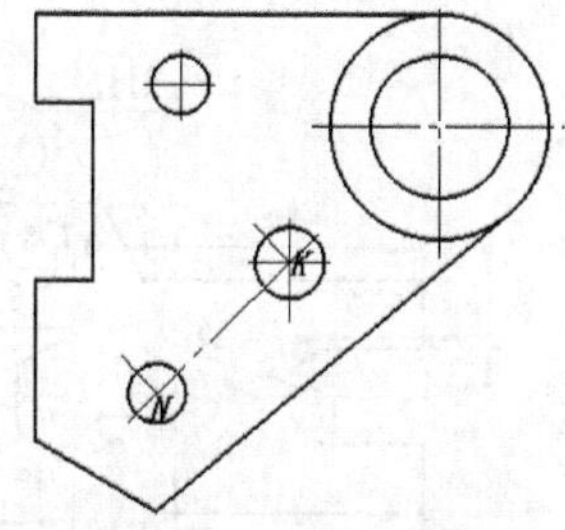

图 2-43　绘制 ϕ10 圆

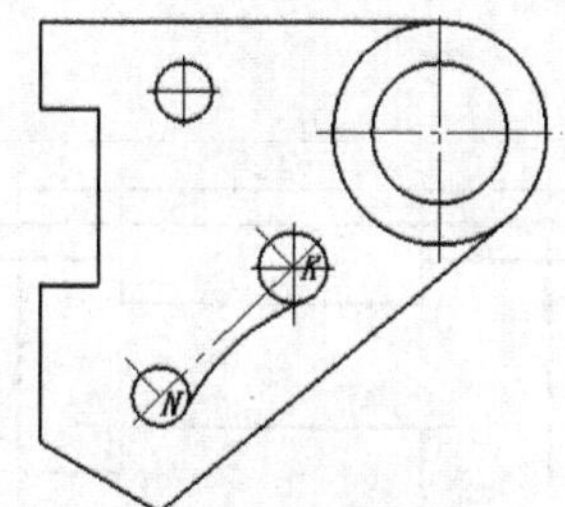

图 2-44　绘制圆弧

5. 同理，绘制对称的另一圆弧连接，结果如图 2-45 所示。
6. 启动【拉伸】命令，调整圆的中心线，结果如图 2-46 所示。

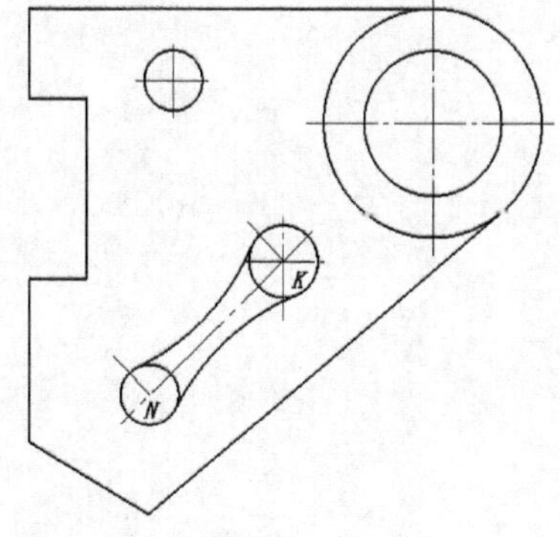

图 2-45　绘制另一圆弧连接

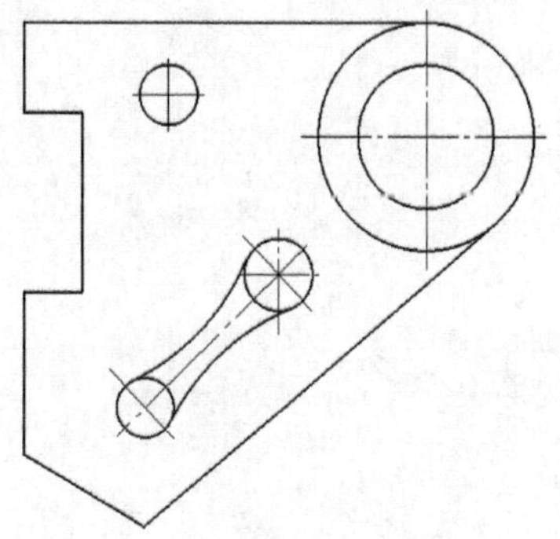
图 2-46　调整中心线

2.7 习题

1. 利用输入点的绝对坐标和相对坐标绘制图 2-47 所示的图形。
2. 利用点的相对直角坐标和相对极坐标绘制图 2-48 所示的图形。

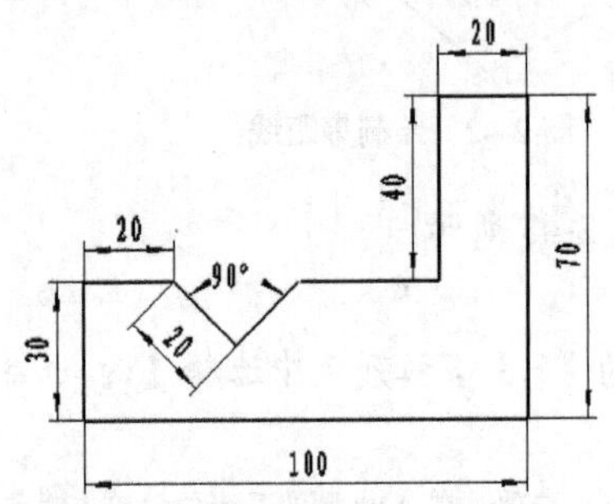

图 2-47 利用输入点的绝对坐标和相对坐标绘制图形

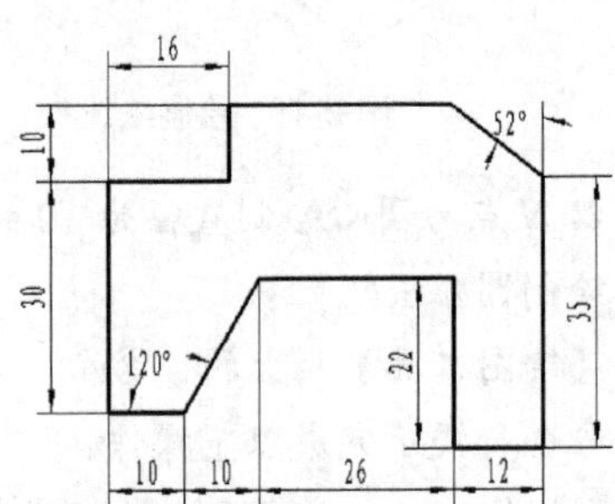

图 2-48 利用点的相对直角坐标和相对极坐标绘制图形

3. 打开正交模式，通过输入线段的长度绘制图 2-49 所示的图形。
4. 利用基本绘图命令绘制图 2-50 所示的定位板零件图。

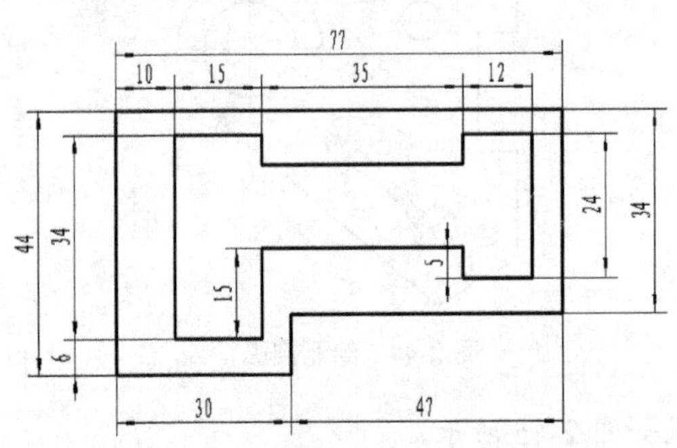

图 2-49 利用正交模式绘制图形

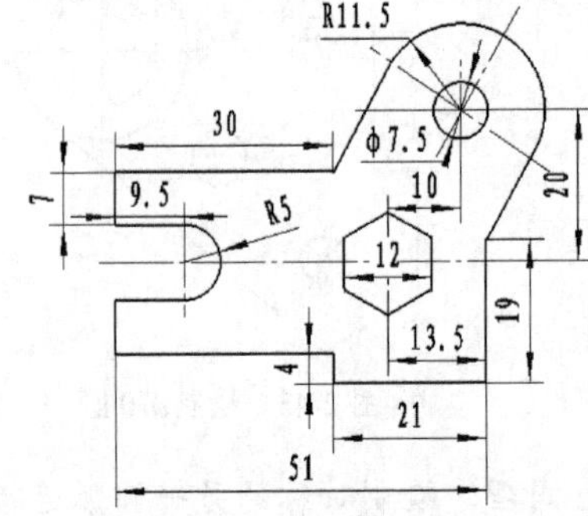

图 2-50 定位板零件图

第3章 高级图形的绘制

高级曲线是由基本元素组成的特定图形或曲线，主要包括过渡、孔/轴、波浪线、双折线、箭头、填充、齿轮及圆弧拟合样条等。

3.1 波浪线、轮廓线、双折线、箭头和圆弧拟合样条的绘制

本节内容主要应用于在绘制图形的过程中对图形剖视边界、打断等的表述。

3.1.1 波浪线

- 【名称】：波浪线
- 【命令】：Wavel
- 【图标】：
- 【概念】：按给定方式生成波浪曲线，改变波峰高度可以调整波浪曲线各曲线段的曲率和方向

波浪线多用于绘制断裂处的边界线以及视图和剖切部分的分界线，如图 3-1 所示。

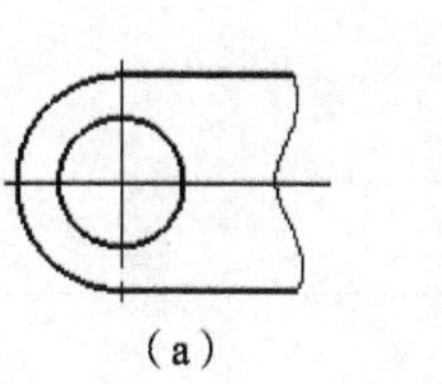

（a）

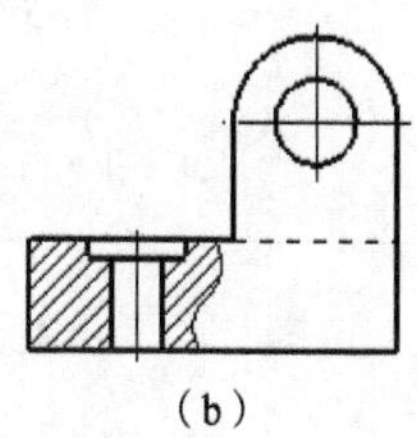

（b）

图 3-1　波浪线示例

3.1.2 多段线

- 【名称】：多段线
- 【命令】：Pline
- 【图标】：
- 【概念】：多段线是作为单个对象创建的相互连接的线段序列

用户可绘制由线段和圆弧构成的首尾相接或不相接的轮廓线，其中，线段与圆弧的关系可

通过立即菜单栏切换为“非正交”、“正交”或“相切”。

单击【绘图工具】栏上的按钮，立即菜单栏如图 3-2 所示。

图 3-2　绘制轮廓线立即菜单栏

用户可通过图 3-2 所示的立即菜单栏的【1.】下拉列表中的选项绘制直线或者是圆弧，通过立即菜单栏的【2.】下拉列表中的选项选择所绘图形是否封闭。

3.1.3　双折线

- 【名称】：双折线
- 【命令】：Condup
- 【图标】：
- 【概念】：绘制双折线

有时由于图幅的限制，有些图形无法按比例绘制，需要从中间打断，这时可以用双折线。双折线可通过直接输入两点来绘制，也可拾取现有的一条线段将其改为双折线。

单击【绘图工具 II】栏上的按钮，设置立即菜单栏如图 3-3 所示。

1. 折点个数　2.个数= 3
拾取直线或第一点:

图 3-3　绘制双折线立即菜单栏

用户可通过下拉菜单切换绘制双折线的方式，共有“折点个数”和“折点距离”两种方式。

- 折点个数：绘制或拾取直线，则生成给定折点个数的双折线。
- 折点距离：拾取直线或折点，则生成给定折点距离的双折线。

利用双折线命令可以将线段 *AB* 变为双折线，折点个数为 3，如图 3-4 所示。

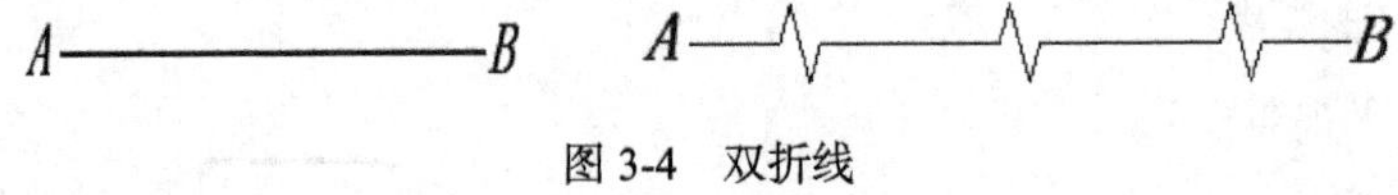

图 3-4　双折线

3.1.4　箭头

- 【名称】：箭头
- 【命令】：Arrow
- 【图标】：
- 【概念】：在指定点处绘制一个实心箭头

用户可在直线、圆弧、样条曲线或某一点处按指定的方向绘制一个实心箭头。箭头的大小可通过选择菜单命令【格式】/【样式管理】，在弹出的【样式管理】对话框中进行设置，也可以在立即菜单栏里设置。

一、箭头方向的定义

- 直线：当箭头指向与 x 正半轴的夹角大于等于 0° 且小于 180° 时为正向，大于等于 180°

且小于 360°时为反向，如图 3-5 所示。

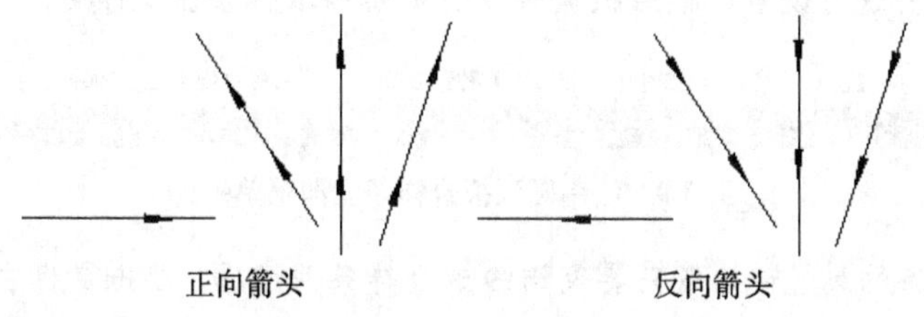

图 3-5　直线箭头

- 圆弧：逆时针方向为箭头的正方向，顺时针方向为箭头的反方向，如图 3-6 所示。

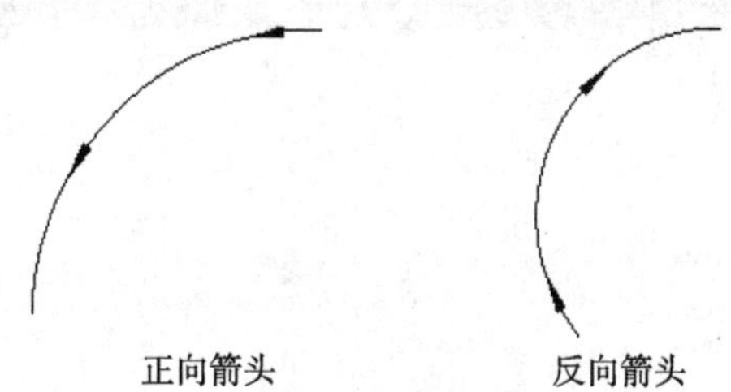

图 3-6　圆弧箭头

- 样条：逆时针方向为箭头的正方向，顺时针方向为箭头的反方向，如图 3-7 所示。

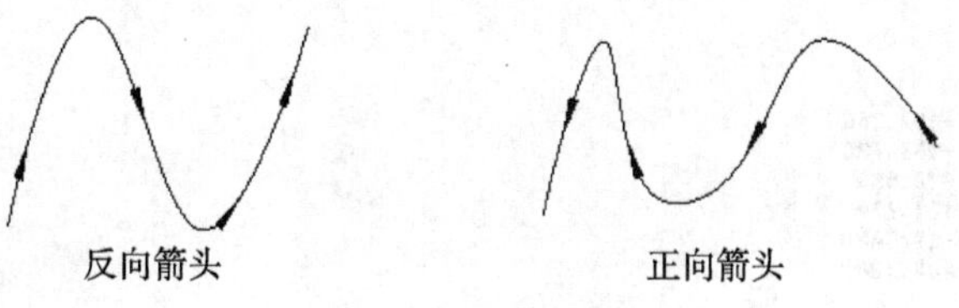

图 3-7　样条箭头

二、绘制方法

单击【绘图工具 II】栏上的按钮，设置立即菜单栏如图 3-8 所示。

根据命令行提示，在线段、圆弧、样条或某一点处单击，然后调节箭头的位置，最后单击鼠标左键确认即可。

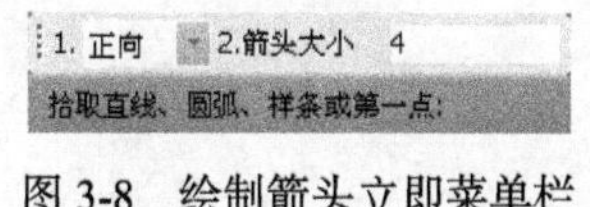

图 3-8　绘制箭头立即菜单栏

3.1.5　圆弧拟合样条

- 【名称】：圆弧拟合样条
- 【命令】：Nhs
- 【图标】：
- 【概念】：用多段圆弧拟合已有样条曲线

用户可将样条曲线分解为多段圆弧，并可以指定拟合精度。配合查询功能使用，可以使加工代码编程更加方便。

- 绘制圆弧拟合样条：单击【绘图工具 II】栏上的按钮，立即菜单栏如图 3-9 所示。用户可根据需要进行设置，然后根据命令行提示拾取样条曲线即可。

图 3-9　绘制圆弧拟合样条立即菜单栏

- 查询拟合样条的属性：拾取需要查询的拟合样条曲线后，单击鼠标右键，在弹出的快捷菜单中选择【查询元素属性】选项，弹出文本窗口，如图 3-10 所示，通过该窗口可查询各拟合圆弧的属性。

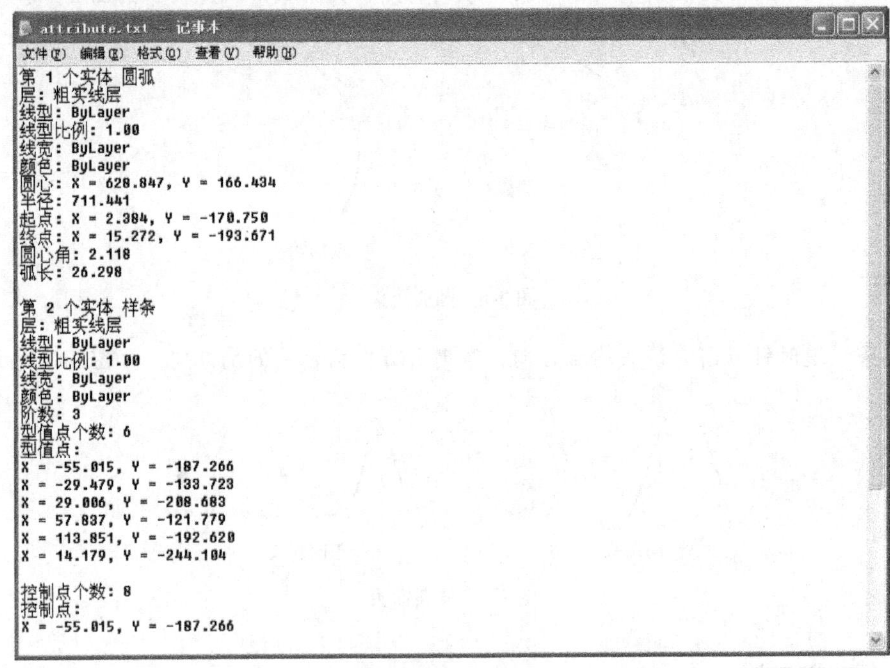
attribute.txt - 记事本
文件(F) 编辑(E) 格式(O) 查看(V) 帮助(H)

第 1 个实体 圆弧
层: 粗实线层
线型: ByLayer
线型比例: 1.00
线宽: ByLayer
颜色: ByLayer
圆心: X = 628.847, Y = 166.434
半径: 711.441
起点: X = 2.384, Y = -170.750
终点: X = 15.272, Y = -193.671
圆心角: 2.118
弧长: 26.298

第 2 个实体 样条
层: 粗实线层
线型: ByLayer
线型比例: 1.00
线宽: ByLayer
颜色: ByLayer
阶数: 3
型值点个数: 6
型值点:
X = -55.015, Y = -187.266
X = -29.479, Y = -133.723
X = 29.006, Y = -208.683
X = 57.837, Y = -121.779
X = 113.851, Y = -192.620
X = 14.179, Y = -244.104

控制点个数: 8
控制点:
X = -55.015, Y = -187.266

图 3-10　查询结果窗口

3.2 孔/轴和齿轮的绘制

用户可在给定位置绘制出带有中心线的轴和孔或者带有中心线的圆锥孔和圆锥轴。

3.2.1　孔/轴

- 【名称】：孔/轴
- 【命令】：Hole
- 【图标】：

- 【概念】：在给定位置画出带有中心线的轴和孔或画出带有中心线的圆锥孔和圆锥轴

利用鼠标光标导航，使用【孔/轴】命令可以快速地绘制轴类零件。

【实例 3-1】绘制图 3-11 所示的传动轴零件图。

1. 绘制光轴。

（1）单击【绘图工具Ⅱ】栏上的按钮，设置立即菜单栏如图 3-12 所示。

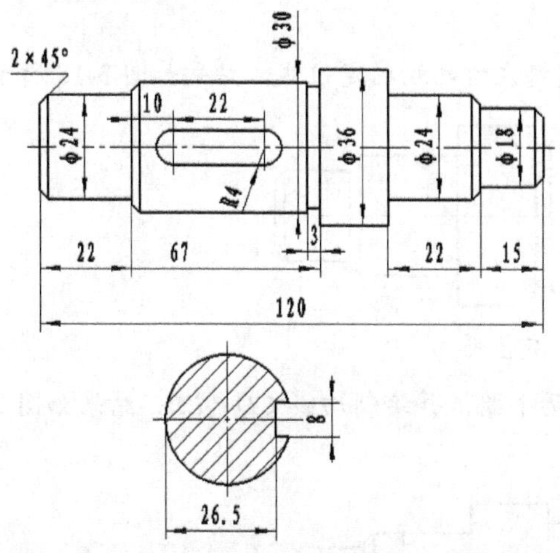

图 3-11　传动轴零件图

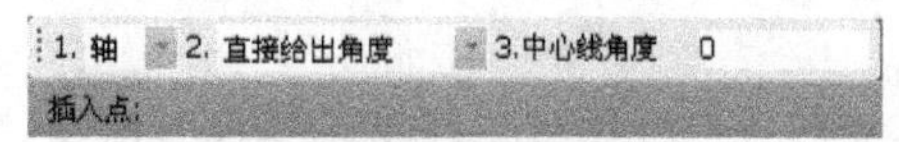

图 3-12　绘制轴立即菜单栏

（2）根据命令行提示，在绘图区内的适当位置单击一点，以确定插入点，此时设置立即菜单栏如图 3-13 所示。

图 3-13　设置立即菜单栏

（3）将鼠标光标置于插入点右侧，输入“22”，按 Enter 键，结果如图 3-14 所示。

（4）用同样的方法，依次绘制其他轴段，结果如图 3-15 所示。

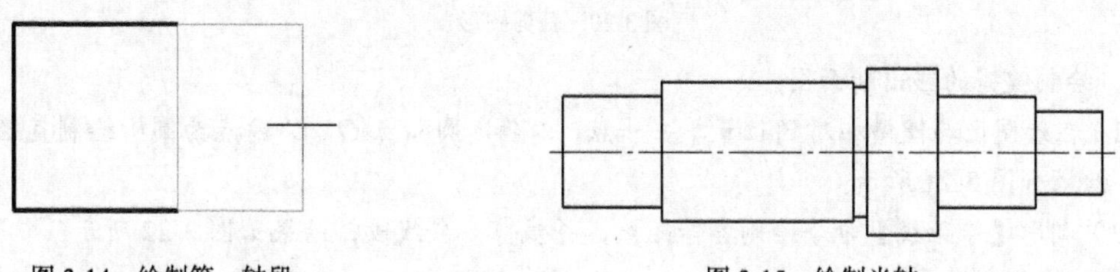

图 3-14　绘制第一轴段　　图 3-15　绘制光轴

2. 绘制倒角。

（1）单击【编辑工具】栏上的按钮，设置立即菜单栏如图 3-16 所示。

图 3-16　倒角立即菜单栏

（2）根据命令行提示，绘制各倒角，结果如图 3-17 所示。

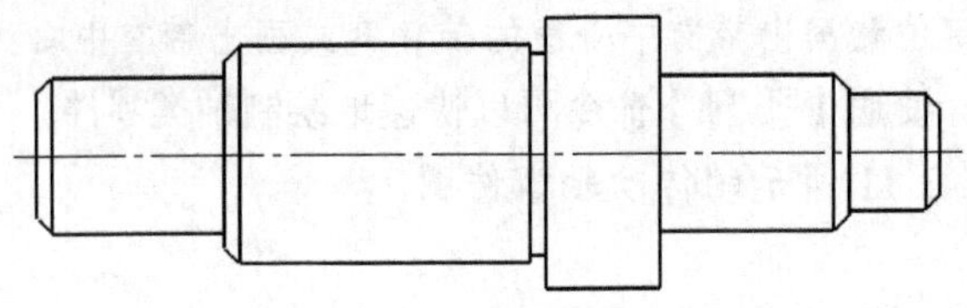

图 3-17　绘制倒角

3. 绘制键槽。

（1）将当前图层修改为“中心线层”，绘制键槽左右两端的定位线，结果如图 3-18 所示。

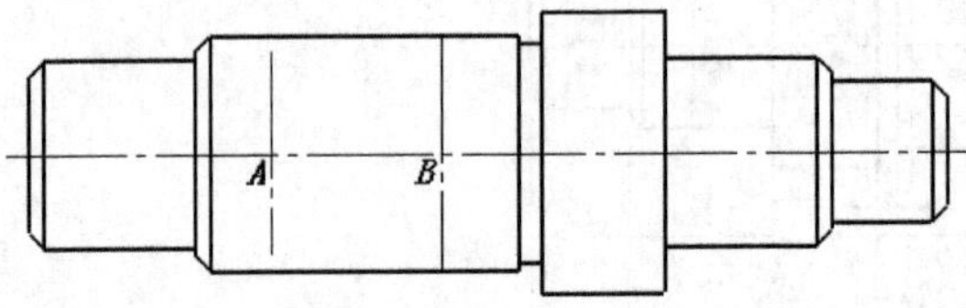

图 3-18　绘制定位线

（2）分别以点 *A*、*B* 为圆心绘制半径为 4 的两个圆，并绘制切线 *CD*、*EF*，结果如图 3-19 所示。

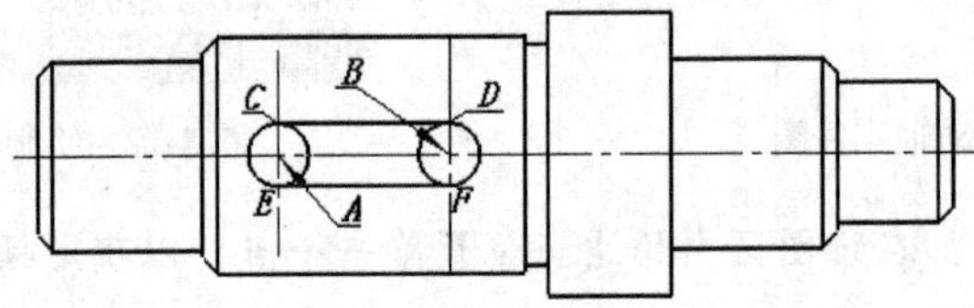

图 3-19　绘制圆及切线

（3）裁剪多余线段，结果如图 3-20 所示。

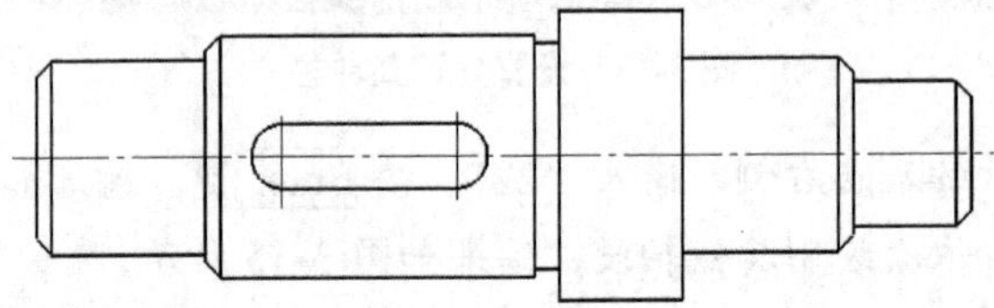

图 3-20　裁剪图形

4. 绘制键槽的移出断面图。

（1）在绘图区与键槽相对的位置单击一点，以确定圆心点 *O*，以 *O* 点为圆心绘制直径为 30 的圆，结果如图 3-21 所示。

（2）利用【等距线】命令绘制各等距线，并裁剪多余线段，结果如图 3-22 所示。

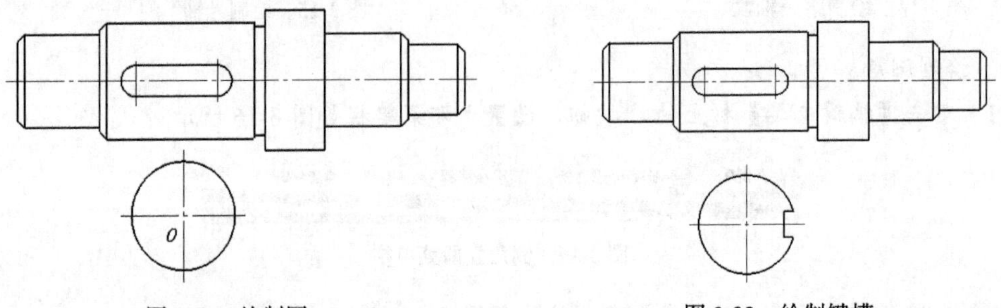

图 3-21　绘制圆　　　　图 3-22　绘制键槽

（3）绘制剖面线。

单击【绘图工具】栏上的▦按钮，设置立即菜单栏如图 3-23 所示。

图 3-23 绘制剖面线立即菜单栏

根据命令行提示，填充剖面线，结果如图 3-24 所示。

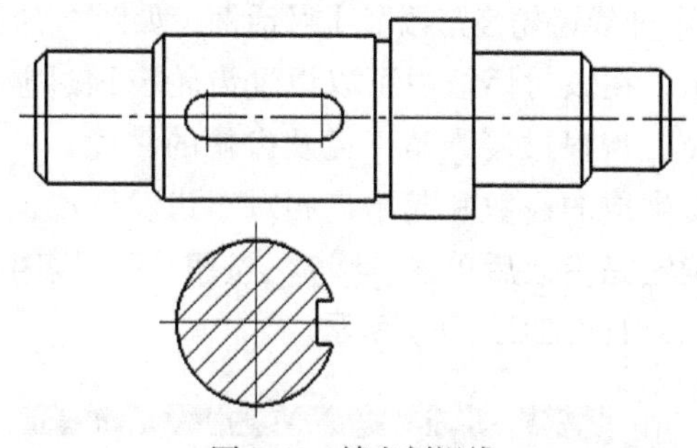

图 3-24 填充剖视线

5. 标注尺寸。

（1）单击【标注工具】栏上的⊢⊣按钮，设置立即菜单栏如图 3-25 所示。

根据命令行提示，拾取所要标注的元素即可。

（2）标注倒角时，单击【标注工具】栏上的 ⋎ 按钮，设置立即菜单栏如图 3-26 所示。

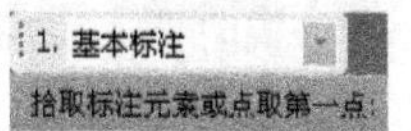

图 3-25 标注尺寸立即菜单栏

1. 水平标注　2. 轴线方向为x轴方向　3. 标准45度倒角　4.基本尺寸
拾取倒角线

图 3-26 标注倒角立即菜单栏

根据命令行提示，拾取所要标注的倒角线，然后将尺寸线移动到适当的位置后单击一点，最终结果如图 3-11 所示。

参照上述方法可以绘制其他一些类似图形，示例如图 3-27 所示。

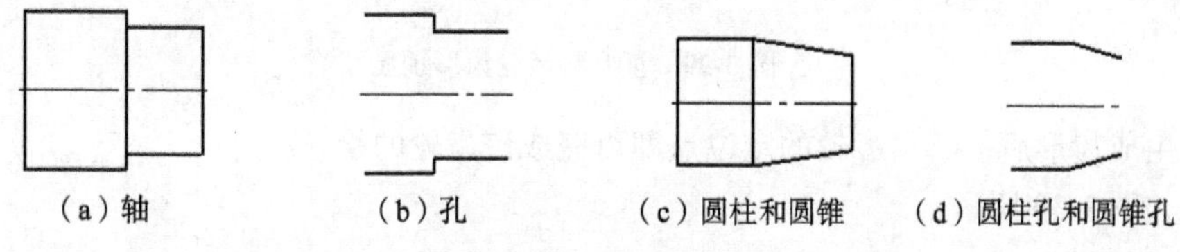

（a）轴　（b）孔　（c）圆柱和圆锥　（d）圆柱孔和圆锥孔

图 3-27 绘制轴示例

使用【孔/轴】命令的时候，要注意鼠标光标一定要在孔或轴延伸的方向上，且不可以后退，否则绘图过程中会出现错误。

孔的绘制与轴的绘制基本相同，在后面典型零件的绘制章节还将具体讲到。

3.2.2 齿轮

- 【名称】：齿轮
- 【命令】：Gear
- 【图标】：ꝏ
- 【概念】：按给定参数生成齿轮

用户可按给定的参数生成整个齿轮或给定齿数的齿扇。

单击【绘图工具 II】栏上的ꝏ按钮，弹出【渐开线齿轮齿形参数】对话框，如图 3-28 所示。

在该对话框中可以设置齿轮的齿数、模数、压力角及变位系数等，还可以修改齿轮的齿顶高系数和齿顶隙系数来改变齿轮的齿顶圆半径和齿根圆半径，也可直接指定齿轮的齿顶圆直径和齿根圆直径。

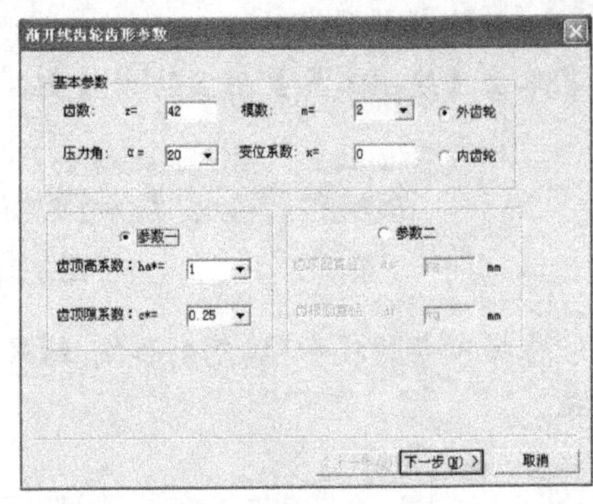

图 3-28 【渐开线齿轮齿形参数】对话框

确定完齿轮的参数后，单击 下一步(N) > 按钮，弹出【渐开线齿轮齿形预显】对话框，如图 3-29（a）所示。在该对话框中可以设置齿轮齿顶过渡圆角半径、齿根过渡圆角半径及齿轮的精度，并可确定要生成的齿数和起始齿相对于齿轮圆心的角度。确定完参数后单击 预显[P] 按钮，可观察生成的齿形，如图 3-29（b）所示。

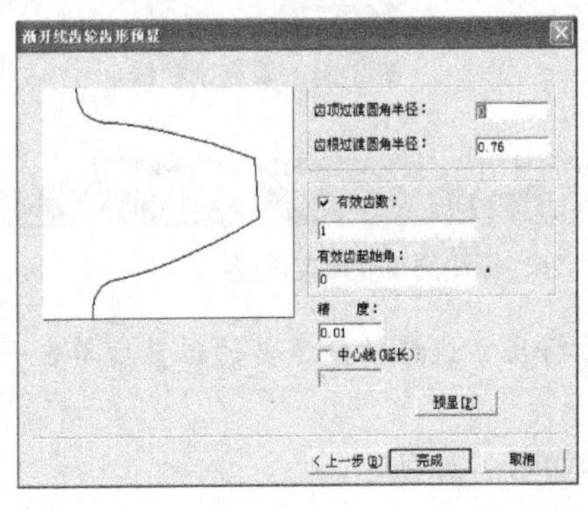

（a）

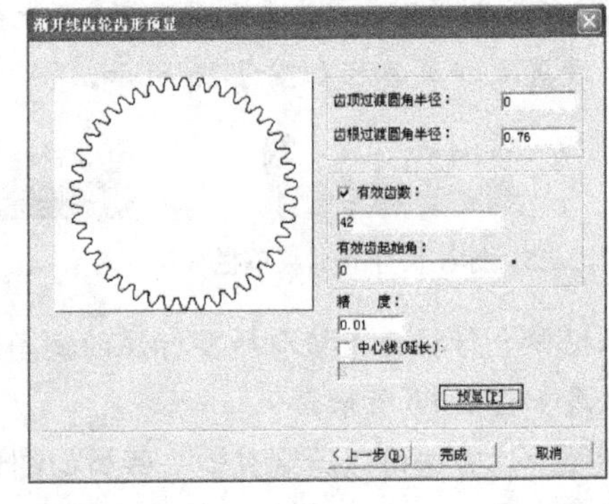

（b）

图 3-29 渐开线齿轮齿形预显

结束生成齿形后，给出齿轮的定位点即可完成该齿轮的绘制，结果如图 3-30 所示。

利用该功能生成的齿轮要求模数大于 0.1 且小于 50，齿数大于等于 5 且小于 1 000。

关于齿轮类零件的绘制在后面典型零件的绘制章节还将具体介绍。

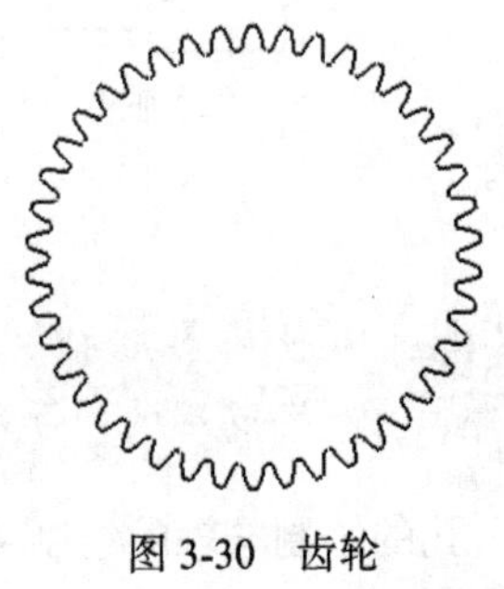
图 3-30 齿轮

3.3 工程实例——绘制门把手

【实例 3-2】绘制图 3-31 所示的把手局部剖面图。

1. 绘制左端轴段的外轮廓。

（1）单击【绘图工具 II】栏上的按钮，设置立即菜单栏如图 3-32 所示。

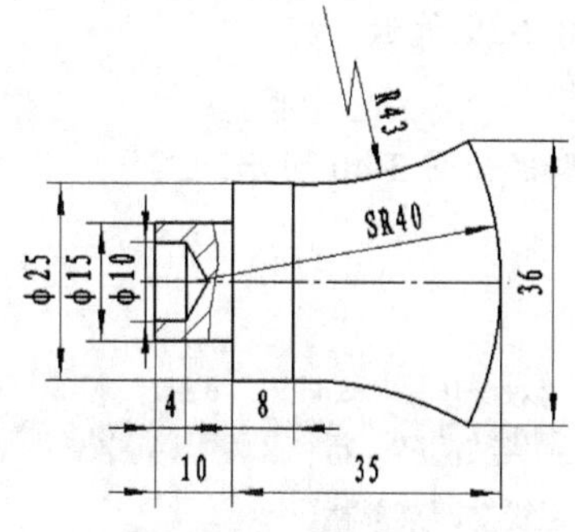

图 3-31　把手局部剖面图

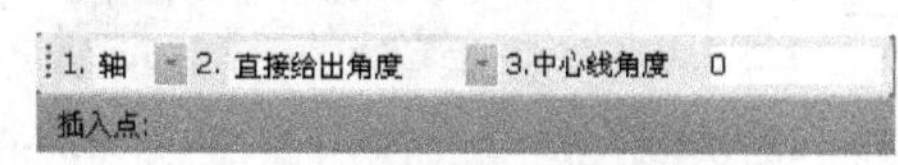

图 3-32　绘制轴立即菜单栏

（2）根据命令行提示，在绘图区的任一位置单击，然后设置立即菜单栏如图 3-33 所示。

图 3-33　设置轴立即菜单栏

（3）当提示"轴上一点或轴的长度"时，输入向右的追踪距离"10"，按 Enter 键。

（4）参照上述方法，绘制直径为 25 的轴段，结果如图 3-34 所示。

2. 以 A 点为插入点，绘制直径为 10、深度为 4 的孔，结果如图 3-35 所示。

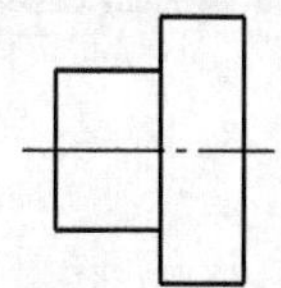

图 3-34　绘制左端轴段

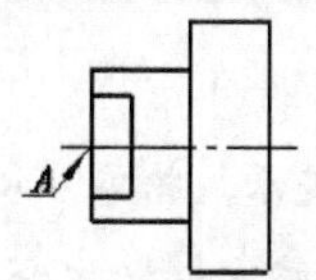

图 3-35　绘制孔

3. 利用直线的【角度线】命令绘制孔的锥角。

（1）单击【绘图工具】栏上的 按钮，设置立即菜单栏如图 3-36 所示。

图 3-36　绘制直线立即菜单栏

（2）根据命令行提示，单击 H 点，然后移动鼠标光标，使所绘制的角度线与中心线相交，交点为 G。

（3）用同样的方法，绘制出锥角的另一条边，结果如图 3-37 所示。

4. 裁剪线段。

（1）单击【编辑工具】栏上的 按钮，设置立即菜单栏如图 3-38 所示。

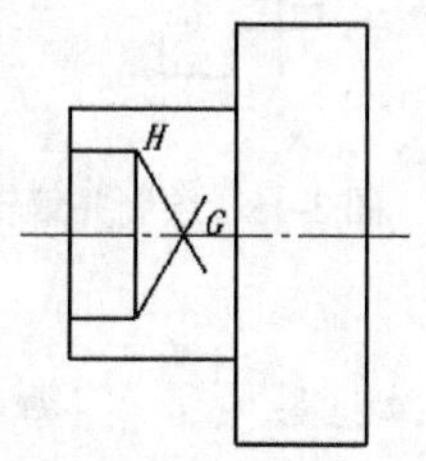

图 3-37　绘制角度线

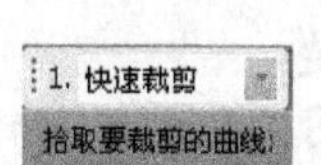

图 3-38　裁剪立即菜单栏

（2）根据命令行提示，拾取要裁剪的曲线，结果如图 3-39 所示。

5. 利用【等距线】命令确定圆弧 *DE* 的圆心。

（1）单击【绘图工具】栏上的按钮，设置立即菜单栏如图 3-40 所示。

图 3-39 裁剪线段　　图 3-40 绘制等距线立即菜单栏

（2）根据命令行提示，拾取线段 *Ⅰ*，然后在其右侧的任意位置单击，绘制出线段 *Ⅱ*，结果如图 3-41 所示。

（3）用同样的方法，绘制出线段 *Ⅱ* 的等距线 *Ⅲ*，距离为 40。这样即可确定圆弧 *DE* 的圆心 *F*，结果如图 3-41 所示。

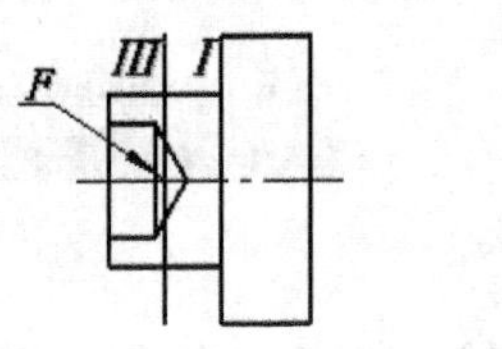

图 3-41 绘制等距线

6. 绘制中心线的双向等距线。

（1）单击【绘图工具】栏上的按钮，设置立即菜单栏如图 3-42 所示。

图 3-42 绘制等距线立即菜单栏

（2）根据命令行提示，拾取中心线，结果如图 3-43 所示。

7. 利用【拉伸】命令调整中心线及其等距线的长度。

（1）单击【编辑工具】栏上的按钮，设置立即菜单栏如图 3-44 所示。

图 3-43 绘制等距线　　图 3-44 拉伸命令立即菜单栏

（2）根据命令行提示，拾取中心线及其等距线，并调整其长度，结果如图 3-45 所示。

8. 绘制圆弧 *DE*。以 *F* 点为圆心绘制半径为 40 的圆，并裁剪多余线段，结果如图 3-46 所示。

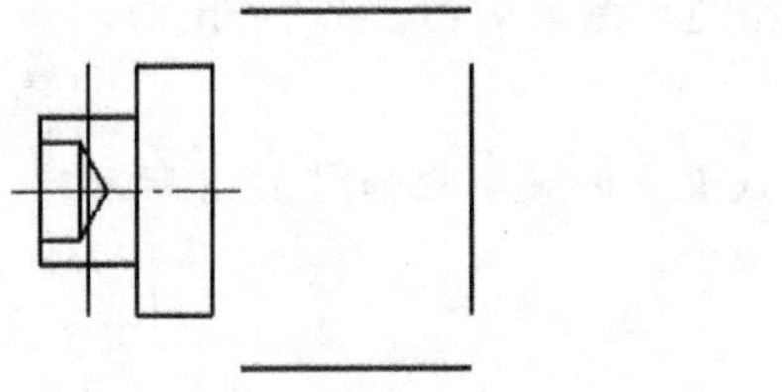

图 3-45 拉伸结果

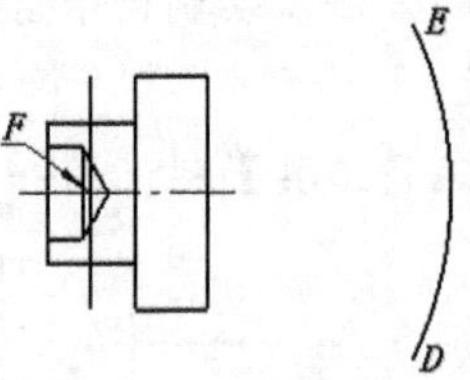

图 3-46 绘制并编辑圆弧

9. 绘制圆弧 *BE*。

（1）单击【绘图工具】栏上的按钮，设置立即菜单栏如图 3-47 所示。

图 3-47 绘制圆弧立即菜单栏

（2）根据命令行提示，单击 B 点，接着根据提示单击 E 点，然后将圆弧移到适当的位置，输入半径“43”，结果如图 3-48 所示。

（3）用同样的方法，绘制圆弧 CD，结果如图 3-48 所示。

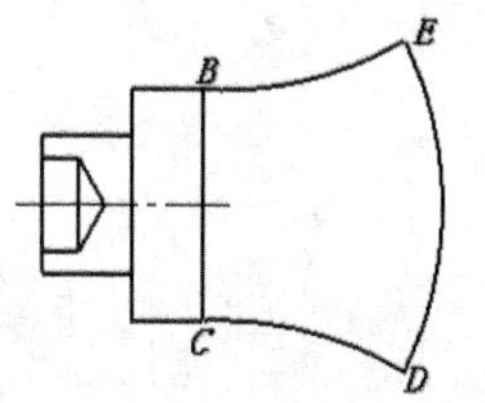

图 3-48　绘制圆弧

10. 绘制局部剖视图。

（1）将线型修改为“细实线”，然后单击【绘图工具】栏上的按钮，设置立即菜单栏如图 3-49 所示。

（2）根据命令行提示，依次单击绘图区的 G、H、I 和 J 点，最后单击鼠标右键退出，结果如图 3-50 所示。

图 3-49　绘制样条线立即菜单栏

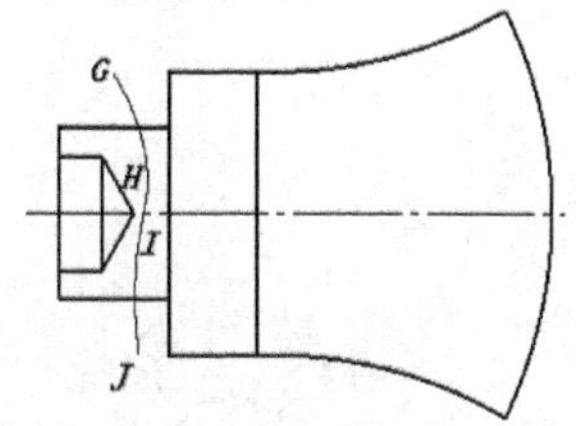

图 3-50　绘制样条线

11. 单击【绘图工具】栏上的按钮，裁剪多余线段，结果如图 3-51 所示。

12. 绘制剖面线。

（1）单击【绘图工具】栏上的按钮，设置立即菜单栏如图 3-52 所示。

（2）根据命令行提示，分别在 M、N 的封闭区域内单击，然后按 Enter 键，结果如图 3-53 所示。

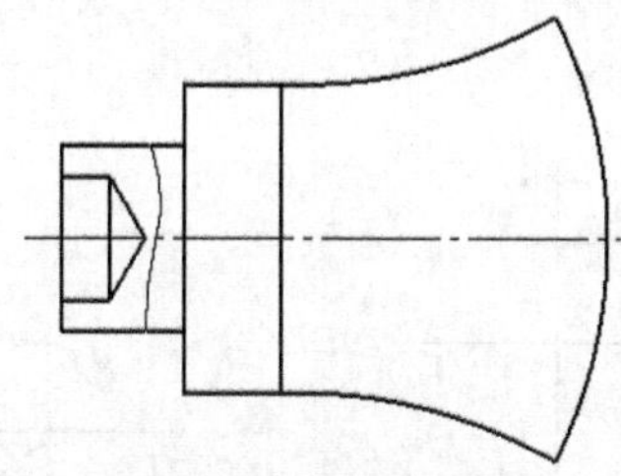
图 3-51　裁剪线段

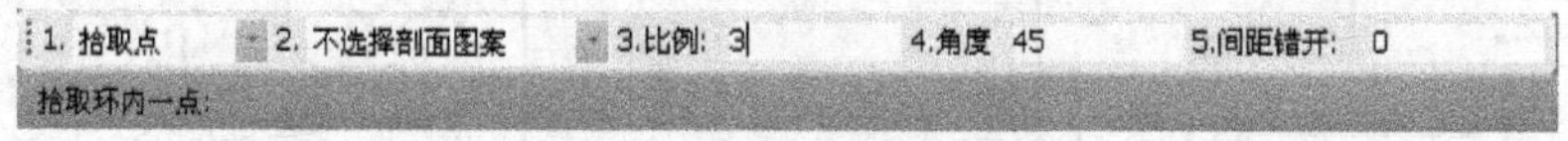

图 3-52　绘制剖面线立即菜单栏

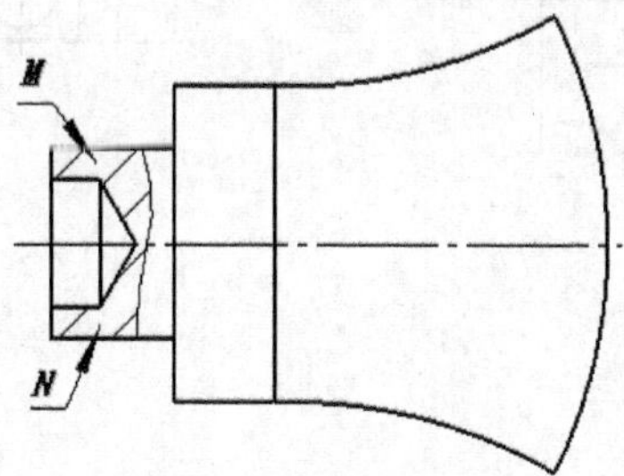

图 3-53　绘制剖面线

3.4 习题

1. 绘制图 3-54 所示的支座的剖视图和局部视图。
2. 绘制图 3-55 所示的齿轮轴零件图。

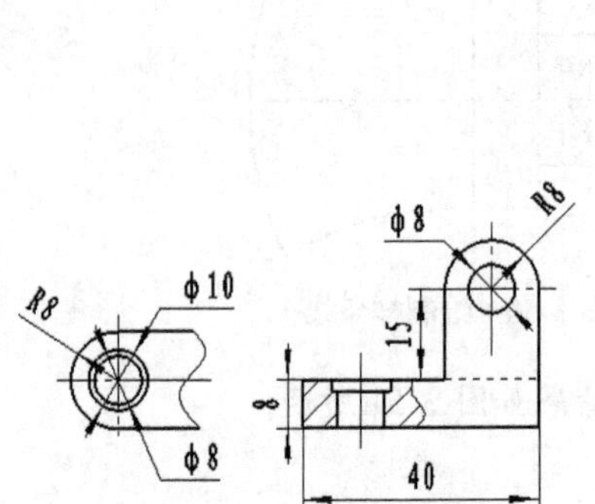

图 3-54　支座的剖视图和局部视图

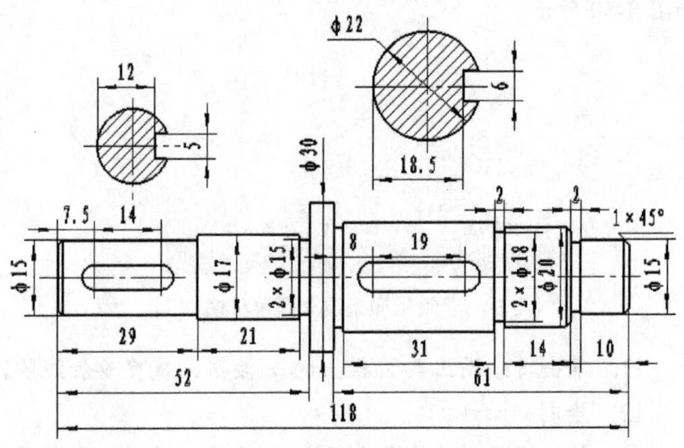

图 3-55　齿轮轴零件图

3. 绘制图 3-56 所示的图形。
4. 绘制图 3-57 所示的图形。

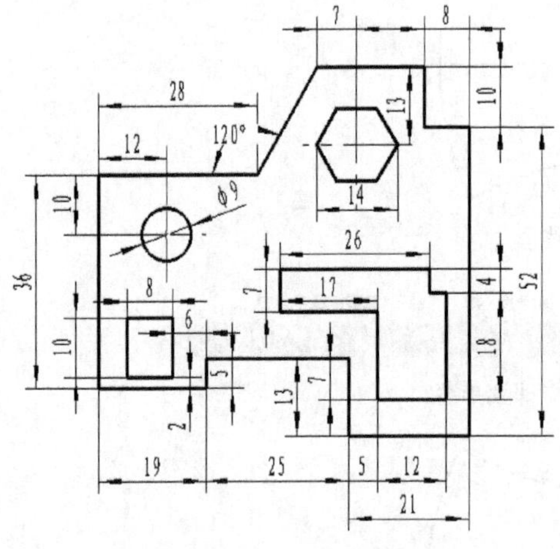

图 3-56　零件图

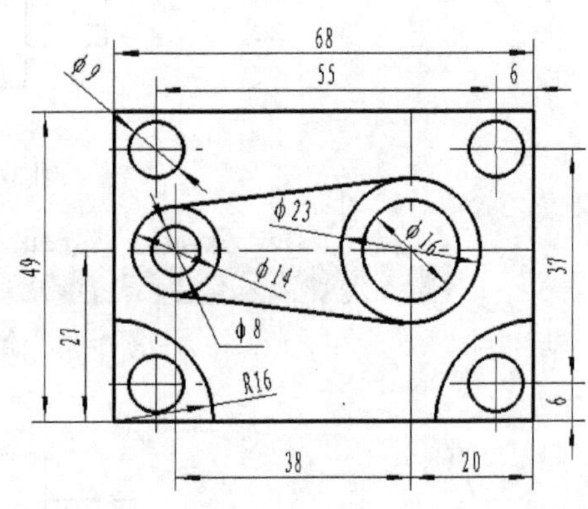

图 3-57　零件图

第4章 曲线和图形编辑

为了提高绘图速度和质量，CAXA 电子图板为用户提供了功能齐全、操作灵活的编辑功能，包括曲线编辑和图形编辑两个方面。此外，为了满足广大用户的需要，CAXA 电子图板还支持对象的链接与嵌入技术（OLE）。用户可在电子图板生成的文件中插入图表、图片及电子表格等 OLE 对象，也可插入声音、动画等多媒体信息，并且可将 CAXA 图形插入到其他支持 OLE 的软件中。

本章将通过实例对曲线编辑和图形编辑进行详细介绍。

4.1 曲线编辑

为精确、快速地绘制图形，CAXA 提供了一系列曲线编辑功能。使用这些命令时，用户可以在编辑菜单栏中选择，也可以在选择要编辑的图形后单击鼠标右键，在弹出的快捷菜单中选择。

4.1.1 过渡

- 【名称】：过渡
- 【命令】：Corner
- 【图标】：□
- 【概念】：修改对象，使其以圆角、倒角等方式连接

过渡包括多种方式，单击【编辑工具】栏上的□按钮，立即菜单栏如图 4-1 所示。

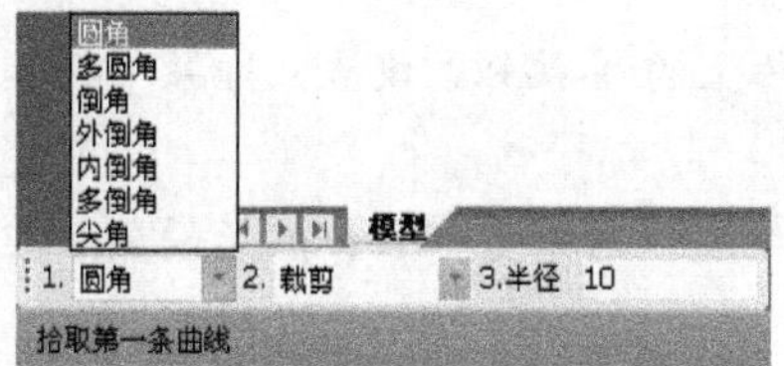

图 4-1　过渡命令立即菜单栏

下面就几种常用的过渡方式进行简要介绍。

一、圆角过渡

在两圆弧或线段之间用圆角进行光滑过渡。

鼠标光标拾取曲线的位置不同，得到的结果也不同，并且当过渡圆角半径的大小不合适时，操作无效。

二、多圆角过渡

用给定半径过渡一系列首尾相连的线段。

三、倒角过渡

绘制倒角过渡的方法类似于圆角过渡。在图 4-1 所示的立即菜单栏的【1:】下拉列表中选择【倒角】选项，则此时的立即菜单栏如图 4-2 所示。

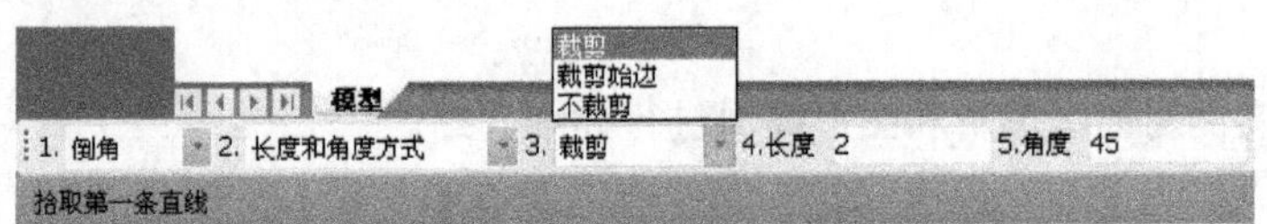

图 4-2　倒角立即菜单栏

在图 4-2 所示的立即菜单栏的【2.】下拉列表中可以选择【长度和角度】以及【长度和宽度】两种方式。

【3.】下拉列表中可以设置裁剪属性，其中，【裁剪始边】方式在直线和圆弧之间过渡时会经常用到。

【3.长度】是指从两线段的交点开始，沿所拾取第一条线段方向上的长度。

【4.倒角】是指倒角线与所拾取第一条线段的夹角，其范围是 0°～180°。

轴向长度和角度的定义均与第一条线段的拾取有关，因此两条线段的拾取顺序不同，绘制的倒角也不同。

四、外倒角和内倒角

“外倒角”和“内倒角”用于绘制 3 条相互垂直的线段的外倒角或内倒角。

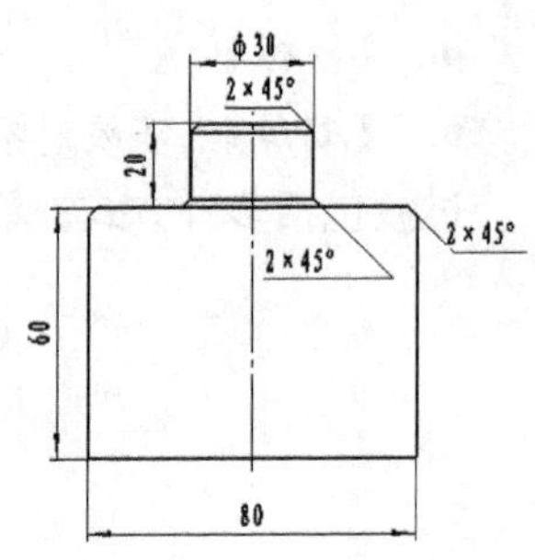

图 4-3　内倒角、外倒角示例

【实例 4-1】绘制图 4-3 所示的图形。

1．绘制外轮廓。

（1）单击【绘图工具 II】栏上的按钮，设置立即菜单栏如图 4-4 所示。

（2）根据命令行提示，在绘图区内单击一点，然后设置立即菜单栏如图 4-5 所示。

（3）以鼠标光标进行导航，输入轴的长度“60”。

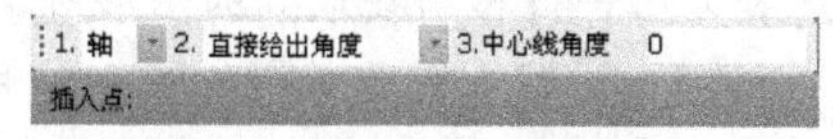

图 4-4 孔/轴命令立即菜单栏

图 4-5 设置立即菜单栏

（4）用同样的方法，绘制另一轴段，结果如图 4-6 所示。

2. 绘制倒角。

（1）单击【编辑工具】栏上的□按钮，设置立即菜单栏如图 4-7 所示。

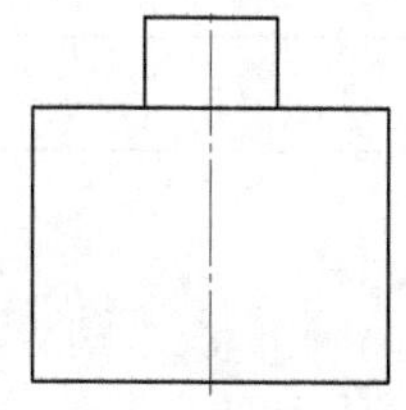

图 4-6 绘制外轮廓

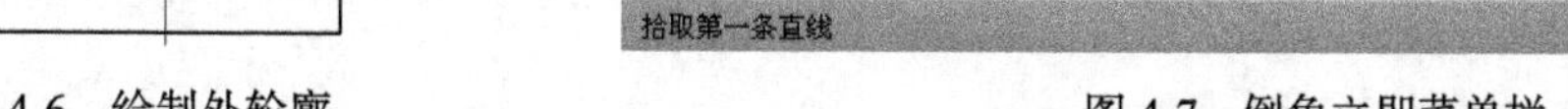

图 4-7 倒角立即菜单栏

（2）根据命令行提示，分别拾取线段 *I*、*II*和 *II*、*III*，结果如图 4-8 所示。

3. 绘制外倒角。

在图 4-7 所示的立即菜单栏的【1:】下拉列表中选择【外倒角】选项，根据命令行提示，分别拾取线段*IV*、*V*、*VI*，结果如图 4-9 所示。

4. 绘制内倒角。

在图 4-7 所示的立即菜单栏的【1.】下拉列表中选择【内倒角】选项，根据命令行提示，分别拾取线段*IV*、*II*、*VI*，结果如图 4-10 所示。

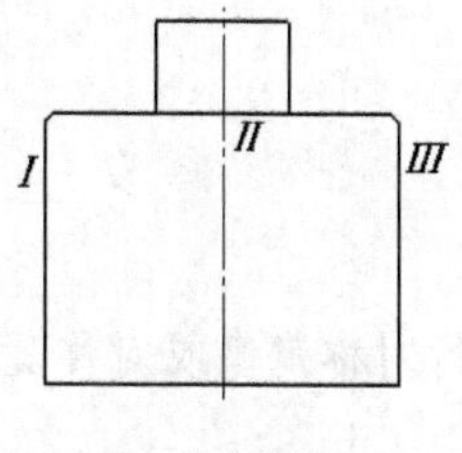

图 4-8 绘制倒角

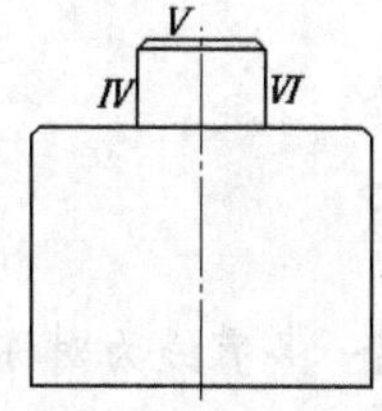

图 4-9 绘制外倒角

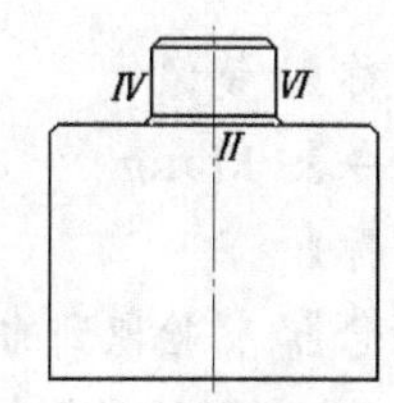

图 4-10 绘制内倒角

绘制内倒角、外倒角时，一定要注意线段的拾取顺序。

4.1.2 平移

- 【名称】：平移
- 【命令】：Move
- 【图标】：✥

- 【概念】：以指定的角度和方向进行移动拾取到的图形对象。

单击【编辑工具】栏上的 ✣ 按钮，设置立即菜单栏如图 4-11 所示。

1. 给定两点 2. 保持原态 3.旋转角 0 4.比例 1
拾取添加

图 4-11 【给定两点】平移立即菜单栏

在图 4-11 所示的立即菜单栏的【1.】下拉列表中有【给定两点】和【给定偏移】两种方式，其中，【给定两点】是指通过两点的定位方式完成图形元素的移动，而【给定偏移】是将实体移动到一个指定位置上，用户可根据需要在立即菜单栏的【2.】下拉列表中选择【保持原态】或【平移为块】。

4.1.3 平移复制

- 【名称】：平移复制
- 【命令】：Copy
- 【图标】：
- 【概念】：用于将一个图形从某一个位置复制到指定的位置处

单击【编辑工具】栏上的 按钮，设置立即菜单栏如图 4-12 所示。复制图形的方法类似于平移图形，这里不再详细介绍。

1. 给定两点 2. 保持原态 3.旋转角 0 4.比例: 1 5.份数 1
拾取添加

图 4-12 复制选择到立即菜单栏

4.1.4 镜像

- 【名称】：镜像
- 【命令】：Mirror
- 【图标】：
- 【概念】：将拾取到的图素以某一条直线为对称轴，进行对称镜像或对称复制

【实例 4-2】利用镜像命令绘制图 4-13 所示的图形。

1. 利用【等距线】、【圆角过渡】和【圆】等命令绘制图形，并绘制中心线 *I*，结果如图 4-14 所示。

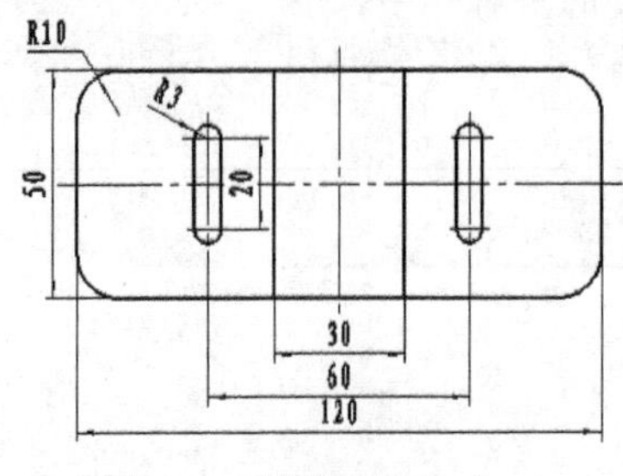

图 4-13 镜像示例（1）

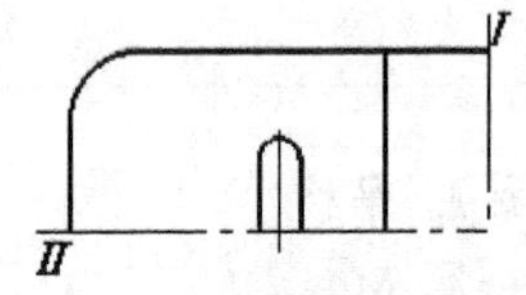

图 4-14 绘制基本图形

2. 单击【编辑工具】栏上的按钮，设置立即菜单栏如图 4-15 所示。

3. 根据命令行提示，拾取图 4-14 所示的图形后，按 Enter 键，接着根据提示拾取轴线 II，结果如图 4-16 所示。

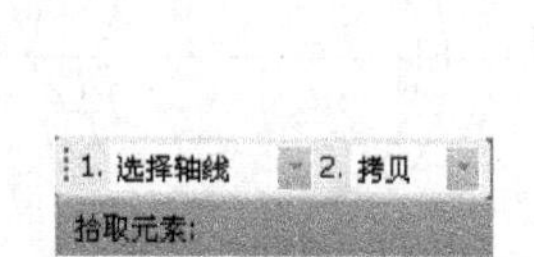

图 4-15　复制镜像立即菜单栏

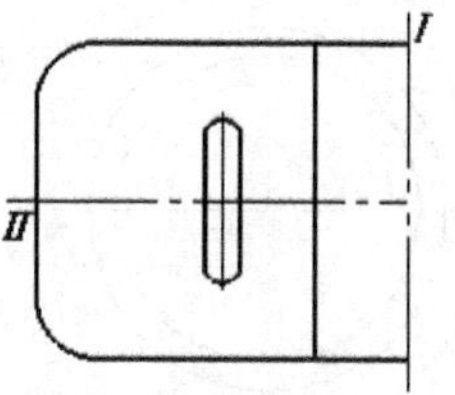

图 4-16　镜像图形

4. 重复步骤 2、3，根据命令行提示，拾取图 4-16 所示的图形，接着根据提示拾取轴线 I，结果如图 4-13 所示。

此外，若设置立即菜单栏如图 4-17 所示，则图形只镜像不复制。如图 4-18 所示，图（a）镜像后的图形如图（b）所示。

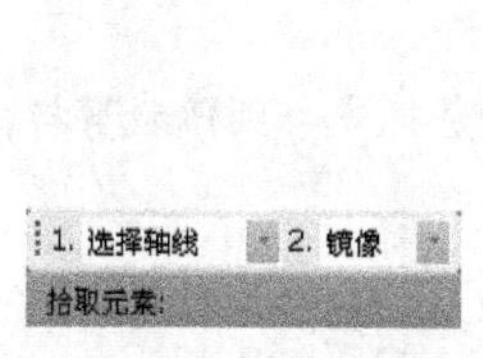

图 4-17　镜像立即菜单栏

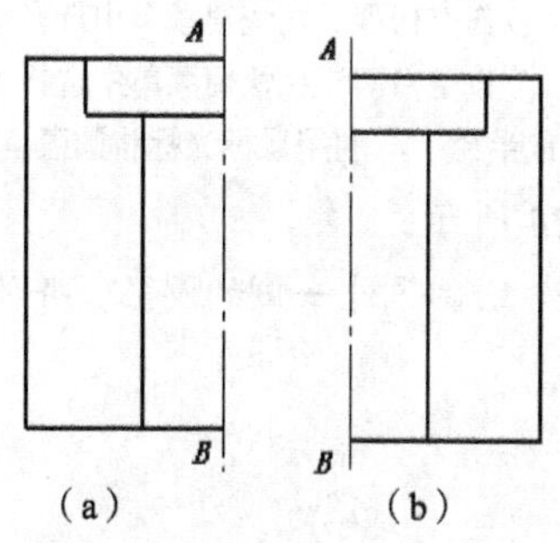

图 4-18　镜像示例（2）

4.1.5　旋转

- 【名称】：旋转
- 【命令】：Rotate
- 【图标】：
- 【概念】：对拾取到的图形进行旋转或旋转复制

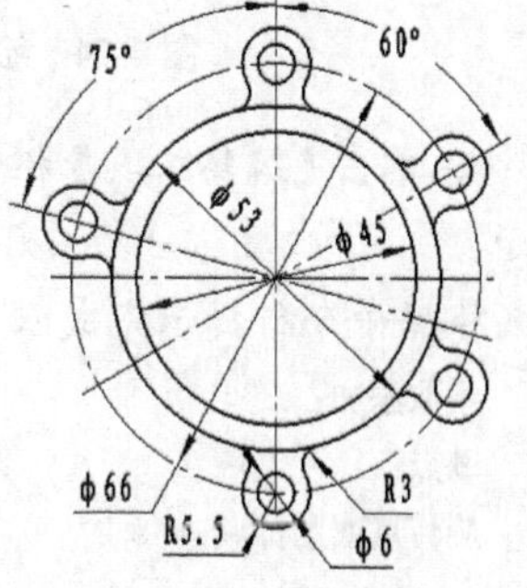

图 4-19　旋转示例

【实例 4-3】利用旋转命令和镜像命令绘制图 4-19 所示的图形。

1. 单击【绘图工具】栏上的按钮，设置立即菜单栏如图 4-20 所示。

根据命令行提示，在绘图区内绘制两个直径分别为 ϕ45 和 ϕ53 的圆，并将当前图层改为“中心线层”，接着绘制另外一个直径为 ϕ66 的同心圆，并添加中心线，结果如图 4-21 所示。

1. 圆心_半径　2. 直径　3. 无中心线
圆心点:

图 4-20　圆命令立即菜单栏

2. 将当前图层改为“0 层”，使用【圆】命令以大圆与顶部中心线的交点为圆心绘制两个同心圆，直径分别为 $\phi 6$ 和 $\phi 11$，结果如图 4-22 所示。

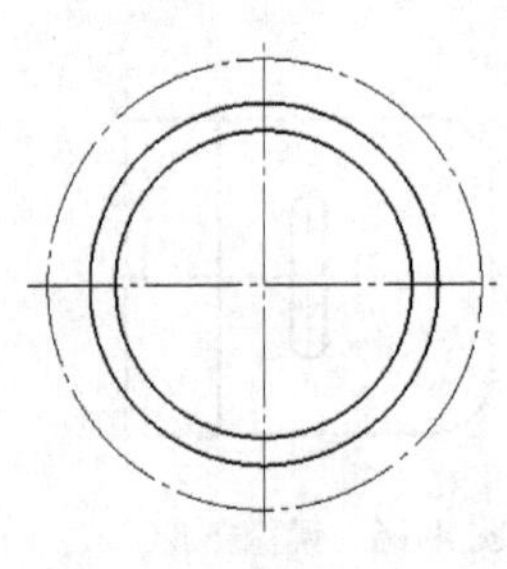

图 4-21　绘制圆（1）

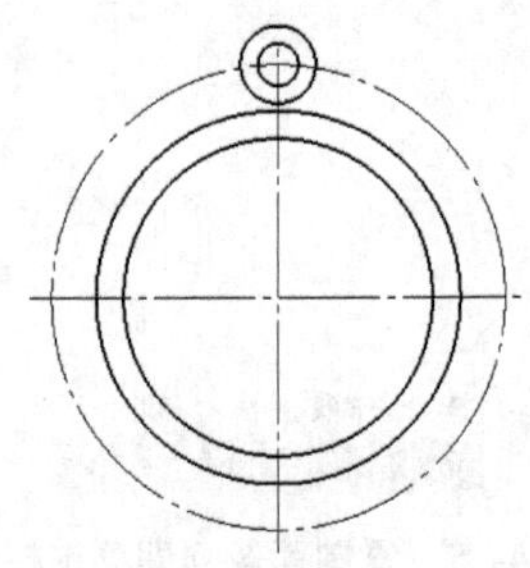

图 4-22　绘制圆（2）

3. 单击【绘图工具】栏上的按钮，设置立即菜单栏如图 4-23 所示。

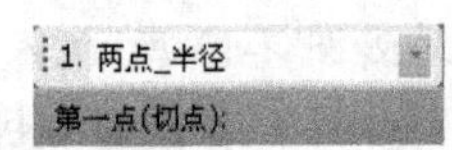

图 4-23　圆弧立即菜单栏

根据命令行提示完成以下操作。

第一点（切点）：//按空格键，在快捷菜单中选择【切点】选项，然后在 ϕ11 的圆上单击一点

第二点（切点）：//按空格键，在快捷菜单中选择【切点】选项，然后在 ϕ53 的圆上单击一点

第三点（切点）或半径：//利用鼠标光标将圆弧调整到适当位置后，输入圆弧半径“3”，按 Enter 键

结果如图 4-24 所示。

用同样的方法，绘制另外一侧的圆弧，并使用【裁剪】命令将多余圆弧裁剪掉，结果如图 4-25 所示。

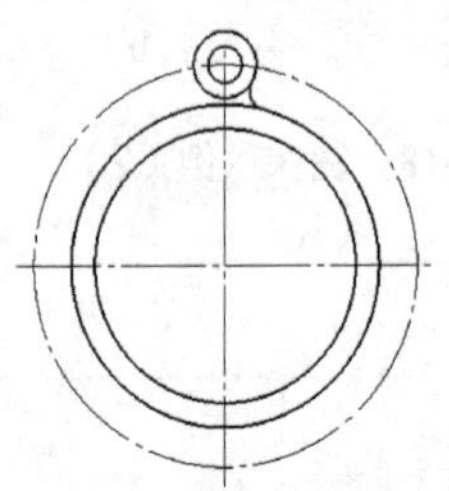

图 4-24　绘制过渡圆弧

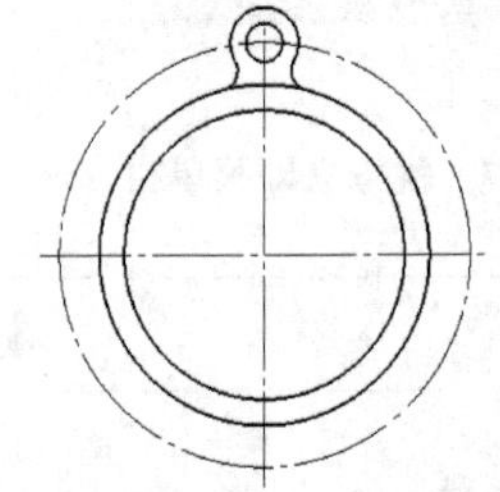

图 4-25　绘制另一侧圆弧并裁剪

4. 单击【编辑工具】栏上的按钮，设置立即菜单栏如图 4-26 所示。

图 4-26　旋转立即菜单栏

根据命令行提示完成以下操作。

拾取添加：　　//拾取图 4-25 中 ϕ6、ϕ11 的圆和中心线以及 R3 的圆弧，单击鼠标右键退出

基点：　　//单击 A 点

旋转点或定位点：75　　//输入旋转角度，按 Enter 键

结果如图 4-27 所示。

用同样的方法，绘制另一安装孔，旋转角度为−60°，结果如图 4-28 所示。

5. 拾取右侧的两个安装孔，然后单击鼠标右键，在弹出的快捷菜单中选择【镜像】选项，设置立即菜单栏如图 4-29 所示。

根据命令行提示选择中心线 I，结果如图 4-30 所示。

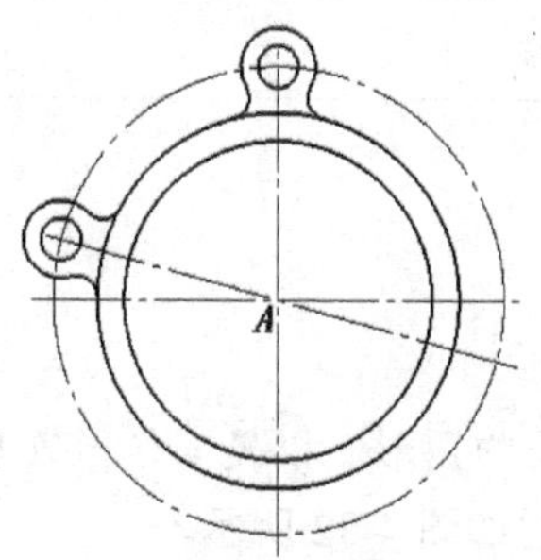

图 4-27　旋转复制图形（1）

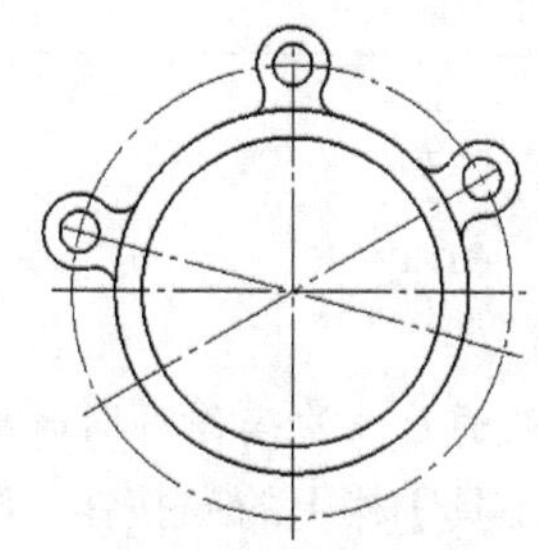

图 4-28　绘制另一安装孔

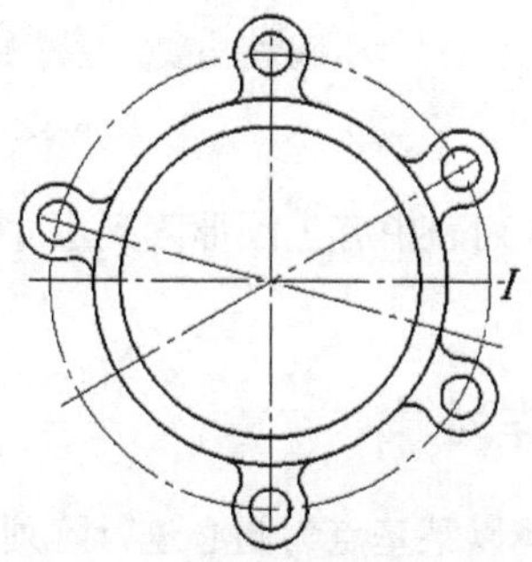

1. 选择轴线　2. 拷贝
拾取元素:

图 4-29　镜像立即菜单栏

图 4-30　镜像复制图形（2）

4.1.6 缩放

- 【名称】：缩放
- 【命令】：Scale
- 【图标】：
- 【概念】：对拾取到的图素进行比例放大和缩小

“缩放”主要用于将图形置于图框中时对图形的大小进行微调。

单击【编辑工具】栏上的按钮，根据命令行提示，在拾取图形后立即菜单栏如图 4-31 所示。

1. 平移　2. 尺寸值变化　3. 比例变化
基准点:

图 4-31　缩放立即菜单栏

- 【1.】下拉列表：用于选择是移动还是复制图形。
- 【2.】下拉列表：单击此下拉列表，则该项内容变为【尺寸值变化】。如果拾取的元素中包含尺寸元素，则该项可以控制尺寸的变化。当选择【尺寸值不变】选项时，所选择的尺寸元素不会随着比例的变化而变化。反之，当选择【尺寸值变化】时，尺寸值会根据相应的比例进行放大或缩小。
- 【3.】下拉列表：单击此下拉列表，则该项内容变为【比例变化】。当选择【比例变化】选项时，尺寸会根据比例系数发生变化。

移动鼠标光标时，系统自动根据基点和当前光标点的位置来计算比例系数，且动态在屏幕上显示变换的结果。当输入完毕或鼠标光标的位置确定后，按下鼠标左键，一个变换后的图形立即显示在屏幕上。此外，用户也可通过键盘直接输入缩放的比例系数。

4.1.7 阵列

- 【名称】：阵列
- 【命令】：Array
- 【图标】：
- 【概念】：通过一次操作可同时生成若干个相同的图形，以提高作图效率

单击【编辑工具】栏上的按钮，阵列立即菜单栏如图 4-32 所示。

图 4-32 阵列立即菜单栏

在【1.】下拉列表中有【圆形阵列】、【矩形阵列】和【曲线阵列】3 种方式，以下分别进行介绍。

一、圆形阵列

对拾取的实体以某基点为圆心进行阵列复制。

二、矩形阵列

对拾取的实体按矩形阵列的方式进行阵列复制，阵列方法同圆形阵列。

三、曲线阵列

曲线阵列就是在一条或多条首尾相连的曲线上生成均布的图形选择集。

对于单个拾取的母线，阵列从母线的端点开始，可拾取的曲线种类有线段、圆弧、圆、样条曲线及椭圆。对于链拾取的母线，阵列从鼠标光标单击的那根曲线的端点开始，并且链中只能有线段、圆弧或样条曲线。

4.1.8 局部放大

- 【名称】：局部放大
- 【命令】：Enlarge
- 【图标】：
- 【概念】：按照给定参数生成对局部图形进行放大的视图。

【实例 4-4】打开素材文件“\exb\第 4 章\4-4.exb”，绘制图 4-33 所示的局部放大图。

1. 单击【标注工具】栏上的按钮，设置立即菜单栏如图 4-34 所示。
2. 根据命令行提示完成以下操作。

中心点：	//单击 C 点
输入半径或圆上一点：20	//根据图形的大小输入圆半径，按 Enter 键
符号插入点：	//单击 D 点，并在立即菜单栏的【1.】下拉列表中选择【加引线】选项

实体插入点：　　　　　　　　　　//单击 *E* 点
输入角度或由屏幕上确定：0　　　　//输入角度，按 Enter 键
符号插入点：　　　　　　　　　　//单击 *F* 点

结果如图 4-33 所示。

F
A
2 : 1 (放大比例:2)
E
B
2 : 1 (放大比例:2)
C
A
D
B

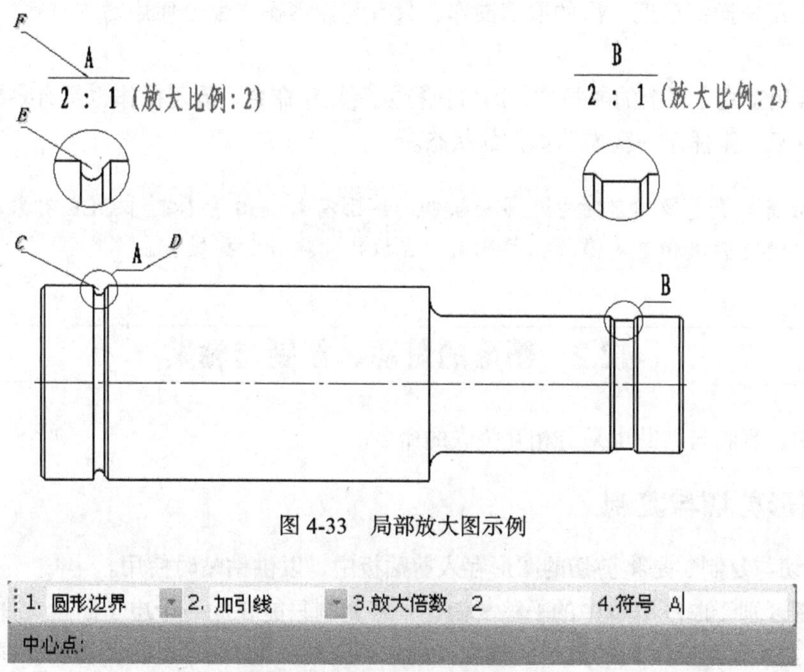

图 4-33　局部放大图示例

1. 圆形边界
2. 加引线
3.放大倍数 2
4.符号 A
中心点:

图 4-34　局部放大立即菜单栏

4.2 图形编辑

本节将介绍图形编辑的相关内容，图形编辑的应用范围比曲线编辑更为广泛。

图形编辑功能包括撤消与重复操作，图形剪切、复制与粘贴，对象链接与嵌入，格式刷及属性查看等，以下分别进行介绍。

4.2.1 撤销与恢复操作

撤消操作与重复操作是相互关联的一对命令。

一、撤销操作

撤消操作用于撤销最近一次的编辑操作。单击【标准工具】栏上的 ↶ 按钮，即可执行此命令。

如果用户在操作过程中错误地删除了一个图形，即可使用该命令取消删除操作。该命令具有多级退回功能，可以退回至任意一次的操作状态。

二、恢复操作

重复操作用来撤销最近一次的取消操作，只有与撤消操作配合使用时才有效，是撤消操作的逆过程。

单击【常用工具】栏上的 按钮，即可执行恢复操作命令。重复操作也具有多级重复功能，能够退回（恢复）至任意一次撤消操作的状态。

撤消与重复操作只对电子图板绘制的图形有效。由于不能对 OLE 对象和幅面的修改进行撤消和重复操作，因此用户在执行此操作时要慎重。

4.2.2 图形的剪切、复制与粘贴

图形剪切、复制与粘贴也是有相互关联的命令。

一、图形剪切与复制

“图形剪切与复制”是将剪切的图形存入剪贴板中，以供粘贴时使用。

图形复制区别于曲线编辑中的平移复制，平移复制只能在同一个电子图板文件内进行复制粘贴。图形复制不仅可在不同的电子图板文件中进行复制粘贴，而且可将所选图形存入 Windows 剪贴板，粘贴到其他支持 OLE 的软件（如 Word）中。

图形剪切与复制无论在功能上还是在使用上都十分相似，只是图形复制不删除用户拾取的图形，而图形剪切是在图形复制的基础上删掉用户拾取的图形。

二、图形粘贴

将剪贴板中存储的图形粘贴到用户指定的位置，也就是将临时存储区中的图形粘贴到当前文件或新打开的其他文件中。

4.2.3 格式刷

“格式刷”可使所选择的目标对象依据源对象的属性进行变化。

4.2.4 特性查看

选择菜单命令【工具】/【特性】，在界面左侧会出现属性查看栏，如图 4-35（a）所示。

因为没有选择图素，所以此时显示的是全局信息。选择的图素不同，属性查看栏显示的系统信息也不同。当选择圆弧时，其显示如图 4-35（b）所示。

此外，用户还可根据需要对相关的数值进行修改。

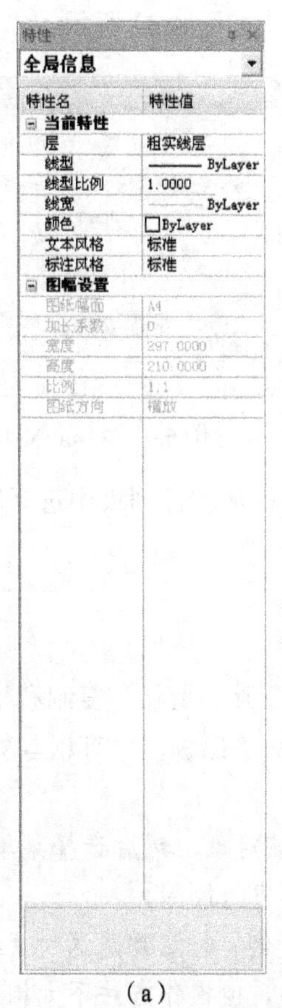

（a）

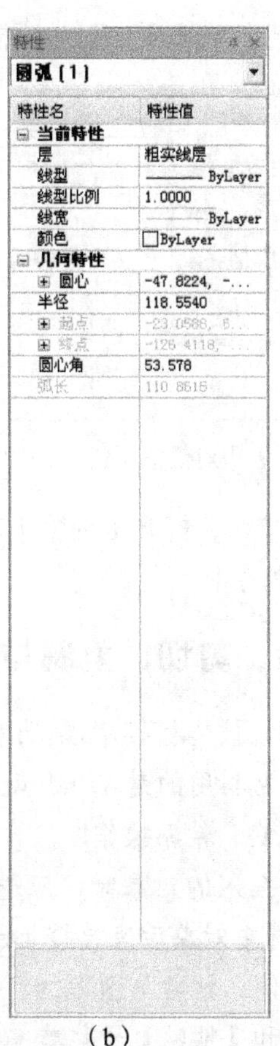

（b）

图 4-35　属性查看栏

4.2.5　对象链接与嵌入的应用

利用对象链接与嵌入（Object Linking and Embeding，OLE）可将其他 Windows 应用程序创建的对象（如图片、图表、文本及电子表格等）插入到文件中，它可满足多方面的需要，使用户方便快捷地创建形式多样的文件。

有关 OLE 的主要操作有插入对象，对象的删除、剪切、复制与粘贴，对象的链接及查看对象的属性等，这些功能基本上都是通过【编辑】菜单中的子菜单来实现的。此外，CAXA 图形本身也可以作为一个 OLE 对象插入到其他支持 OLE 的软件中。

下面分别对这些功能进行介绍。

一、插入对象

在文件中插入一个 OLE 对象。用户可新创建对象，也可在现有文件中创建。新创建的对象可以是嵌入的对象，也可以是链接的对象。

选择菜单命令【编辑】/【插入对象】，弹出【插入对象】对话框，如图 4-36 所示。

对话框中默认的是以【新建】方式插入对象。用户可从【对象类型】列表框中选择所需的对象，然后单击 确定 按钮，此时将弹出相应的对象编辑窗口来对插入的对象进行编辑。

若选择【由文件创建】单选项，则对话框的形式如图 4-37 所示。

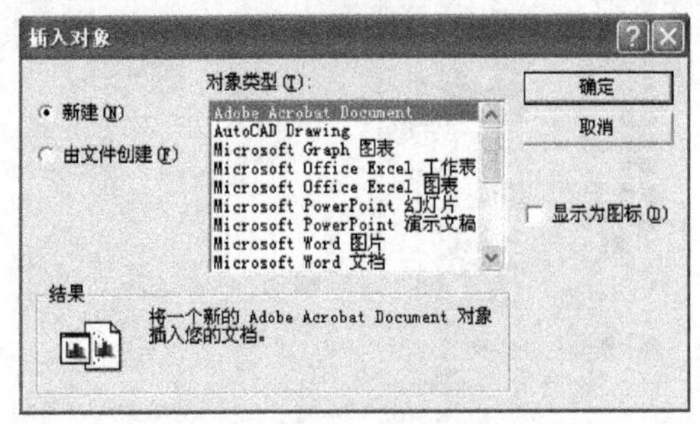

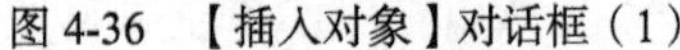
图 4-36 【插入对象】对话框（1）

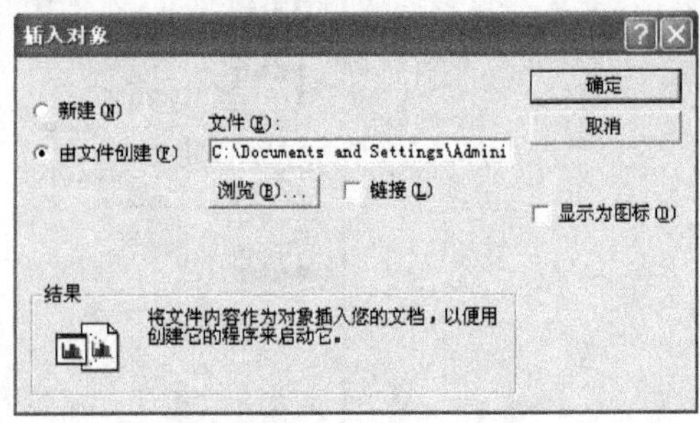

图 4-37 【插入对象】对话框（2）

用户可单击 浏览(B)... 按钮，打开【浏览】对话框，从文件列表中选择所需的文件后，该文件就以对象的方式嵌入到文件中。

二、对象的删除、剪切、复制与粘贴

利用对象的删除、剪切、复制与粘贴功能可以删除、剪切、复制和粘贴选中的对象。

- 对象的复制、粘贴利用的是 Windows 提供的剪贴板，它可以与其他的 Windows 软件一起对对象进行复制、粘贴操作。
- 当要删除一个已插入的对象时，应先选中该对象，然后选择菜单命令【编辑】/【删除对象】，也可在选中对象后直接按 Delete 键进行删除。
- 对象的剪切、复制、粘贴与图形的剪切、复制、粘贴都是通过【编辑】菜单中的【图形剪切】、【复制】和【粘贴】子菜单来完成的，但操作方法不太相同。对于图形操作，要先选择菜单命令，再拾取图形，最后单击鼠标右键结束操作。而对于 OLE 对象，则应首先选中对象，再选择菜单命令来进行操作。
- 使用鼠标右键快捷地实现对象的操作。通过鼠标右键快捷、方便地实现有关 OLE 对象的所有操作。

用鼠标右键单击 OLE 对象内部，可弹出快捷菜单，利用该快捷菜单可以实现有关 OLE 对象几乎所有的操作。每个选项的功能及使用方法与前面介绍的相同。

三、将电子图板绘制的图形插入到其他软件中

CAXA 图形也可以作为一个 OLE 对象插入到其他支持 OLE 的软件中。下面就介绍如何在这些软件中插入 CAXA 图形。

在文件中插入一个电子图板对象时可以新创建对象，也可以在现有的“*.exb”文件中创建。新创建的对象可以是嵌入的对象，也可以是链接的对象。

- 在 Word 编辑状态下，将鼠标光标移动到要插入电子图板对象的位置。
- 选择菜单命令【插入】/【对象】，弹出图 4-38 所示的【对象】对话框。

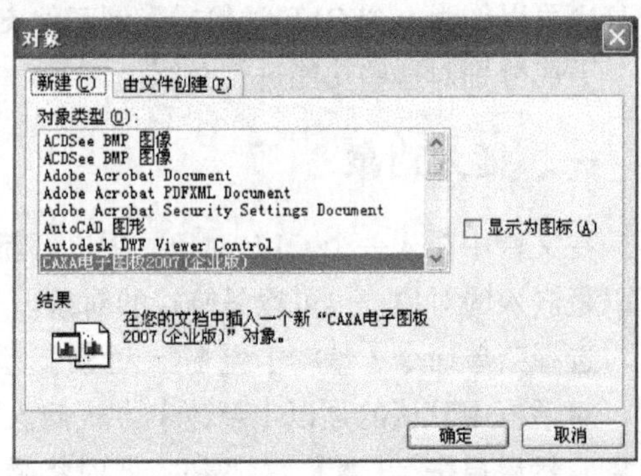

图 4-38 【对象】对话框

- 利用该对话框创建对象的方法有两种：新建对象和由文件创建对象。新建对象时，在【对象类型】列表框中选择【CAXA 电子图板 2007（企业版）】，然后单击确定按钮，系统将会自动打开电子图板的编辑窗口，此时，用户可以绘制所需的图形。由文件创建对象时，用户可根据已经存在的“*.exb”文件创建嵌入或链接的电子图板对象。

4.3 工程实例——绘制定位板

【实例 4-5】绘制图 4-39 所示的定位板。

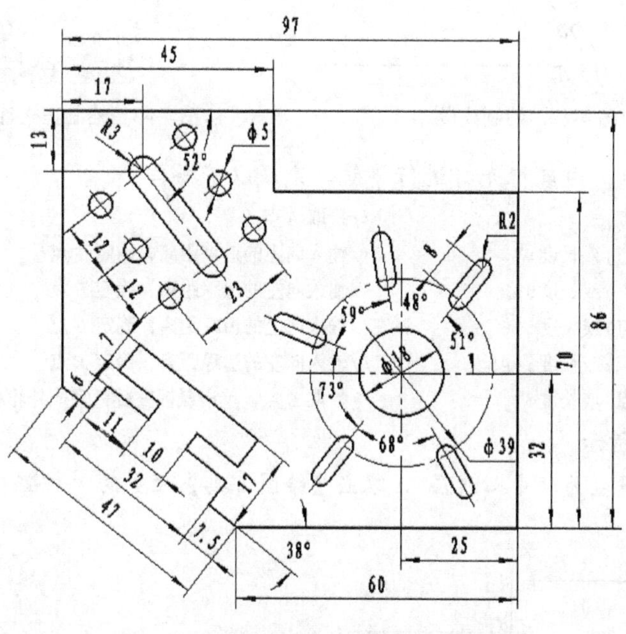

图 4-39　定位板

1. 单击【绘图工具】栏上的 按钮，设置立即菜单栏如图 4-40 所示。

图 4-40　绘制直线立即菜单栏

根据命令行提示完成以下操作。

```
第一点(切点,垂足点): 0,0              //输入A点的绝对直角坐标
第二点(切点,垂足点): @-60,0           //输入B点的相对直角坐标
```

2. 在图 4-40 所示的立即菜单栏的【1.】下拉列表中选择【角度线】选项，设置立即菜单栏如图 4-41 所示。

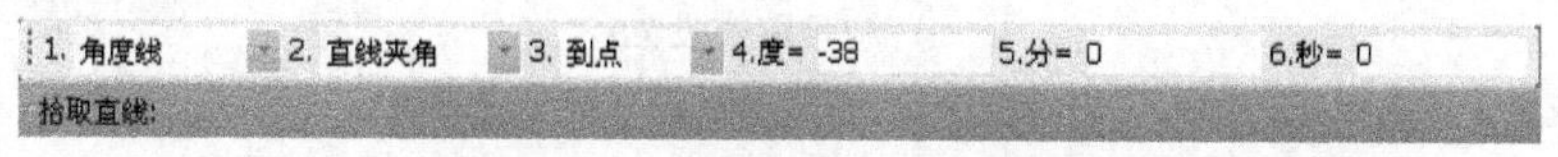

图 4-41　绘制角度线立即菜单栏

根据命令行提示完成以下操作。

```
拾取直线:                            //拾取线段AB
```

第一点（切点）:　　　　　　　　　　//拾取 B 点
第二点（切点）或长度：7.5　　　　　//按 Enter 键，确定 C 点

3. 继续使用【角度线】命令，在图 4-41 所示的立即菜单栏的【4.度】文本框中输入“−90”，根据命令行提示完成以下操作。

拾取直线:　　　　　　　　　　　　　//拾取线段 BC
第一点（切点）:　　　　　　　　　　//拾取 C 点
第二点（切点）或长度：6　　　　　　//按 Enter 键，确定 D 点

4. 用同样的方法，使用【角度线】命令可依次绘制线段，直到 E 点，结果如图 4-42 所示。

5. 继续使用【直线】命令，设置立即菜单栏如图 4-43 所示，激活状态栏中的 正交 按钮。

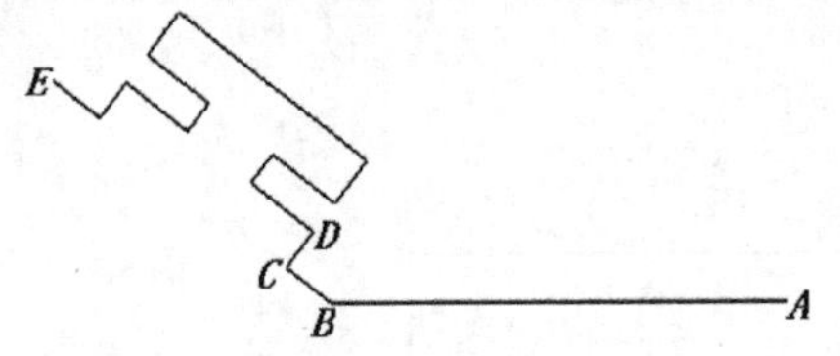

图 4-42　绘制线段

1. 两点线　2. 连续
第一点(切点,垂足点):

图 4-43　绘制正交直线立即菜单栏

根据命令行提示，用鼠标光标进行导航，完成以下操作。

第一点(切点,垂足点)：　　　　　　　//拾取 A 点
第二点(切点,垂足点)或长度:70　　　//输入向上的追踪距离，确定 I 点
第二点(切点,垂足点)或长度:52　　　//输入向左的追踪距离，确定 H 点
第二点(切点,垂足点)或长度:16　　　//输入向上的追踪距离，确定 G 点
第二点(切点,垂足点)或长度:-45　　 //输入向左的追踪距离，确定 F 点
第二点(切点,垂足点)或长度:　　　　 //拾取 E 点，单击鼠标右键，完成外轮廓的绘制

结果如图 4-44 所示。

6. 将当前图层设置为“中心线层”，单击【绘图工具】栏上的 ⫽ 按钮，设置立即菜单栏如图 4-45 所示。

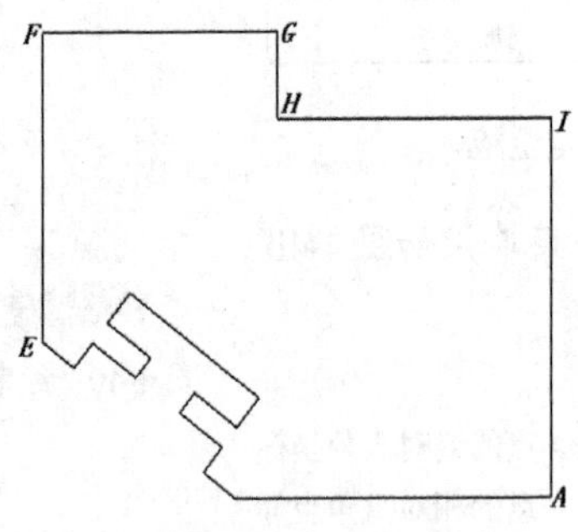

图 4-44　绘制正交线段

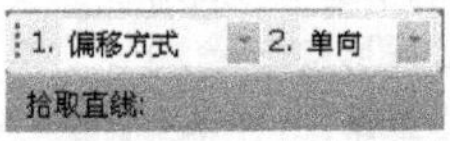

1. 偏移方式　2. 单向
拾取直线:

图 4-45　绘制平行线立即菜单栏

根据命令行提示完成以下操作。

拾取直线:　　　　　　　　　　　　　//拾取线段 AB
输入距离或点（切点）：32　　　　　 //在线段 AB 的上方单击一点

用同样的方法，作线段 AI 的平行线，它与线段 AB 的平行线相交于 O 点，结果如图 4-46 所示。

7. 单击【绘图工具】栏上的 ⊙ 按钮，设置立即菜单栏如图 4-47 所示。

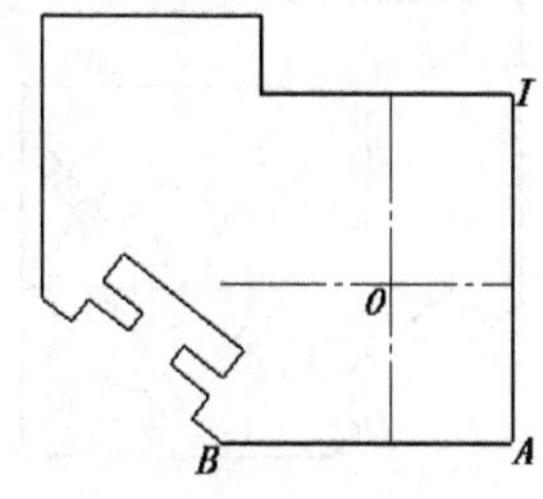

图 4-46　确定圆心 O

图 4-47　绘制圆立即菜单栏

根据命令行提示完成以下操作。

圆心点：　　　　　　　　　　//拾取 O 点

输入直径或圆上一点：39　　　//按 Enter 键

输入直径或圆上一点：18　　　//将当前图层改为“0 层”，按 Enter 键，单击鼠标右键退出

结果如图 4-48 所示。

8. 将当前图层设置为“中心线层”，单击【绘图工具】栏上的 按钮，设置立即菜单栏如图 4-49 所示。

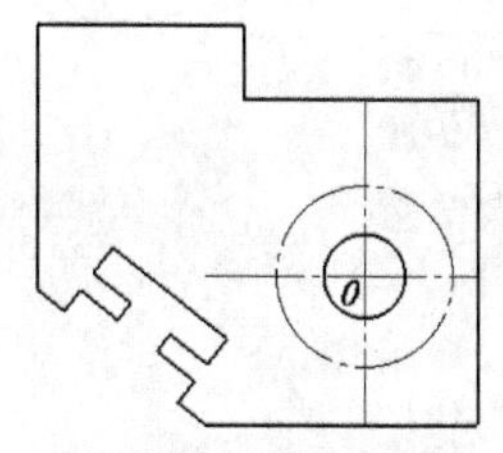

图 4-48　绘制圆

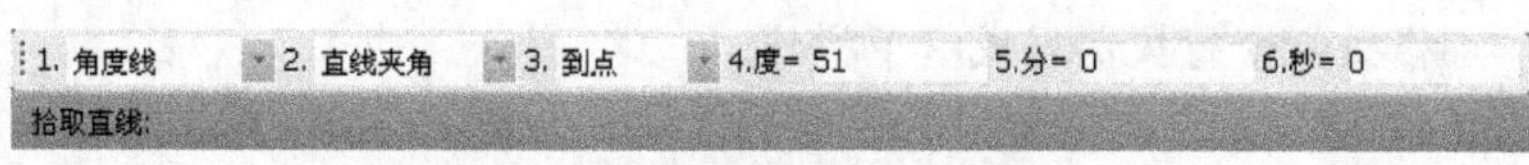

图 4-49　绘制角度线立即菜单栏

根据命令行提示完成以下操作。

拾取直线：　　　　　　　　　//拾取中心线 I

第一点（切点）：　　　　　　//在中心线 I 上方的两圆之间单击一点

第二点（切点）或长度：　　　//在 ϕ39 圆外的适当位置单击，完成中心线 II 的绘
　　　　　　　　　　　　　　//制，它与中心线圆交于 O_1 点

结果如图 4-50 所示。

9. 以 O_1 点为圆心绘制一个半径为 2 的圆，并过圆心绘制一条垂直于中心线 II 的线段 III，结果如图 4-51 所示。

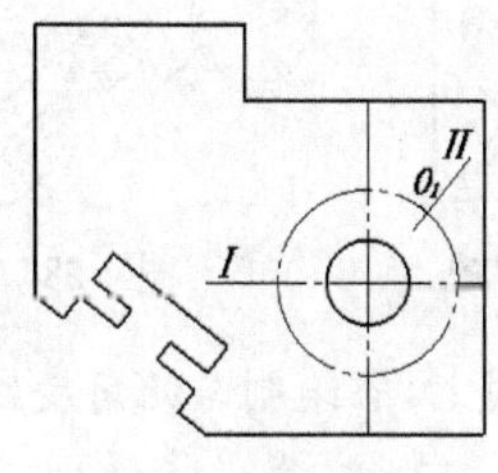

图 4-50　确定圆心 O_1

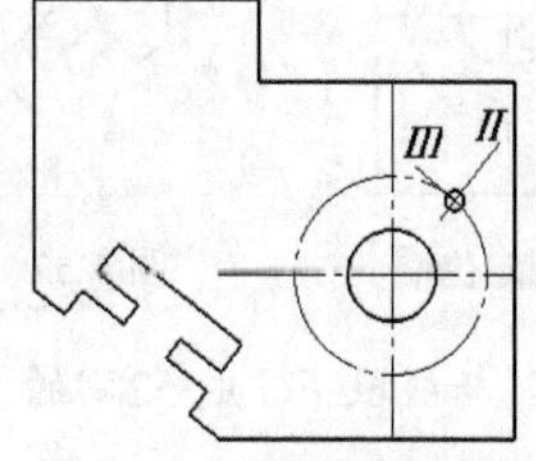

图 4-51　绘制圆和线段

10. 在线段 III 的右上方绘制一条平行线，距离为 8，并以该平行线与线段 II 的交点为圆心绘制一个半径为 2 的圆，结果如图 4-52 所示。

11. 绘制线段 II 的双向平行线，距离为 2，结果如图 4-53 所示。

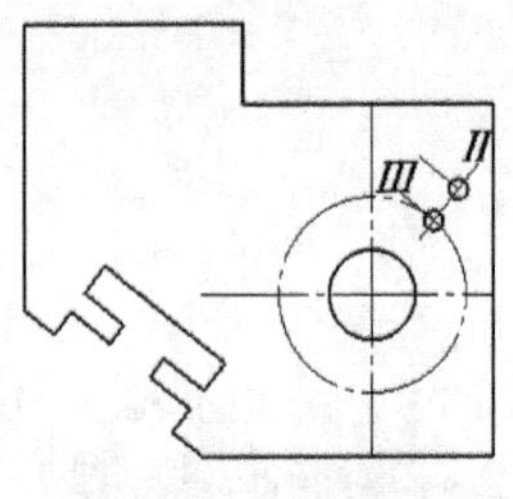

图 4-52　绘制圆

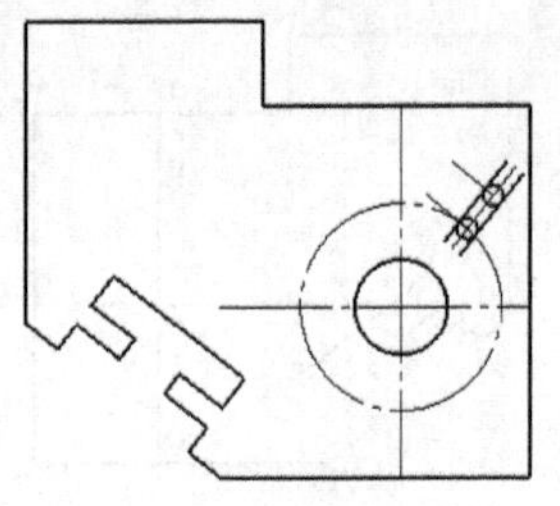

图 4-53　绘制双向平行线

12. 使用【拉伸】和【裁剪】命令对图形进行编辑，完成定位槽的绘制，结果如图 4-54 所示。

13. 单击【编辑工具】栏上的⊙按钮，设置立即菜单栏如图 4-55 所示。

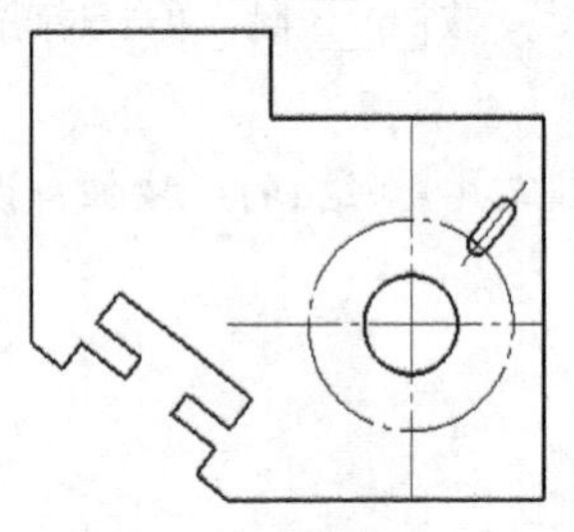

图 4-54　编辑图形

图 4-55　旋转立即菜单栏

根据命令行提示完成以下操作。

```
拾取添加:                          //拾取定位槽，单击鼠标右键确认
基点:                              //拾取点 O
旋转角或定位点: 48                 //输入旋转角度，按 Enter 键
```

结果如图 4-56 所示。

用同样的方法，绘制其他定位槽，结果如图 4-57 所示。

14. 将当前图层设置为“中心线层”，使用【平行线】命令分别绘制线段 EF 和 FG 的平行线，距离分别为 13 和 17，相交于 O_2 点，结果如图 4-58 所示。

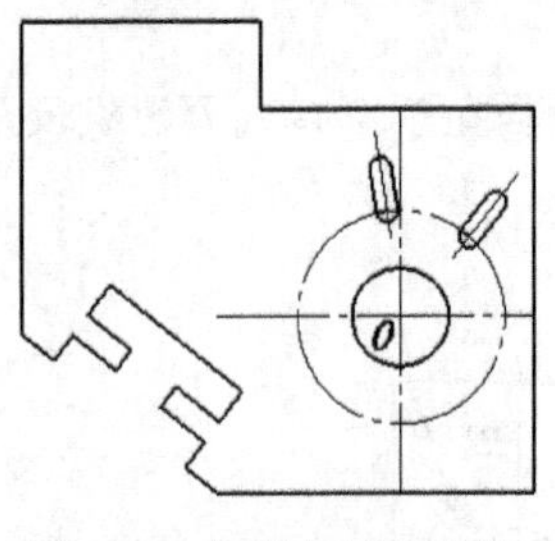

图 4-56　旋转复制定位槽

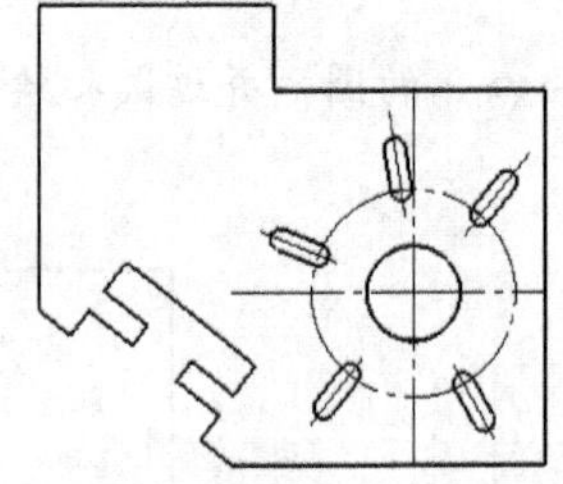

图 4-57　绘制其他定位槽

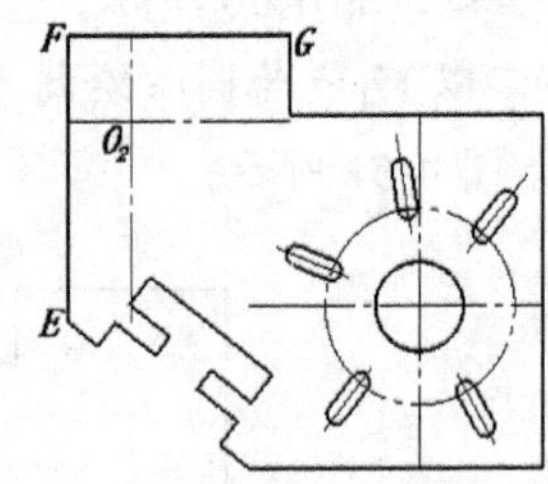

图 4-58　确定圆心 O_2

15. 过 O_2 点绘制与线段 FG 成 52° 的角度线，并过 O_2 点绘制与此角度线成 90° 的线段，结果如图 4-59 所示。

16. 绘制线段 O_2M 的平行线，距离为 24，此平行线与 O_2N 交于 O_3 点，分别以点 O_2 和 O_3 为圆心绘制半径为 3 的圆，结果如图 4-60 所示。

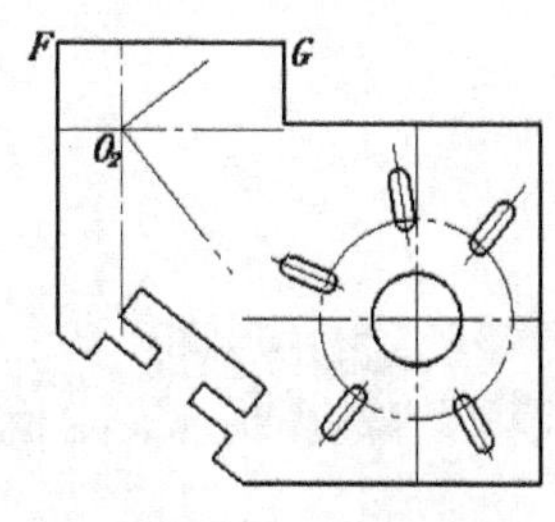

图 4-59 绘制角度线

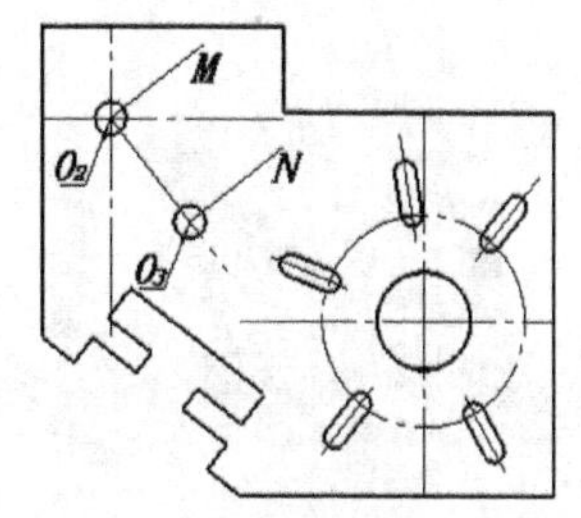

图 4-60 绘制圆

17. 绘制线段 O_2O_3 的双向平行线，距离为 3，并利用【拉伸】和【裁剪】命令对其进行编辑，完成长定位槽的绘制，结果如图 4-61 所示。

18. 绘制线段 O_2O_3 的单向平行线Ⅳ，距离为 11.5，并拉伸 $R3$ 圆的中心线，使其与线段Ⅳ相交于点 O_4，以 O_4 点为圆心绘制一个直径为 5 的圆，结果如图 4-62 所示。

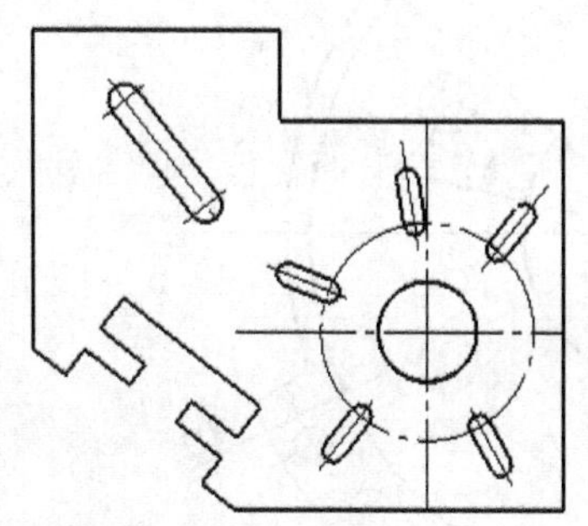

图 4-61 绘制长定位槽

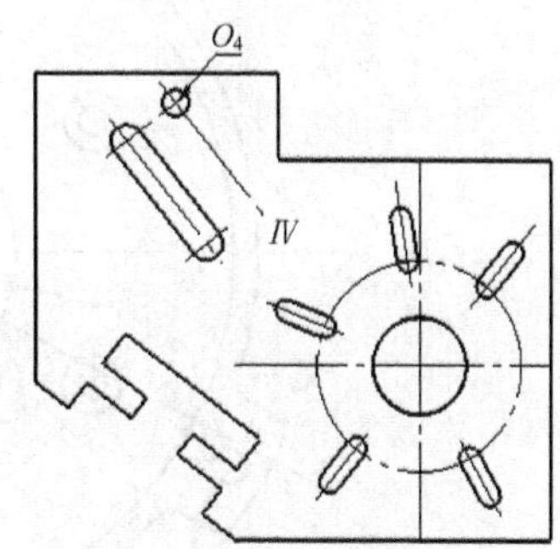

图 4-62 绘制 $\phi 5$ 圆

19. 单击【编辑工具】栏上的按钮，设置立即菜单栏如图 4-63 所示。

1:矩形阵列 2:行数 3 3:行间距 12 4:列数 2 5:列间距 23 6:旋转角 -142
拾取添加

图 4-63 矩形阵列立即菜单栏

根据命令行提示完成以下操作。

拾取添加: //拾取以点 O_4 为圆心的圆及其中心线，单击鼠标右键确认

结果如图 4-64 所示。

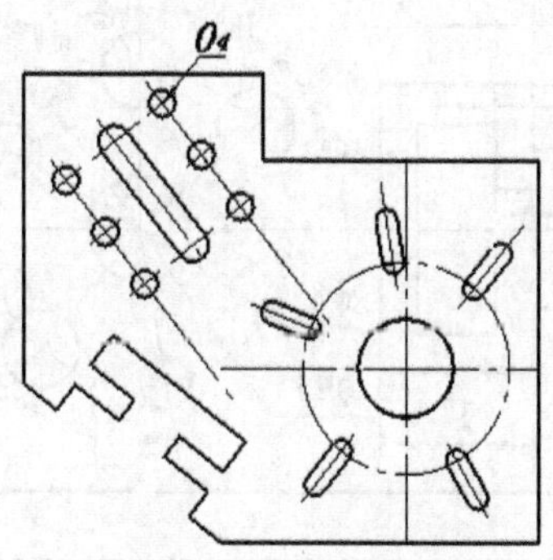

图 4-64 阵列图形

20. 利用【拉伸】命令对其进行编辑，并标注尺寸，结果如图 4-39 所示。

4.4 习题

1. 绘制图 4-65 所示的变速箱端盖零件图。

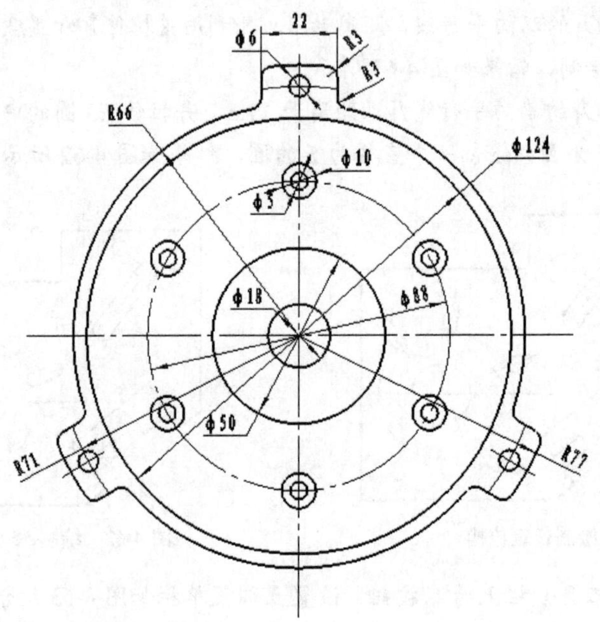

图 4-65 变速箱端盖零件图

2. 利用旋转命令和阵列命令绘制图 4-66 所示的定位板零件。

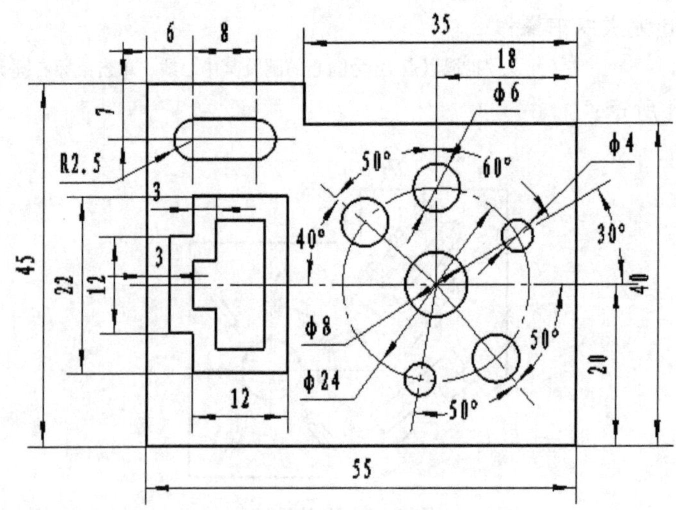

图 4-66 定位板零件图

3. 绘制图 4-67 所示的零件图。

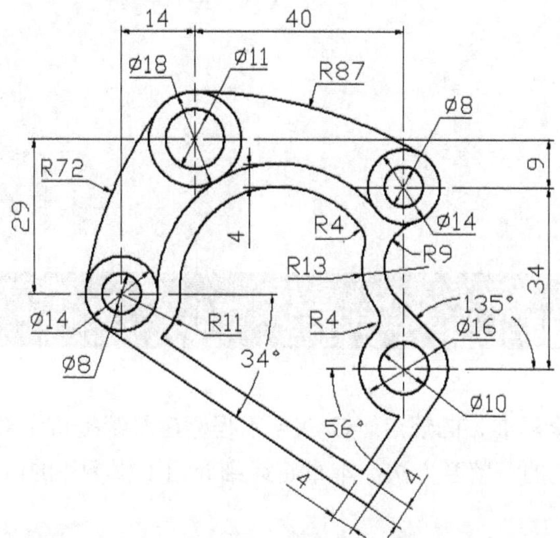

图 4-67 零件图（1）

4. 绘制图 4-68 所示的零件图。

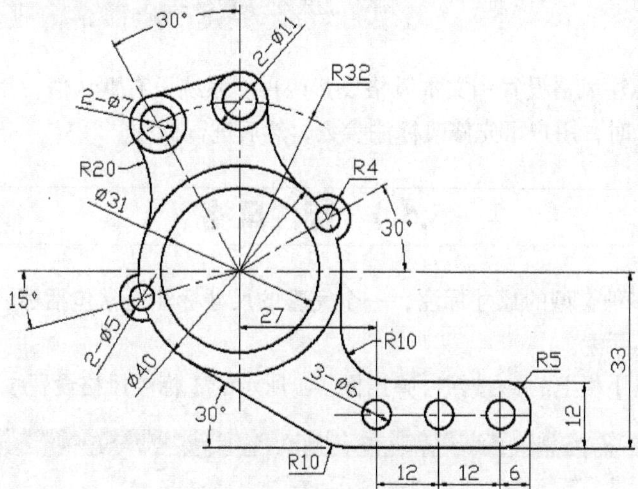

图 4-68 零件图（2）

依据《机械制图国家标准》的规定，CAXA 工程标注系统提供了对工程图进行尺寸标注、文字标注和工程符号标注的一整套方法。本章将详细介绍工程标注的内容和方法。

5.1 风格设置

风格设置分为标注风格设置和文本风格设置两种。系统设有默认值，用户可以直接标注。当不能满足标注要求时，用户可先修改标注参数，然后进行标注。

5.1.1 标注风格

CAXA 提供了多种类型的尺寸标注，一个完整的尺寸标注通常包括标注文字、尺寸线、箭头及尺寸界线等基本元素。

单击【设置工具】栏上的按钮，弹出图 5-1 所示的【标注风格设置】对话框。

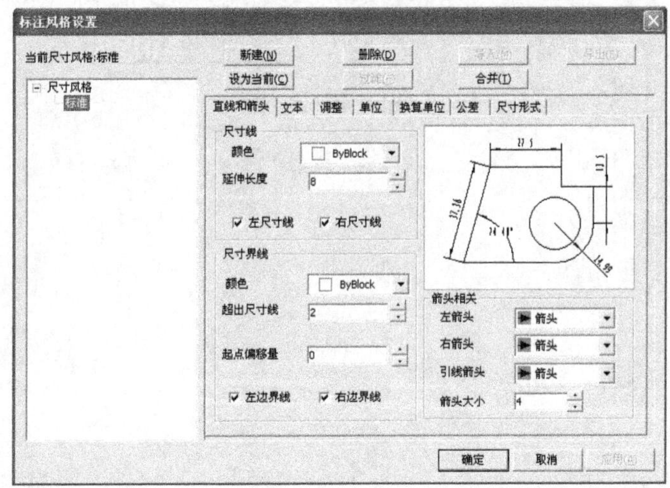

图 5-1　标注风格

下面对该对话框中的主要内容进行简要介绍。

一、【直线和箭头】选项卡

【直线和箭头】选项卡如图 5-1 所示，在该选项卡中有【尺寸线】、【尺寸界线】和【箭头相关】3 个分组框，介绍如下。

（1）【尺寸线】分组框

【尺寸线】分组框用来设置标注尺寸线的各个参数。

- 颜色：设置尺寸线的颜色，默认值为【ByBlock】。
- 延伸长度：当尺寸线在尺寸界线的外侧时为尺寸界线外侧距尺寸线的长度。
- 左尺寸线：控制左尺寸线的可见性。若选择此复选项，则左尺寸线可见，否则不可见。
- 右尺寸线：控制右尺寸线的可见性。若选择此复选项，则右尺寸线可见，否则不可见。

（2）【尺寸界线】分组框

【尺寸界线】分组框用来设置尺寸界线的各个参数。

- 颜色：设置尺寸界线的颜色，默认值为【ByBlock】。
- 引出点形式：为尺寸界线设置引出点的形式，有【圆点】和【无】两种，默认值为【无】。
- 超出尺寸线：控制尺寸界线超出尺寸线的距离。
- 起点偏移量：控制尺寸界线的起点与标注对象端点之间的距离。
- 左边界线：控制左边界线的可见性。若选择此复选项，则左边界线可见，否则不可见。
- 【右边界线】：控制右边界线的可见性。若选择此复选项，则右边界线可见，否则不可见。

（3）【箭头相关】分组框

【箭头相关】分组框用来设置尺寸箭头的大小与样式。

- 左箭头：通过此下拉列表设置左箭头的样式。
- 右箭头：通过此下拉列表设置右箭头的样式。
- 引线箭头：通过此下拉列表设置引线箭头的样式，示例如图 5-2 所示。

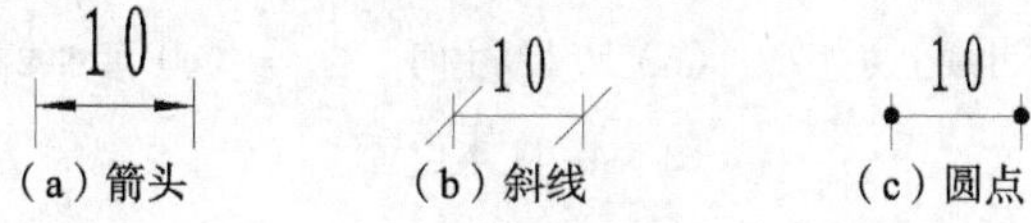

图 5-2 箭头形式

在图 5-2 中，图（a）所示的箭头形式常用于机械图尺寸线终端的标注，图（b）所示的斜线形式常用于土木建筑图纸尺寸线终端的标注，图（c）所示的圆点形式常用于狭小部位的标注。

- 箭头大小：设置箭头的大小，根据图形的尺寸选择合适大小的箭头与之匹配。

二、【文本】选项卡

进入【标注风格设置】对话框中的【文本】选项卡，如图 5-3 所示。

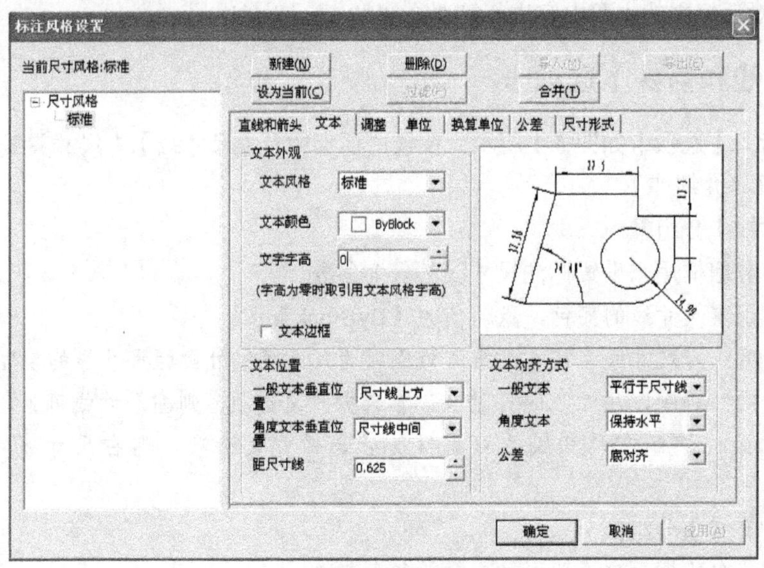

图 5-3 【文本】选项卡

在该选项卡中有【文本外观】、【文本位置】和【文本对齐方式】3 个分组框，介绍如下。

（1）【文本外观】分组框

【文本外观】分组框用来设置尺寸文本的文字风格。

- 文本风格：与系统的文本风格相关连，具体操作方法将在 5.1.2 节中介绍。
- 文本颜色：设置文字的字体颜色，默认值为【ByBlock】。
- 文字字高：控制尺寸文字的高度。
- 文本边框：为标注字体加边框。

（2）【文本位置】分组框

【文本位置】分组框用来控制尺寸文本与尺寸线的位置关系。

- 文本位置：控制文字相对于尺寸线的位置，有【尺寸线上方】、【尺寸线中间】和【尺寸线下方】3 种位置关系，示例如图 5-4 所示。

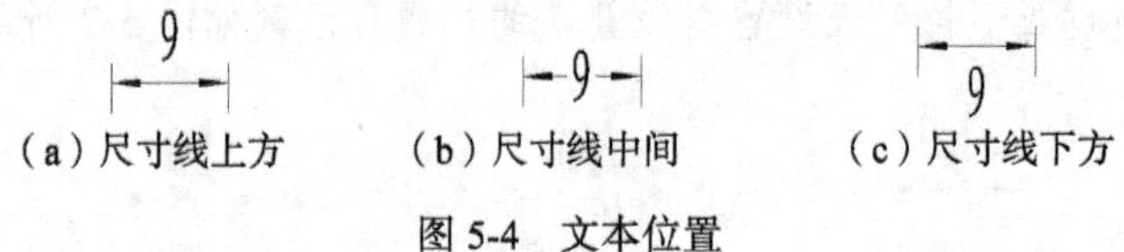

（a）尺寸线上方　（b）尺寸线中间　（c）尺寸线下方

图 5-4 文本位置

- 距尺寸线：控制文本距离尺寸线的位置。

（3）【文本对齐方式】分组框

【文本对齐方式】分组框用来设置文字的对齐方式。

- 平行于尺寸线：文本与尺寸线平行。
- 保持水平：文本保持水平，与尺寸线角度无关。

三、【调整】选项卡

进入【标注风格设置】对话框中的【调整】选项卡，如图 5-5 所示。

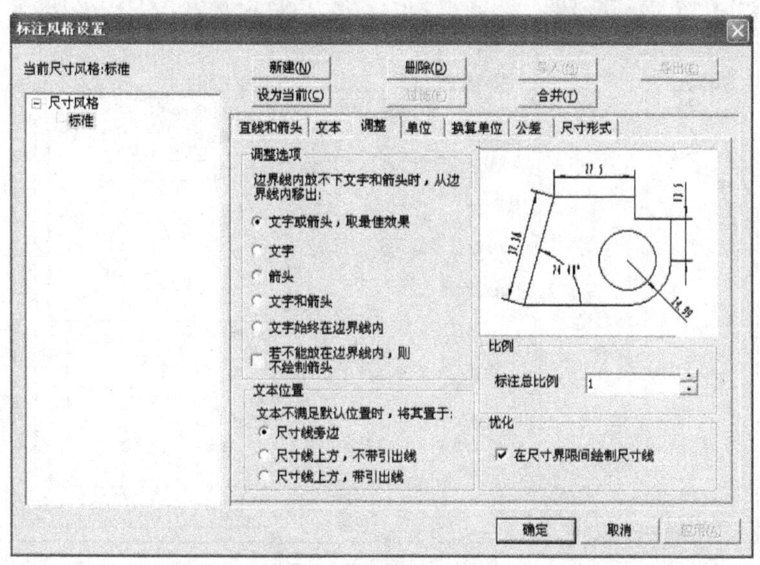

图 5-5 【调整】选项卡

在该选项卡中有【调整选项】、【文本位置】、【比例】和【优化】4 个分组框，介绍如下。

(1)【调整选项】分组框

【调整选项】分组框用来设置当边界内放不下文字和箭头时，从边界线内移出的内容。

- 文字或箭头，取最佳效果：由系统决定移出文字或箭头，以获得最佳放置效果。
- 文字：将文字从边界线内移出。
- 箭头：将箭头从边界线内移出。
- 文字和箭头：将文字和箭头同时从边界线内移出。
- 文字始终在边界线内：将边界线内放不下的部分箭头移出。
- 若不能放在边界线内，则不绘制箭头：若边界线内的空间不足，则不绘制箭头。

(2)【文本位置】分组框

【文本位置】分组框用来设置当文本不满足默认位置时，要将其放置的位置。

- 尺寸线旁边：将文本置于尺寸线旁边。
- 尺寸线上方，不带引出线：将文本置于尺寸线的上方，不加引出线。
- 尺寸线上方，带引出线：将文本置于尺寸线的上方，加引出线。

(3)【比例】分组框

【比例】分组框用来设置放大或缩小标注的文字和箭头的比例。

(4)【优化】分组框

可以设置在尺寸界线间绘制尺寸线。

四、【单位】选项卡

进入【标注风格设置】对话框中的【单位】选项卡，如图 5-6 所示。

在该选项卡中有【线性标注】、【零压缩】和【角度标注】3 个分组框，介绍如下。

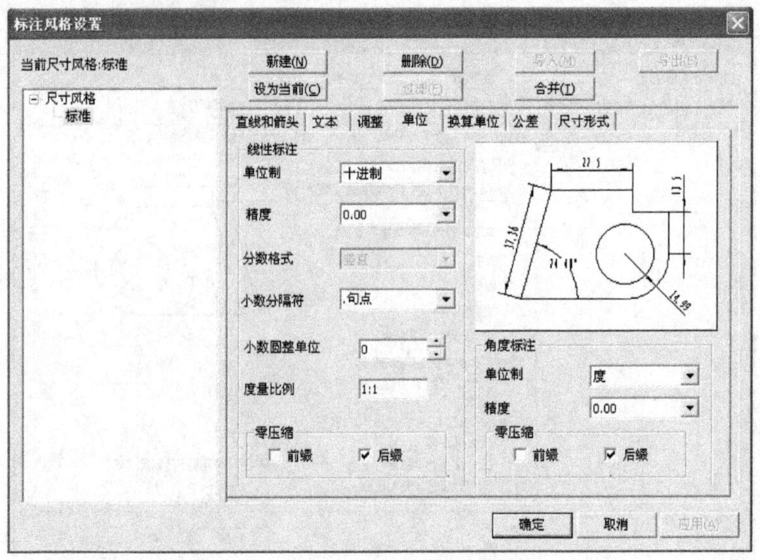

图 5-6 【单位】选项卡

（1）【线形标注】分组框

【线形标注】分组框用来设置标注的精度。

- 精度：控制尺寸标注数值的精确度，可以精确到小数点后 7 位。
- 小数分隔符：在此下拉列表中有【句点】、【逗号】和【空格】3 种形式。
- 偏差精度：控制尺寸偏差的精确度，可以精确到小数点后 5 位。
- 度量比例：标注尺寸与实际尺寸的比值。例如，当设置比例为 2∶1 时，直径为 5 的圆的标注直径结果为 $\phi10$。

（2）【零压缩】分组框

【零压缩】分组框用来设置在尺寸标注中是否消除小数前后的“0”。

- 前缀：消除小数前面的“0”。例如，尺寸值为“0.800”，选择【前缀】复选项后，标注结果为“.800”。
- 后缀：消除小数后面的“0”。例如，尺寸值为“0.800”，选择【后缀】复选项后，标注结果为“0.8”。

（3）【角度标注】分组框

【角度标注】分组框用来设置角度标注时的单位和精度。

- 单位制：角度标注的单位，有【度】和【度分秒】两种。
- 精度：控制角度标注的精确度，可以精确到小数点后 5 位。

5.1.2 文本风格

用户可以将在不同场合经常用到的几组文字参数组合定义成字型，存储到图形文件或模板文件中，以便于以后使用。

单击【设置】工具栏上的 A 按钮，弹出图 5-7 所示的【文本风格设置】对话框。该对话框中各选项的功能如下。

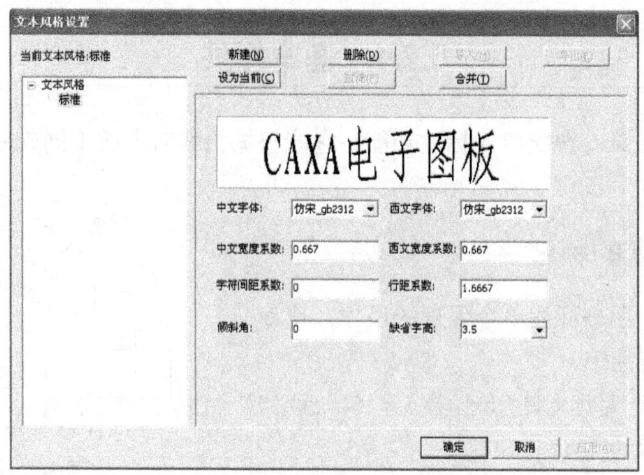

图 5-7 【文本风格设置】对话框

- 文本风格：默认字型为【标准】。
- 中文字体、西文字体：选择中文字体、西文字体的风格。除了 Windows 自带的文字风格外，用户还可以选择单线体（形文件）风格。
- 中文宽度系数、西文宽度系数：当宽度系数为“1”时，文字的长宽比例与标准样式字体文件中描述的字型保持一致。宽度系数为其他值时，文字宽度在此基础上缩小或放大相应的倍数。
- 字符间距系数：同一行（列）中两个相邻字符的间距与设定字高的比值。
- 行距系数：横写时，两个相邻行的间距与设定字高的比值。
- 倾斜角：横写时，为一行文字的延伸方向与坐标系的 x 轴正方向按逆时针测量的夹角。竖写时，为一列文字的延伸方向与坐标系的 y 轴负方向按逆时针测量的夹角。倾斜角的单位为“度”。
- 缺省字高：设定系统的默认字高，其默认值为“3.5”。

设定好各项参数后，单击 确定 按钮即可。

5.2 尺寸类标注

- 【名称】：尺寸标注
- 【命令】：Dim
- 【图标】：
- 【概念】：向当前图形中的对象添加尺寸标注

CAXA 电子图板可以随拾取的实体（图形元素）不同，自动进行尺寸标注。

单击【标注工具】栏上的按钮，在立即菜单栏的【1.】下拉列表中可看到所有的标注类型，如图 5-8 所示。

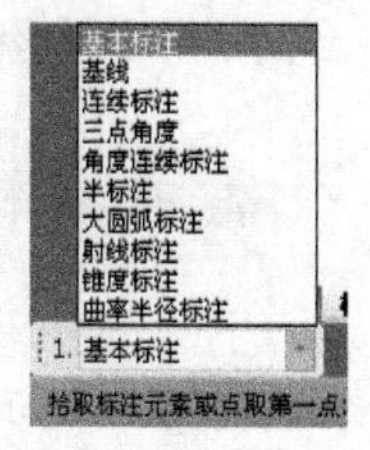

图 5-8 标注类型

5.2.1 基本标注

CAXA 电子图板具有智能尺寸标注功能，它能根据拾取对象的不同判断出所需要的尺寸标注类型。

一、单个元素的标注

单个元素的标注用来标注单个元素的尺寸，比如线段的长度、圆的直径等。

【实例 5-1】打开素材文件“\exb\第 5 章\5-1.exb”，完成图 5-9 所示的尺寸标注。

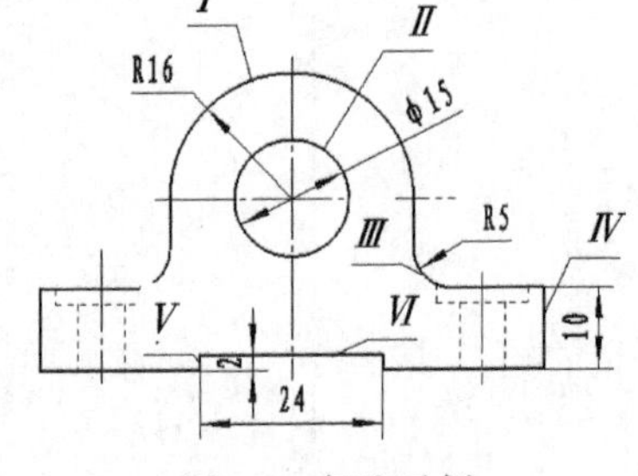

图 5-9 标注示例

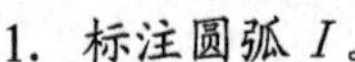
1. 标注圆弧 *I*。

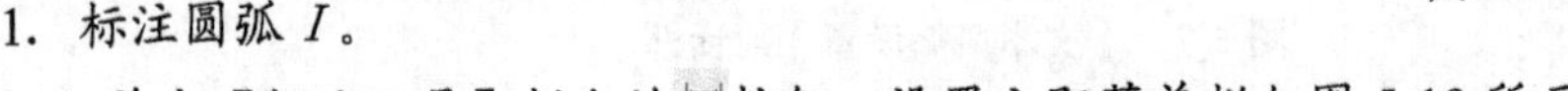
（1）单击【标注工具】栏上的按钮，设置立即菜单栏如图 5-10 所示。

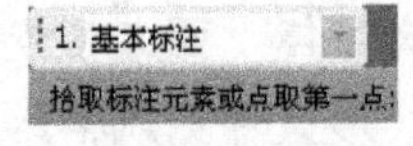

图 5-10 标注立即菜单栏

（2）根据命令行提示，拾取圆弧 *I*，然后设置立即菜单栏，如图 5-11 所示。

图 5-11 圆弧标注立即菜单栏

（3）根据提示将尺寸线移动到适当的位置后单击鼠标左键，结果如图 5-12 所示。

2. 用同样的方法，标注圆弧 *II*、*III*，结果如图 5-13 所示。

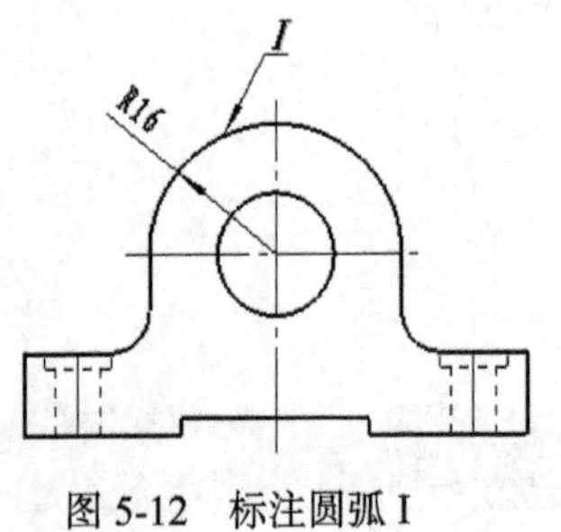

图 5-12 标注圆弧 I

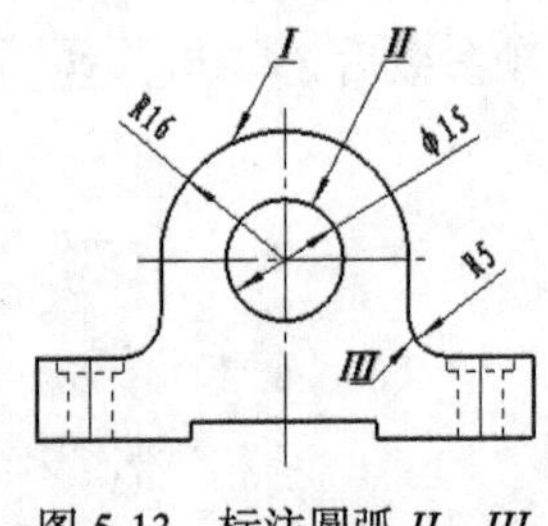

图 5-13 标注圆弧 *II*、*III*

3. 标注线段 *IV*。

（1）根据命令行提示，拾取线段 *IV*，然后设置立即菜单栏如图 5-14 所示。

图 5-14 线段标注立即菜单栏

（2）根据提示将尺寸线移动到适当的位置后单击鼠标左键，结果如图 5-15 所示。

（3）用同样的方法，标注线段 *V*、*VI*，结果如图 5-16 所示。

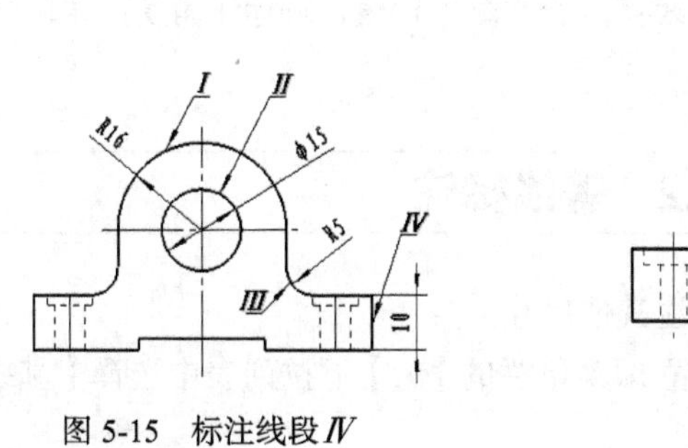

图 5-15　标注线段Ⅳ

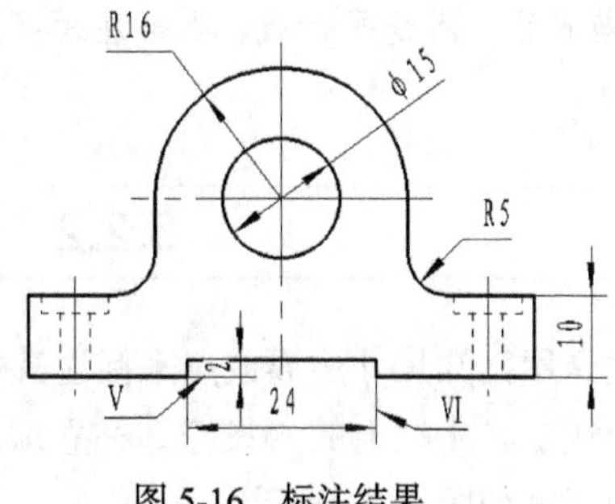

图 5-16　标注结果

二、两个元素的标注

两个元素的标注用来标注两个元素之间的相对距离，例如，点与点、点与直线、点与圆、圆与圆、直线与圆以及直线与直线之间的标注等，示例如图 5-17 所示。

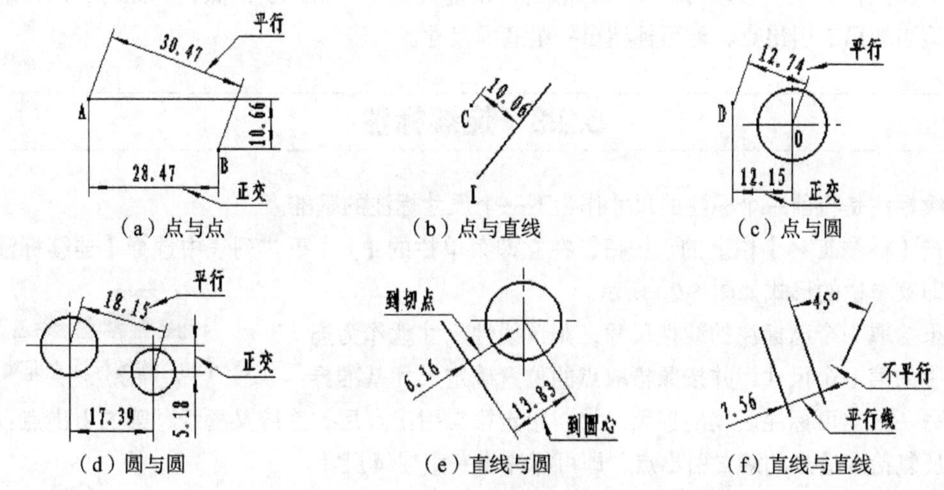

图 5-17　各元素标注示例

部分标注的具体操作步骤如下。

- 点与点。依次拾取两点，设置立即菜单栏，如图 5-18 所示。

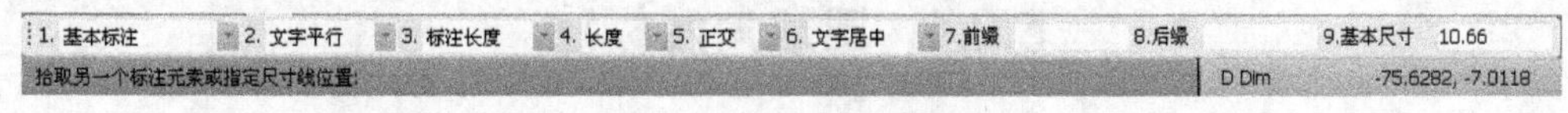

图 5-18　长度标注立即菜单栏

根据命令行提示，将尺寸线移动到适当的位置后单击鼠标左键，结果如图 5-17（a）所示。

- 点与圆。依次拾取点、圆，标注点和圆心之间的距离，结果如图 5-17（c）所示。

若先拾取点，则点可以是任意点（包括屏幕点）；若先拾取圆，则点不能是屏幕点。

- 直线与圆。依次拾取直线、圆，标注直线到圆心或切点的距离。若标注到切点的距离，则应在图 5-18 所示的立即菜单栏的【3.】下拉列表中选择【切点】选项，结果如图 5-17（e）所示。

- 直线与直线。若是平行线，则标注距离；若不是平行线，则标注角度，结果如图 5-17（f）所示。

5.2.2 基线标注

基准标注是用已知尺寸边界或点来标注其他尺寸。

单击【标注工具】栏上的按钮，在立即菜单栏的【1.】下拉列表中选择【基线】选项后，立即菜单栏的形式如图 5-19 所示。

图 5-19 基准标注立即菜单栏

如果拾取一个已标注的线性尺寸，则该线性尺寸就作为基准尺寸中的第一基准尺寸，并按照拾取点的位置确定尺寸基准界线，此时，可标注后续基准尺寸。

如果拾取一个点作为第一引出点，则此引出点为尺寸基准界线的引出点，系统提示“拾取另一个引出点:”，用户拾取另一个引出点后，系统又提示“第二引出点:”，此时，用户通过反复拾取适当的第二引出点，即可标注出一组基准尺寸。

5.2.3 连续标注

连续标注是将前一个标注的尺寸作为下一个尺寸标注的基准。

单击【标注工具】栏上的按钮，在立即菜单栏的【1.】下拉列表中选择【连续标注】选项，立即菜单栏的形式如图 5-20 所示。

图 5-20 连续标注立即菜单栏

如果拾取一个已标注的线性尺寸，则该线性尺寸就作为连续尺寸中的第一个尺寸，并按照拾取点的位置确定尺寸基准界线，沿另一方向可标注后续的连续尺寸，给定第二引出点后，系统又提示“第二引出点:”，用户通过反复拾取适当的第二引出点，即可标注出一组连续尺寸。

如果拾取一个点作为第一引出点，则此引出点为尺寸基准界线的引出点，系统提示“拾取第二引出点:”，用户拾取第二引出点后，系统又提示“第二引出点:”，此时，用户通过反复拾取适当的第二引出点，即可标注出一组连续尺寸。

5.2.4 三点角度标注

利用三点角度标注由 3 点形成的角度。

单击【标注工具】栏上的按钮，在立即菜单栏的【1.】下拉列表中选择【三点角度】选项，立即菜单栏的形式如图 5-21 所示。

图 5-21 三点角度标注立即菜单栏

说明，第一引出点和顶点的连线与第二引出点和顶点的连线之间的夹角即为三点角度标注的角度值。

5.2.5 半标注

当对称物体的图形只画出一半或略大于一半时，尺寸线应略超过对称中心线或断裂处的边界线，并在尺寸线的一端画出箭头，这就是半标注。

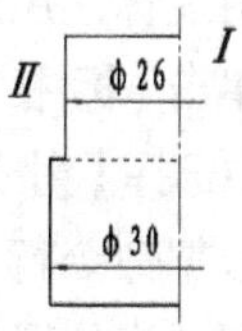

【实例 5-2】打开素材文件“\exb\第 5 章\5-2.exb”，完成图 5-22 所示的尺寸标注。

图 5-22 半标注示例

1. 单击【标注工具】栏上的按钮，设置立即菜单栏如图 5-23 所示。

图 5-23 半标注立即菜单栏

2. 根据命令行提示，拾取中心线 *I*，接着根据提示拾取线段 *II*，将尺寸线移动到适当的位置后单击。

3. 用同样的方法，标注尺寸 $\phi30$，结果如图 5-22 所示。

半标注尺寸界线的引出点总是从第二次拾取的元素上引出，尺寸线箭头指向尺寸界线。拾取时要注意拾取顺序。

5.2.6 大圆弧标注

CAXA 在标注半径较大的圆弧时，可以将标注线变为折线进行标注。

单击【标注工具】栏上的按钮，在立即菜单栏的【1.】下拉列表中选择【大圆弧标注】选项，立即菜单栏的形式如图 5-24 所示。

图 5-24 大圆弧标注立即菜单栏

根据命令行提示，依次拾取圆弧，之后在适当位置确定第一引出点、第二引出点和定位点，即可完成标注，示例如图 5-25 所示。

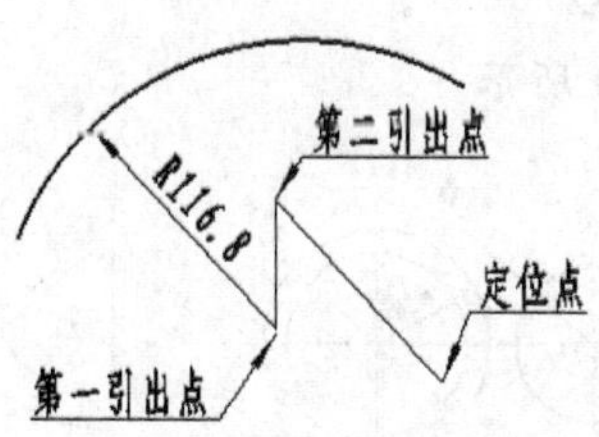

图 5-25 大圆弧标注示例

5.2.7 射线标注

射线标注用来标注有矢量关系的两点。

单击【标注工具】栏上的按钮，在立即菜单栏的【1.】下拉列表中选择【射线标注】选项，立即菜单栏的形式如图 5-26 所示。

图 5-26 射线标注立即菜单栏

根据命令行提示，依次拾取第一点和第二点，然后将尺寸拖动到适当位置后单击一点，即可完成标注。

射线标注的是从第一点到第二点之间的距离，单向箭头指向第二点。

5.2.8 锥度标注

利用锥度标注可标注锥度或斜度。

【实例 5-3】打开素材文件“\exb\第 5 章\5-3.exb”，完成图 5-27 所示的尺寸标注。

1. 标注斜度。

（1）单击【标注工具】栏上的按钮，在立即菜单栏的【1.】下拉列表中选择【锥度标注】选项，在【2.】下拉列表中选择【斜度】选项。

（2）根据命令行提示完成以下操作。

拾取轴线: //拾取轴线 *AB*

拾取直线: //在线段 *CD* 的 *I* 处单击

定位点: //在线段 *CD* 右上方的适当位置单击

结果如图 5-28 所示。

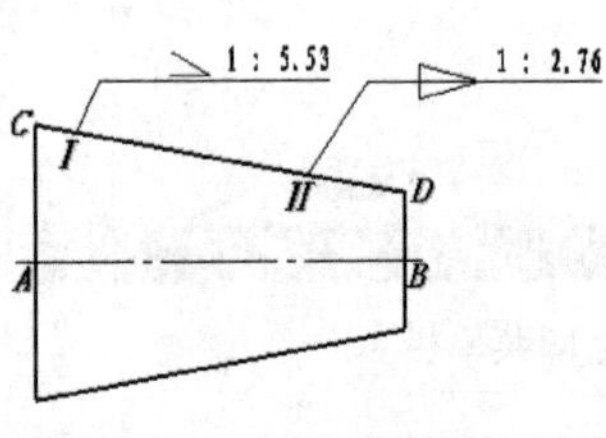

图 5-27 锥度标注示例

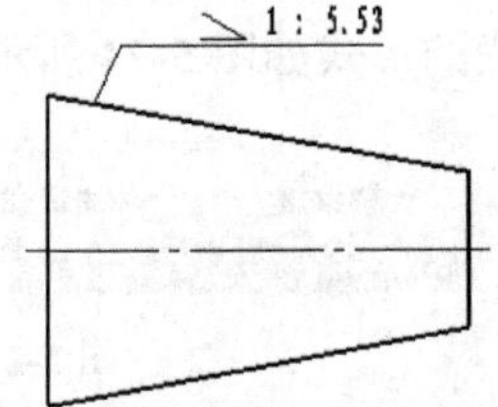

图 5-28 斜度标注示例

2. 若在立即菜单栏的【2.】下拉列表中选择【锥度】选项，参照以上步骤（2）的方法可对图形进行锥度标注，结果如图 5-27 所示。

各种基本标注的示例如图 5-29 所示。

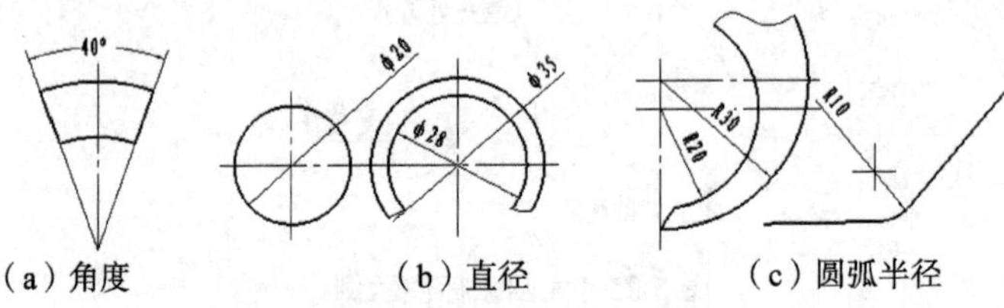

（a）角度 （b）直径 （c）圆弧半径

图 5-29 各种基本标注示例

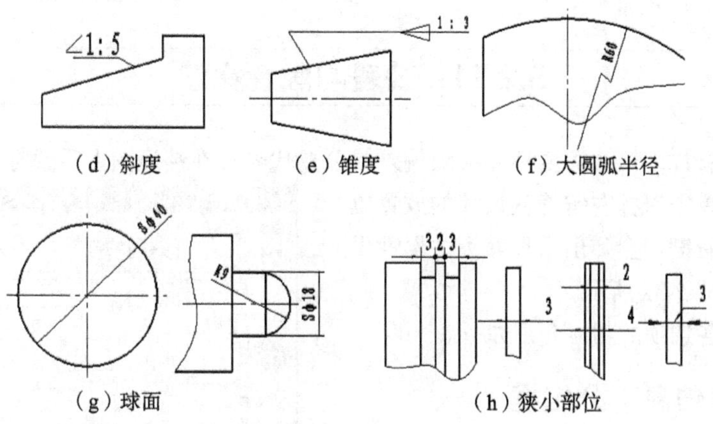

图 5-29　各种基本标注示例（续）

5.2.9　曲率半径标注

利用曲率半径标注可对样条曲线进行曲率半径的标注。

单击【标注工具】栏上的 按钮，在立即菜单栏的【1.】下拉列表中选择【曲率半径标注】选项，立即菜单栏的形式如图 5-30 所示。

图 5-30　曲率半径标注立即菜单栏

根据命令行提示，拾取要标注的样条线，然后确定标注线的位置，即可完成样条线曲率半径的标注。

5.2.10　倒角标注

利用倒角标注可用“长度×角度”的形式引出倒角的标注。

单击【标注工具】栏上的 按钮，立即菜单栏的形式如图 5-31 所示。

图 5-31　倒角标注立即菜单栏

通过【1.】下拉列表可以切换倒角标注的文字方向。

通过【2.】下拉列表可以选择倒角线的轴线，共有以下 3 个选项。

- 【轴线方向为 X 轴方向】：轴线与 x 轴平行。
- 【轴线方向为 Y 轴方向】：轴线与 y 轴平行。
- 【拾取轴线】：自定义轴线。

用户拾取倒角后，在立即菜单栏中显示出该倒角的标注值，用户也可以自行输入标注值。确定尺寸的位置后，系统即沿该线段引出标注线，标注出倒角尺寸。

5.2.11　公差与配合标注

在零件图上有许多尺寸需要标注极限偏差或公差代号，在装配图上需要标注配合代号。在进行尺寸标注未单击鼠标左键确认尺寸的放置位置时，单击鼠标右键，会弹出【尺寸标注属性设置】对话框，如图 5-32 所示。

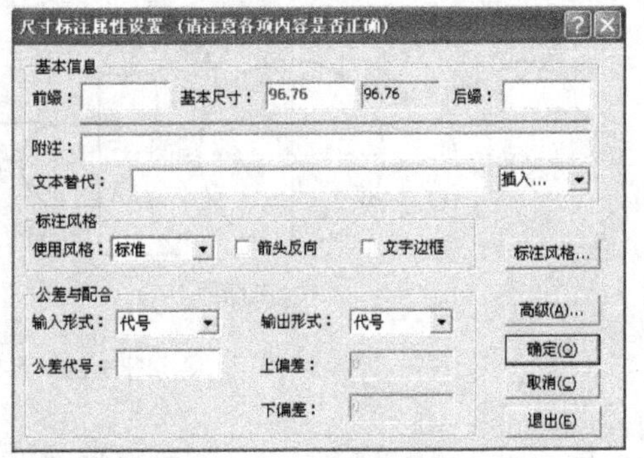

图 5-32　【尺寸标注属性设置】对话框

该对话框中各选项的功能介绍如下。

一、【基本信息】分组框

【基本信息】分组框用来设置基本尺寸值。

- 前缀：填写对尺寸值的描述或限定。如表示直径的“%*c*”，表示个数的“*X*-”，也可以是“(”，不过“(”一般和后缀中的“)”一起使用。
- 基本尺寸：填写具体的尺寸数值。
- 后缀：填写内容无限定，与前缀相同。
- 附注：填写对尺寸的说明或其他注释。

二、【标注风格】分组框

前面章节已经介绍，这里不再赘述。

三、【公差与配合】分组框

【公差与配合】分组框主要用来设置公差的输入与输出形式。

- 【输入形式】：在此下拉列表中有【代号】、【偏差】和【配合】3 种形式。
- 【公差代号】：当输入形式为【代号】时，在此文本框中输入公差代号的名称，如 H7、h6 或 K6 等。
- 【输出形式】：在此下拉列表中有【代号】、【偏差】、【(偏差)】和【代号（偏差）】4 种形式，它用来控制公差的输出方式。
- 【上偏差】：当输入形式为【代号】时，在此文本框中显示查询到的上偏差值。用户也可以直接输入上偏差值。
- 【下偏差】：当输入形式为【代号】时，在此文本框中显示查询到的下偏差值。用户也可以直接输入下偏差值。

公差与配合标注的示例如图 5-33 所示。

在标注配合公差时，需在【输入形式】下拉列表中选择【配合】选项，此时【尺寸标注属性设置】对话框如图 5-34 所示。

- 【配合制】分组框：主要用来设置基孔制还是基轴制。
- 【公差带】分组框：主要用来选择孔、轴的公差带。
- 【配合方式】分组框：主要用来选择孔、轴的配合方式，有【间隙配合】、【过渡配合】

和【过盈配合】3 种。

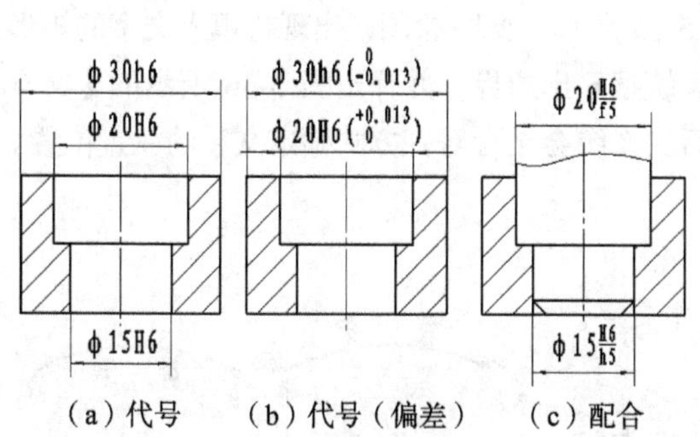

图 5-33　公差与配合标注示例

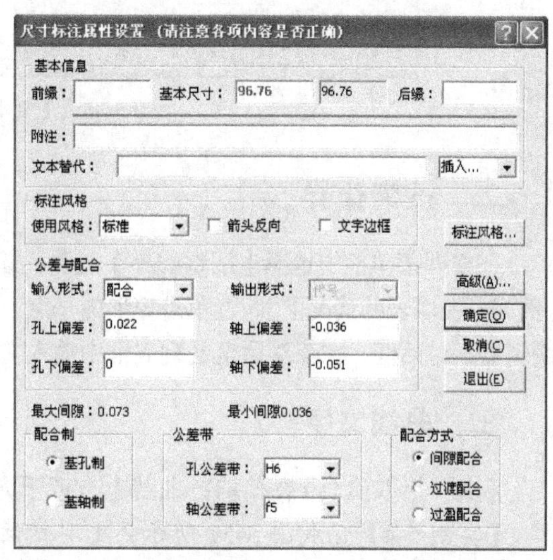

图 5-34　【尺寸标注属性设置】对话框

5.3 文字类标注

- 【名称】：文字
- 【命令】：Text
- 【图标】：A
- 【概念】：生成文字对象到当前图形中

文字类标注用于在图纸上填写包括技术要求在内的各种技术说明。

5.3.1　文字标注

文字标注用于在图纸上添加各种技术说明和技术要求，它可以是单行，也可以是双行，还可以设置自动或手动换行。

单击【绘图工具】栏上的 A 按钮，打开立即菜单栏的【1.】下拉列表，可以看到有 3 种文字的标注方式，如图 5-35 所示。

指定两点
搜索边界
曲线文字
1. 指定两点
第一点:

图 5-35　文字标注方式

一、指定两点

在立即菜单栏中选择【指定两点】选项，如图 5-35 所示，用户需输入所要标注文字的矩形区域的两个角点，此时在矩形区域上方弹出图 5-36 所示的【文字编辑器】对话框。在矩形区域内输入要标注的文字后可利用编辑器进行，然后单击 确定 按钮即可。

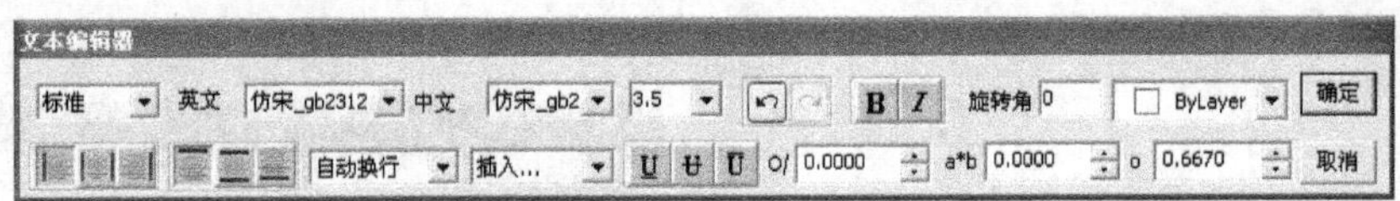

图 5-36 【文本编辑器】对话框

二、搜索边界

在立即菜单栏中选择【搜索边界】选项，如图 5-35 所示，此时绘图区出现待填入文字的矩形（例如，在填表的情况下）。若单击矩形内一点，则系统搜索出边界，并弹出图 5-36 所示的【文本编辑器】对话框。在该对话框的列表框中输入文字后，系统会结合对齐方式确定文字的放置位置。

三、曲线文字

利用“拾取曲线”在拾取的曲线上方或下方标注文字。

【实例 5-4】完成图 5-37 所示的文字标注。

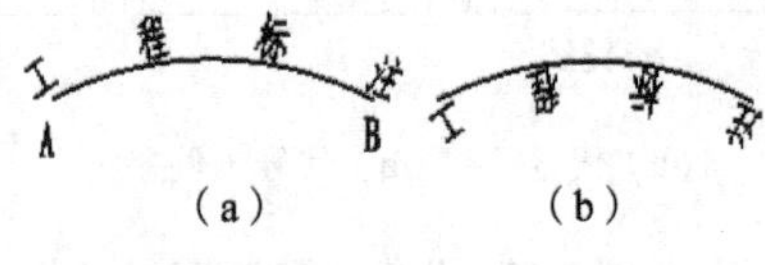

图 5-37 文字标注示例

1. 单击【绘图工具】栏上的 A 按钮，在立即菜单栏的【1.】下拉列表中选择【曲线文字】选项。

2. 根据命令行提示完成以下操作。

拾取曲线： //拾取曲线 *AB*
拾取起点： //单击 *A* 点
拾取终点： //单击 *B* 点
拾取所需方向： //拾取文字所在的方向

若在曲线 *AB* 的上方单击，则结果如图 5-37（a）所示。若在曲线 *AB* 的下方单击，则结果如图 5-37（b）所示。

5.3.2 引出说明

引出说明由文字和引出线组成，用于标注引出注释，引出点处可带箭头。

单击【标注工具】栏上的按钮，弹出图 5-38 所示的【引出说明】对话框。

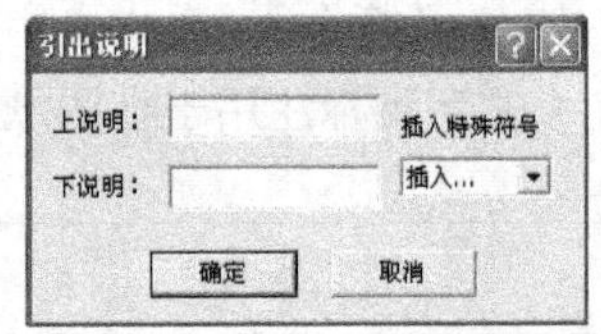

图 5-38 【引出说明】对话框

在该对话框中输入相应的上说明、下说明文字，若只需一行说明，则只输入上说明，然后单击确定按钮。

根据命令行提示输入第一点和第二点后，即可完成标注。

5.4 工程符号类标注

工程符号类的标注主要包括基准代号、形位公差、表面粗糙度、焊接符号和剖切符号等的标注。

5.4.1 基准代号的标注

基准代号用来标注形位公差中基准部位的代号。

在拾取定位点、直线或圆弧的时候，要拾取最右侧的边界线。

若要标注圆弧的基准代号，则拾取定位点、直线或圆弧的时候，只需在圆弧的任意位置单击，然后移动基准代号至适当位置后单击即可，示例如图 5-39 所示。

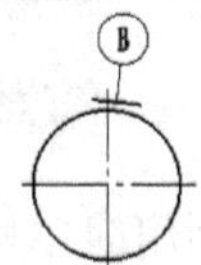

图 5-39 基准标注

5.4.2 形位公差的标注

形位公差用于标注形状和位置公差。常见的形位公差如表 5-1 所示。

表 5-1 常见形位公差

公差	特征项目	符号	有无基准要求	公差		特征项目	符号	有无基准要求
形状公差	直线度	—	无	位置公差	定向公差	平行度	//	有
	平面度	▱	无			垂直度	⊥	有
	圆度	○	无			倾斜度	∠	有
	圆柱度	⌭	无		定位公差	位置度	⌖	有或无
形状或位置公差	线轮廓度	⌒	有或无			同轴（同心）度	◎	有
						对称度	⌯	有
	面轮廓度	⌓	有或无		跳动公差	圆跳动	↗	有
						全跳动	⌰	有

单击【标注工具】栏上的按钮，弹出【形位公差】对话框，如图 5-40 所示。该对话框的主要选项介绍如下。

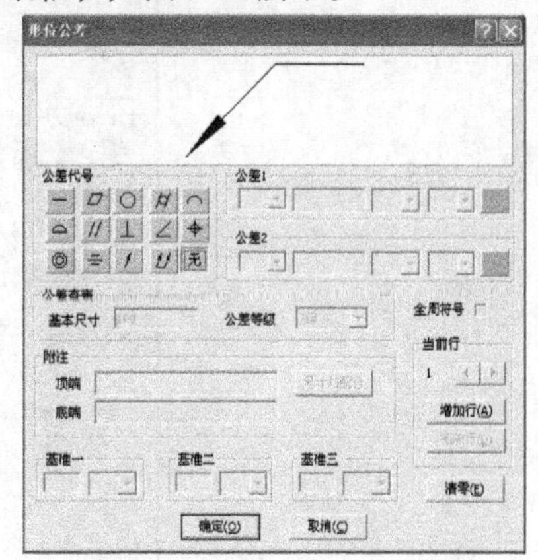

图 5-40 【形位公差】对话框

- 【公差代号】分组框：用于选择所要标注的公差代号符号。
- 【公差数值】文本框：填写公差数值。
- 增加行(A)：在已标注一行形位公差的基础上，单击此按钮标注新行，在新行上的标注方法与第一行的标注相同。
- 删除行(D)：若单击此按钮，则删除当前行，系统自动重新调整整个形位公差的标注。
- 【附注】分组框：在选择公差代号后，尺寸与配合按钮就会被激活，单击此按钮，可以弹出图 5-34

所示的【尺寸标注属性设置】对话框，用户可以在形位公差处增加公差的附注。

选择和填写形位公差的同时，在【形位公差】对话框上方的预显区会对操作进行预显，确认无误后单击 确定(O) 按钮，然后根据命令行提示进行标注即可。

5.4.3 表面粗糙度的标注

表面粗糙度用来标注表面粗糙度代号，它分为简单标注和标准标注两种。

一、简单标注

利用简单标注可以标注粗糙度的符号类型和数值。

二、标准标注

利用标准标注可以标注基本符号、纹理方向、上限值、下限值及说明标注等。

单击【标注工具】栏上的 按钮，在立即菜单栏的【1.】下拉列表中选择【标准标注】选项后，弹出图 5-41 所示的【表面粗糙度】对话框。

在该对话框中输入上限值、下限值及上说明、下说明等，单击 确定(O) 按钮，然后根据命令行提示进行标注即可。

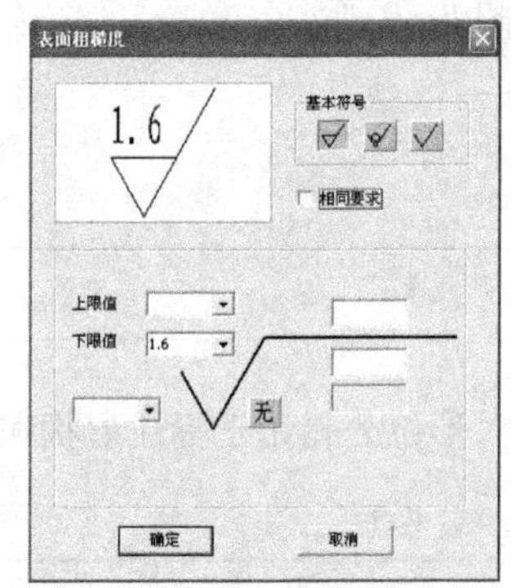

图 5-41 【表面粗糙度】对话框

5.4.4 焊接符号的标注

在汽车工业、造船业等的机械工程图中，焊接标注应用相当广泛。为满足设计需要，CAXA 设有焊接符号的标注。

单击【标注工具】栏上的 按钮，弹出【焊接符号】对话框，如图 5-42 所示。

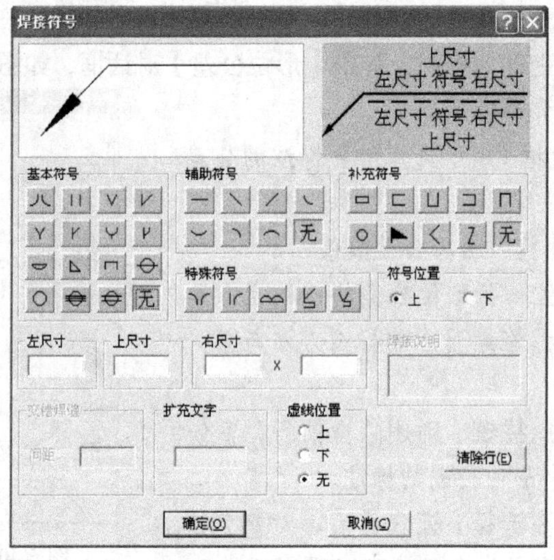

图 5-42 【焊接符号】对话框

其中，【虚线位置】分组框中的各选项表示基准虚线和实线的相对位置。利用 清除行(E) 工具可对【左尺寸】、【上尺寸】和【右尺寸】文本框中的内容进行清零操作，然后单击 确定(O) 按钮，根据命令行提示进行标注即可。

5.4.5 剖切符号的标注

剖切符号用来在工程图中标注剖切面的剖切位置。

5.5 标注的修改

用户可对所有的标注（尺寸、符号和文字）进行修改。通过单击【编辑工具】栏上的按钮，或在选中要编辑的标注后单击鼠标右键，在弹出的快捷菜单中选择【编辑】选项，系统将自动识别标注实体的类型，然后做相应的修改。

标注修改包括尺寸编辑、文字编辑和工程符号编辑 3 种。

5.5.1 尺寸编辑

单击【编辑工具】栏上的按钮，立即菜单如图 5-43 所示。

图 5-43 尺寸线位置编辑立即菜单栏

在【1.】下拉列表中可选择编辑的对象有【尺寸线位置】、【文字位置】和【箭头形状】，介绍如下。

一、尺寸线位置

尺寸线位置的编辑示例如图 5-44 所示。

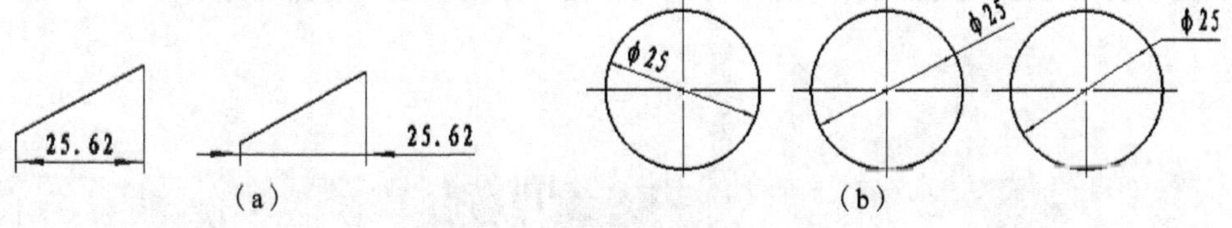

图 5-44 尺寸线位置编辑示例

其中，图 5-44（a）和图 5-44（b）分别为线性尺寸线位置和圆弧尺寸线位置的编辑示例。

二、文字位置

文字位置的编辑示例如图 5-45 所示。

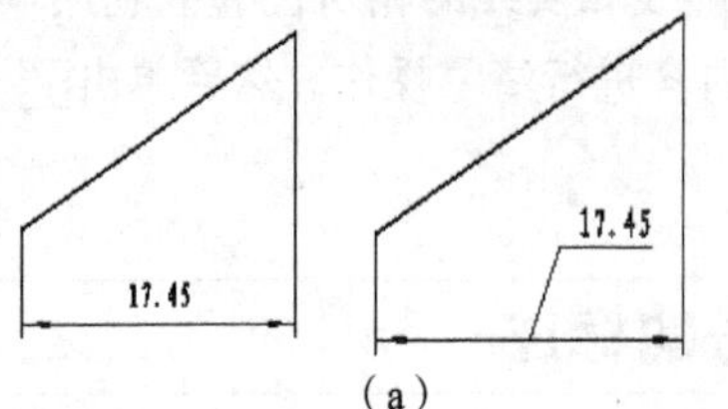

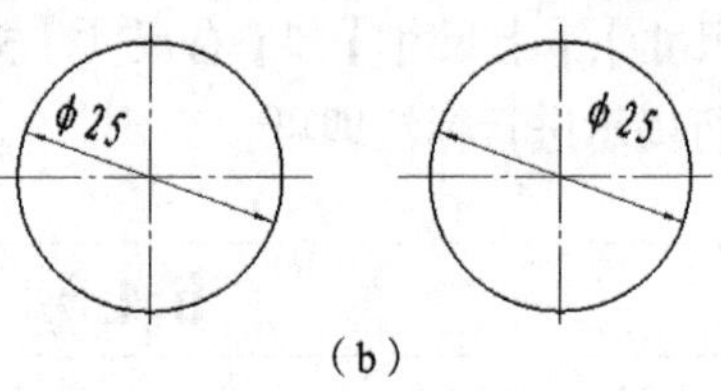

（a）　　　　　　　　　　（b）

图 5-45　文字位置编辑示例

其中，图（a）、图（b）分别为线性尺寸文字位置和圆弧尺寸文字位置的编辑示例。

三、箭头形状

选择箭头形状可在弹出的如图 5-46 所示的【箭头形状编辑】对话框中选择需要的箭头形状。

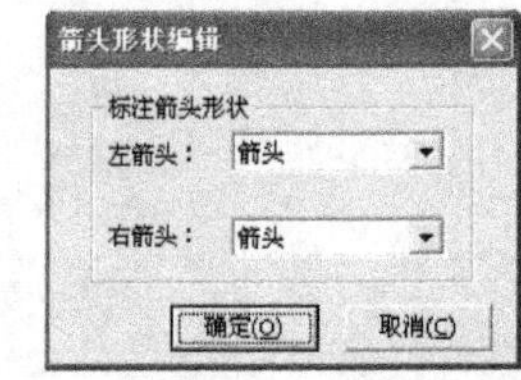

图 5-46　【箭头形状编辑】对话框

5.5.2　文字编辑

利用文字编辑可对文字的风格和参数进行编辑。

单击【编辑工具】栏上的按钮，根据命令行提示，选择要编辑的文字后，在所选的文字上方弹出图 5-47 所示的【文本编辑器】对话框，可以在文字区域修改文字，在编辑器内修改文字属性。

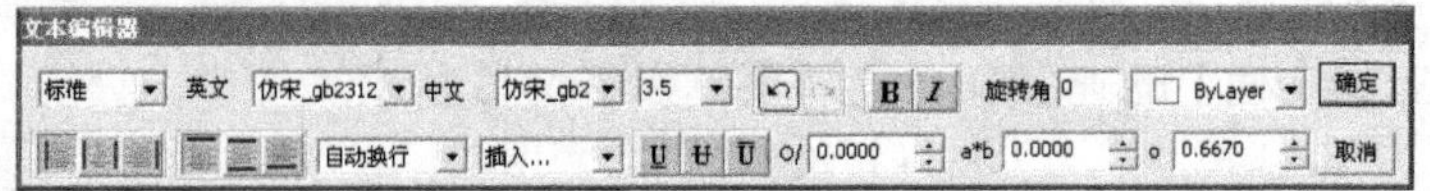

图 5-47　【文本编辑器】对话框

在该对话框中对文字的内容与字型参数进行修改后，单击 确定(O) 按钮，即可重新生成对应的文字。

5.5.3　工程符号编辑

符号类标注编辑（形位公差、粗糙度、基准代号和焊接符号等）和尺寸编辑、文字编辑的方法相同，也是通过设置立即菜单栏来分别对标注对象的位置和内容进行编辑。

5.6　尺寸驱动

尺寸驱动是系统提供的一套局部参数化功能。用户在选择一部分实体及相关尺寸后，系统将根据尺寸建立实体间的拓扑关系。当用户选择想要改动的尺寸并改变其数值时，相关实体及尺寸也将随之变化，但元素间的拓扑关系保持不变（如相切、相连等）。此外，系统还可自动处理过约束或欠约束的图形。

尺寸驱动允许用户在工程图绘制完以后再对尺寸进行调整、修改，以提高作图速度，使修改图纸变得更加简单。

【实例 5-5】打开素材文件“\exb\第 5 章\5-5.exb”，如图 5-48 左图所示。利用尺寸驱动将左图修改为右图。

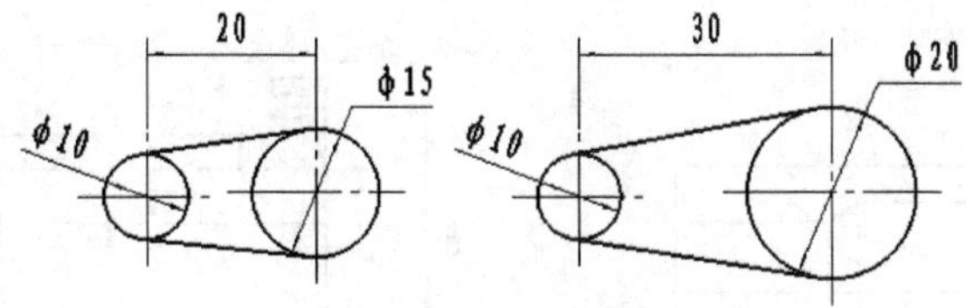

图 5-48　尺寸驱动示例

单击【编辑工具】栏上的按钮，根据命令行提示完成以下操作。

拾取添加：　　　　　　　//拾取图 5-48 所示的左图，按 Enter 键
请给出图形的基准点：　　//单击 ϕ10 圆的圆心
拾取欲驱动的尺寸：　　　//拾取尺寸 ϕ15，在【输入实数】文本框中输入“20”，按 Enter 键
请拾取欲驱动的尺寸：　　//拾取尺寸 20，在【输入实数】文本框中输入“30”，按 Enter 键

结果如图 5-48 右图所示。

选择欲驱动的尺寸时，要单击尺寸的引出线。

5.7 综合实例

下面通过一个综合实例来对尺寸标注做一下综合练习。

【实例 5-6】打开素材文件“\exb\第 5 章\5-6.exb”，完成图 5-49 所示的标注。

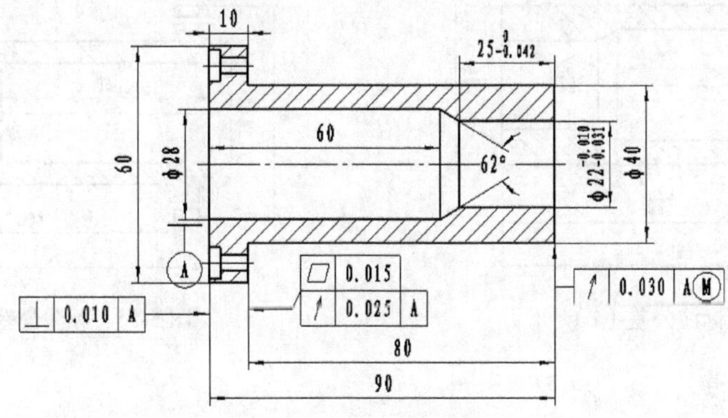

图 5-49　标注示例

1. 标注基本尺寸。

（1）单击【标注工具】栏上的按钮，设置立即菜单栏如图 5-50 所示。

（2）根据命令行提示，拾取需要标注的线段，然后将尺寸拖动到适当的位置单击鼠标右键，完成标注，结果如图 5-51 所示。

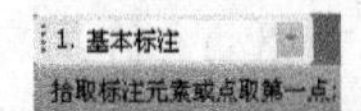

图 5-50　基本标注立即菜单栏

（3）用同样的方法，标注其他基本尺寸，结果如图 5-52 所示。

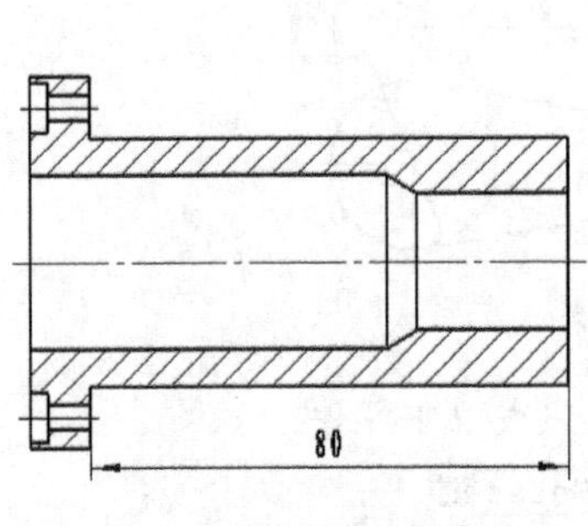

图 5-51　标注线段长度

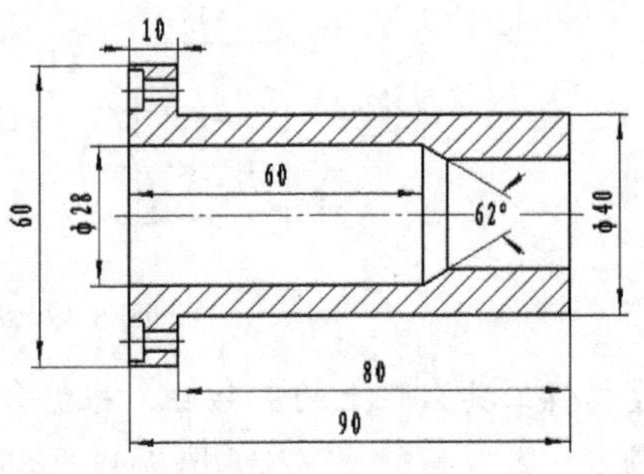

图 5-52　基本标注

2. 标注尺寸公差。

（1）单击【标注工具】栏上的按钮，在立即菜单栏的【1.】下拉列表中选择【基本标注】选项。

（2）根据命令行提示，拾取长为 25 的线段，将尺寸线移动到适当的位置后单击鼠标右键，此时弹出【尺寸标注属性设置】对话框，在【公差与配合】分组框的【输入形式】下拉列表中选择【偏差】选项，其余设置如图 5-53 所示。

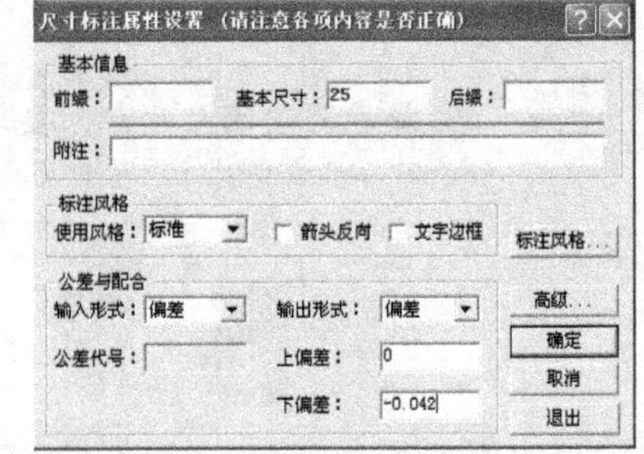

图 5-53　【尺寸标注属性设置】对话框

（3）单击确定按钮，结果如图 5-54 所示。

（4）用同样的方法，标注 $\phi22$ 的尺寸公差，结果如图 5-55 所示。

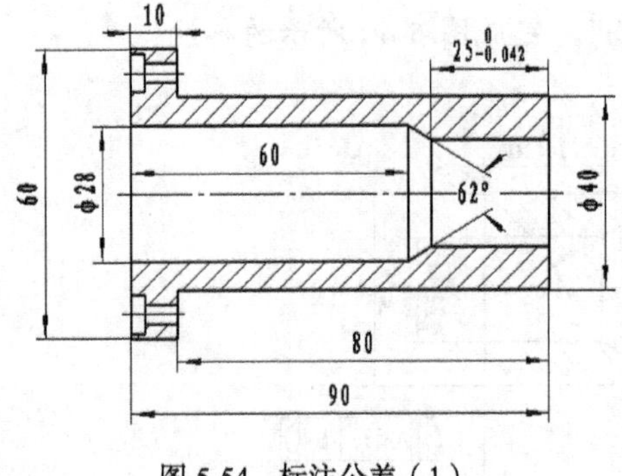

图 5-54　标注公差（1）

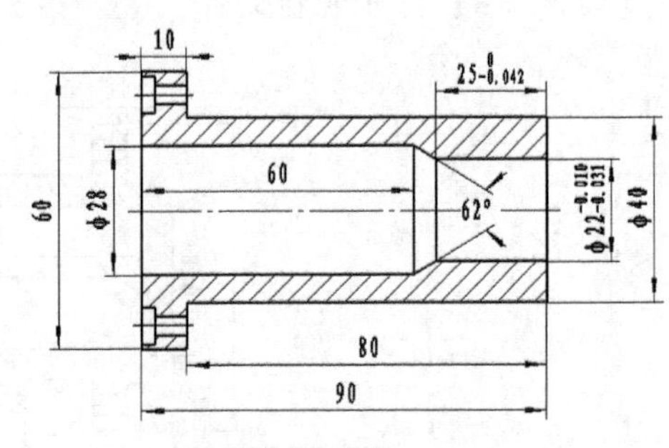

图 5-55　标注公差（2）

3. 标注基准代号。

（1）单击【标注工具】栏上的按钮，设置立即菜单栏如图 5-56 所示。

图 5-56　标注基准代号立即菜单栏

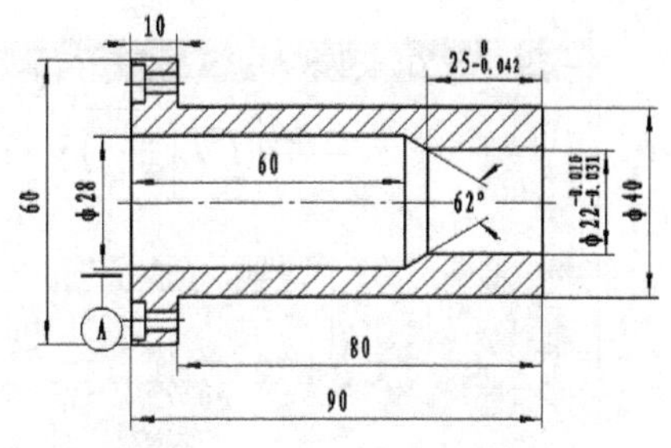

图 5-57　标注基准代号

（2）根据命令行提示，在 ϕ28 孔的尺寸边界线的任意位置单击鼠标左键，再将基准代号移动到与 ϕ28 尺寸线相对的位置后单击鼠标左键，结果如图 5-57 所示。

4．标注形位公差 *I*。

（1）单击【标注工具】栏上的按钮，弹出图 5-58 所示的【形位公差】对话框。在该对话框中设置完垂直度公差的各项参数后，单击确定(O)按钮。

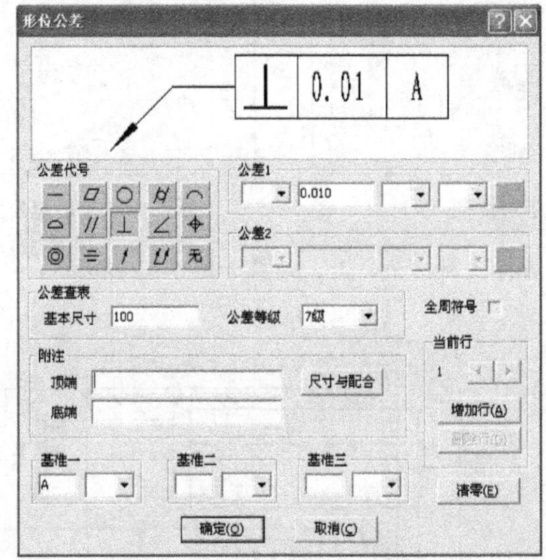

图 5-58　【形位公差】对话框（1）

（2）根据命令行提示，在尺寸 90 的左尺寸界线上单击 *B* 点，再根据提示单击 *C* 点，然后将形位公差移动到适当位置后单击鼠标左键，结果如图 5-59 所示。

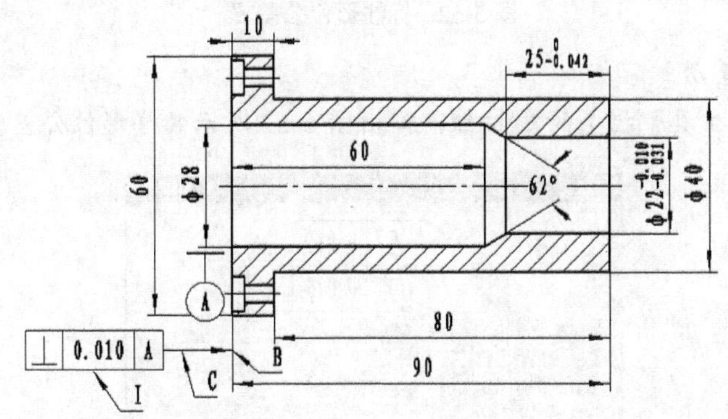

图 5-59　标注形位公差 *I*

5．标注形位公差 *II*。

（1）单击【标注工具】栏上的按钮，弹出【形位公差】对话框，设置平面度公差的各项参数如图 5-60 所示。

（2）标注圆跳动公差时，需单击增加行(A)按钮，然后设置各项参数，如图 5-61 所示，最后单击确定(O)按钮。

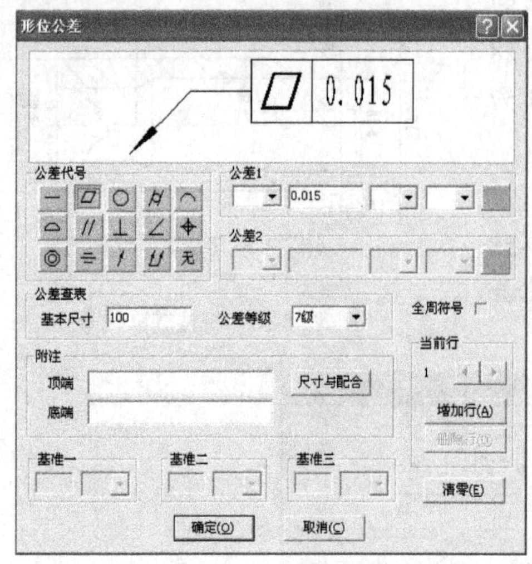

图 5-60 【形位公差】对话框（2）

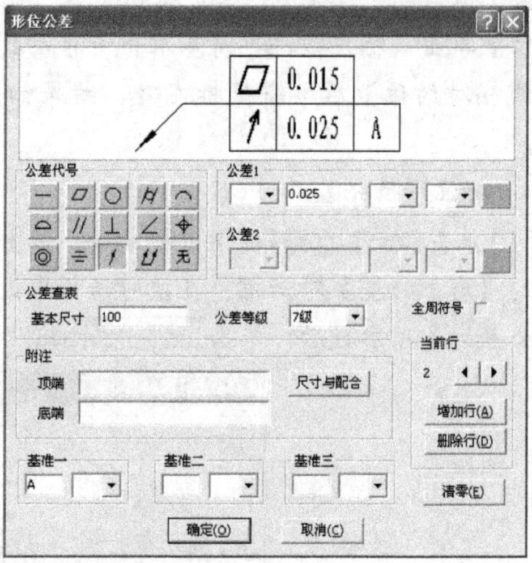

图 5-61 【形位公差】对话框（3）

（3）参照步骤 4 的方法标注圆跳动公差，结果如图 5-62 所示。

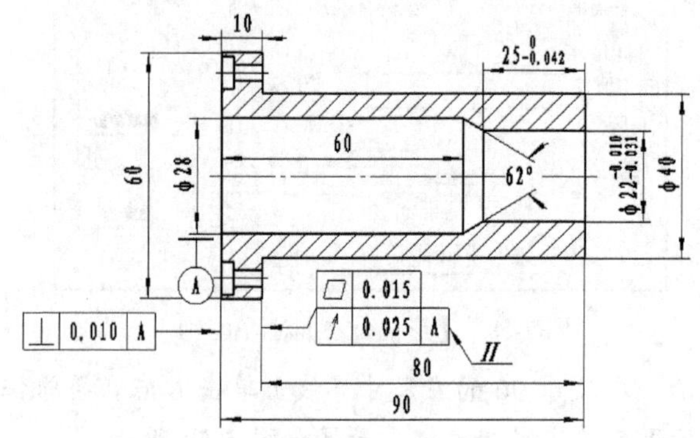

图 5-62 标注形位公差 *II*

6. 标注形位公差 *III*。

（1）单击【标注工具】栏上的按钮，弹出图 5-63 所示的【形位公差】对话框。

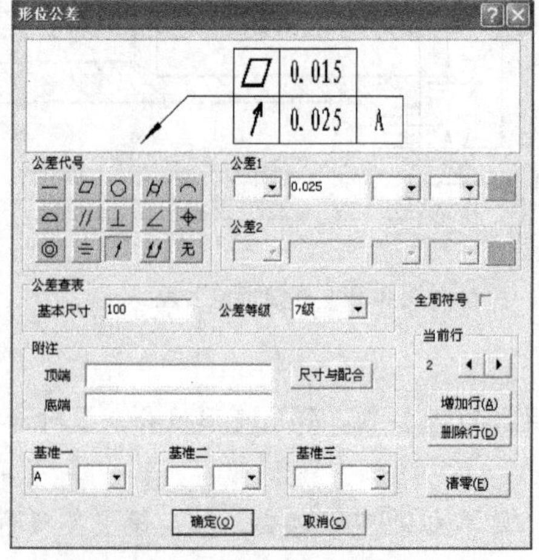

图 5-63 【形位公差】对话框（4）

（2）标注形位公差Ⅲ时，要先删除行。单击删除行(D)按钮，删除图 5-63 所示的圆跳动形位公差行，此时的对话框如图 5-64 所示。

（3）修改对话框中的相应数值，如图 5-65 所示，然后单击确定(O)按钮。

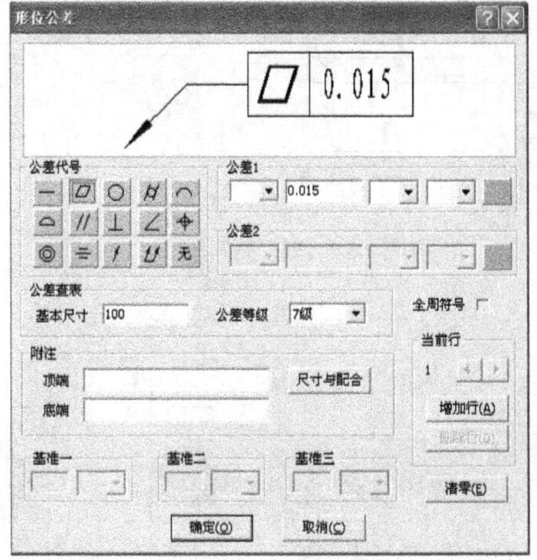

图 5-64 【形位公差】对话框（5）

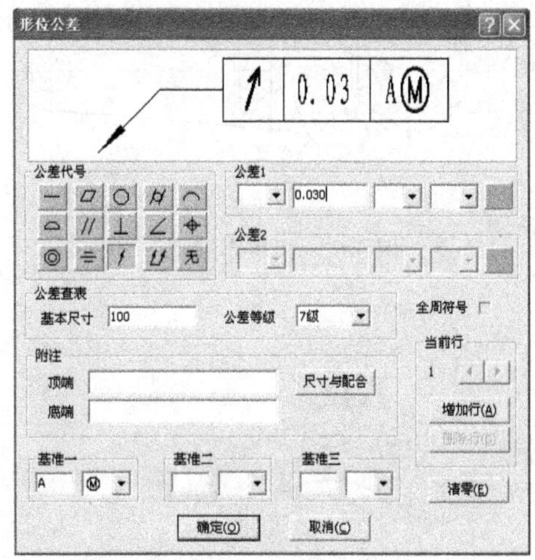

图 5-65 【形位公差】对话框（6）

（4）参照步骤 5 的方法标注圆跳动公差，结果如图 5-66 所示。

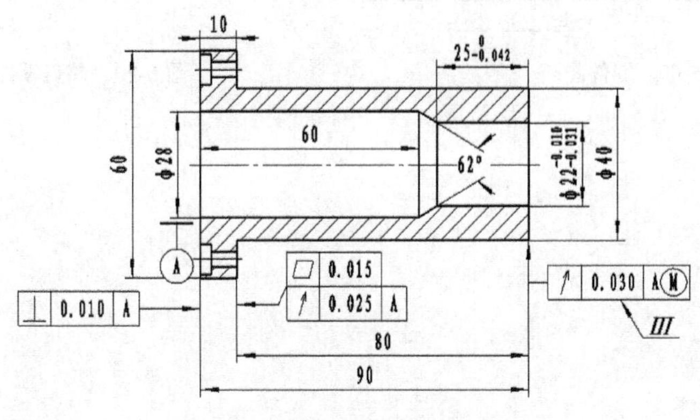

图 5-66 标注形位公差*Ⅲ*

5.8 习题

1. 绘制图 5-67 所示的扳手零件图，并进行尺寸标注。
2. 绘制图 5-68 所示的套管零件图，并进行尺寸标注。
3. 绘制图 5-69 所示的零件图，并进行尺寸标注。
4. 绘制图 5-70 所示的端盖零件图，并进行尺寸标注。

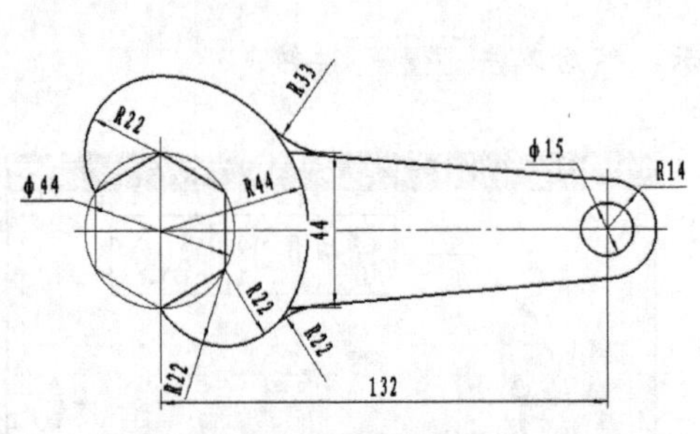

图 5-67　扳手零件图

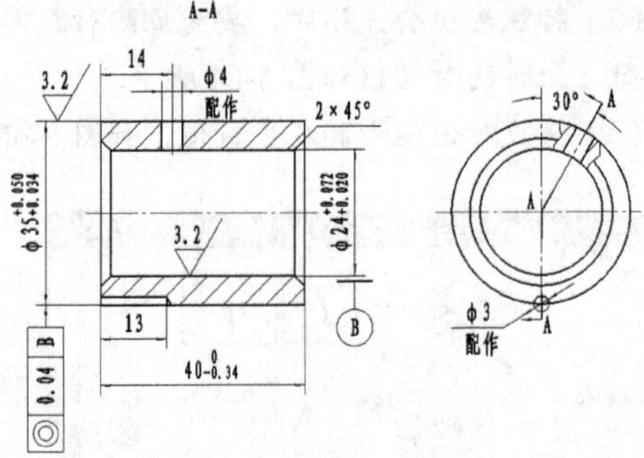

图 5-68　套管零件图

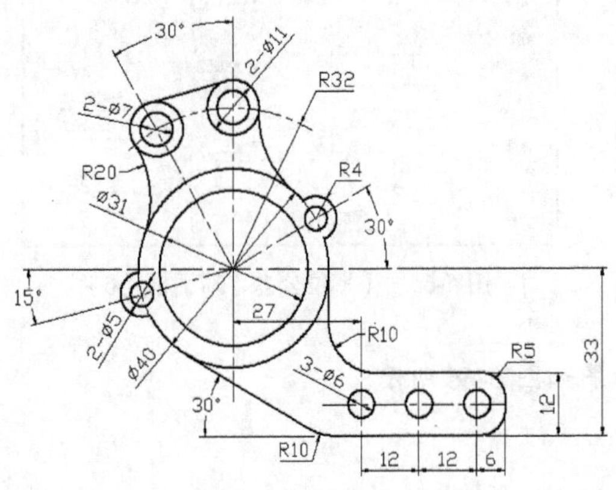

图 5-69　零件图

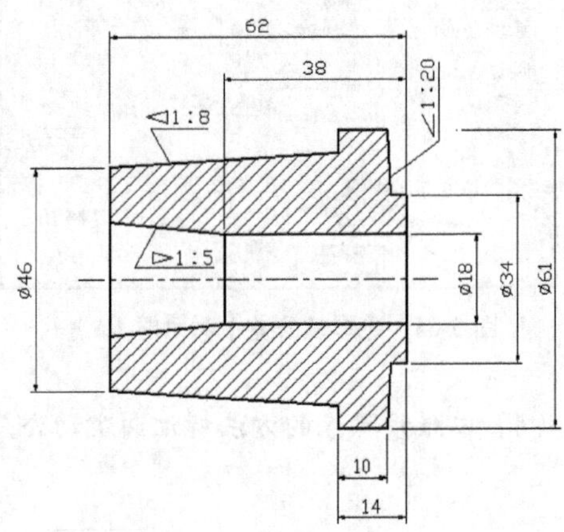

图 5-70　端盖零件图

第6章 绘制规则零件

在机械制图过程中，规则零件主要包括轴类、盘盖类和齿轮类零件，每种零件在绘制过程中都有一定的规律可以遵循，本章将对这几类零件的画法特点进行讲解。

6.1 轴类零件

轴在机器中主要起着支撑转动零件（如齿轮、带轮等）和传递转矩的作用，是机械设计中最常用的零件之一。根据设计和工艺的要求，这类零件常由轴肩、键槽、螺纹、挡圈槽、退刀槽及中心孔等结构组成。

6.1.1 轴类零件的画法特点

轴类零件的各个组成部分多是同轴线的回转体，且轴向尺寸长，径向尺寸短，总体上看是细而长的回转体。

轴类零件常在车床和磨床上加工，选择主视图时，常按加工位置进行轴线水平放置。

键槽、退刀槽和其他槽、孔等结构常用断面、局部剖视、局部视图和局部放大图等图样来表示。

6.1.2 轴类零件绘制实例——绘制蜗杆

【实例 6-1】绘制图 6-1 所示的蜗杆零件图。

一、绘图分析

- 分析表达方案。该图所用的表达方案是一个主视图和一个移出断面图，移出断面图是为了表达清楚键槽的尺寸。
- 分析形体，以确定零件的结构形状。该图的结构比较简单，是一根蜗杆，在蜗杆的右端有个键槽，最大轴径处是蜗杆的传动部分。
- 分析尺寸。该轴的总体长度为 160，要据此来确定图纸幅面。

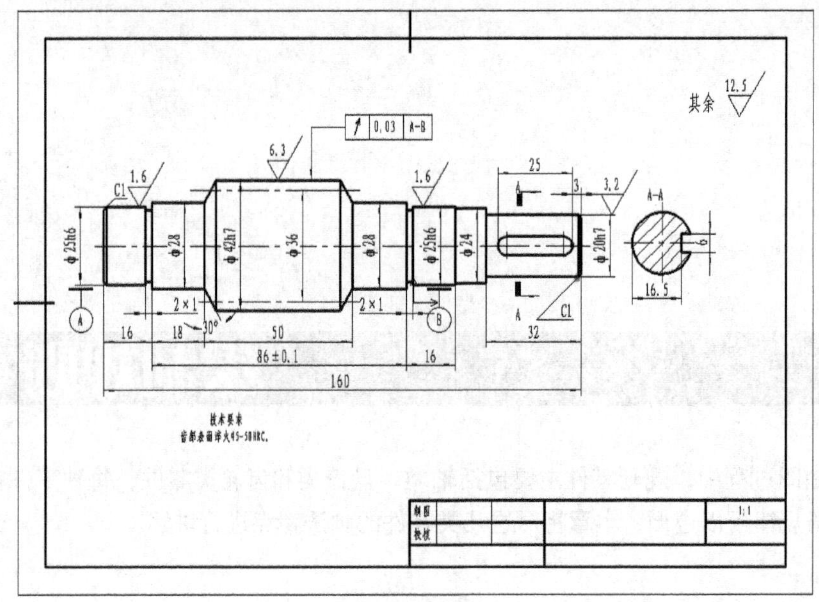

图 6-1　蜗杆零件图

- 分析技术要求。从该图的技术要求上可以看出，蜗杆的传动部分要求粗糙度精度最高，可以确定这是工作面。

二、绘图步骤

1．设置图幅，调入图框。

单击【幅面操作】工具栏上的□按钮，弹出【图幅设置】对话框，在该对话框中设置图纸幅面为【A4】，绘图比例为【1∶1】，图纸方向为【横放】，图框为【HENGA4】，标题栏为【School（CHS）】，如图 6-2 所示。

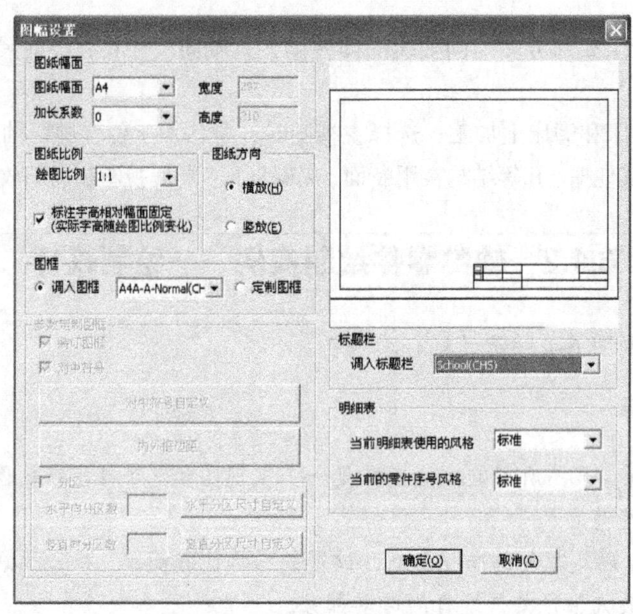

图 6-2 【图幅设置】对话框

2. 利用【孔/轴】命令绘制蜗杆的外轮廓，结果如图 6-3 所示。

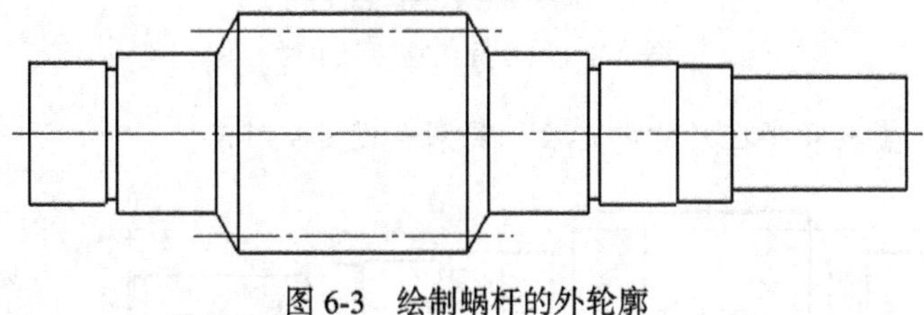

图 6-3　绘制蜗杆的外轮廓

3. 绘制倒角，结果如图 6-4 所示。

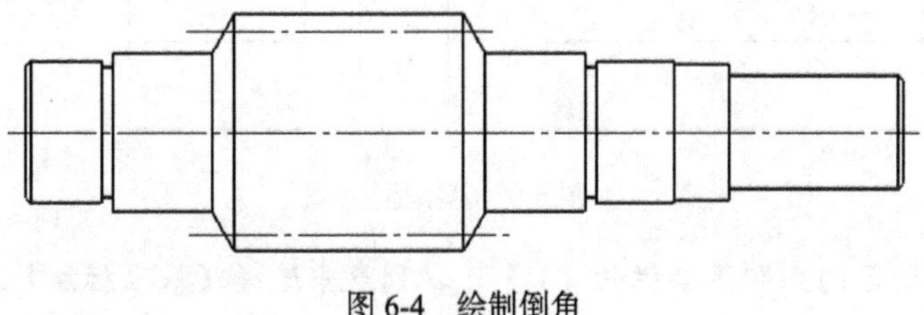

图 6-4　绘制倒角

4. 绘制蜗杆上的键槽，结果如图 6-5 所示。

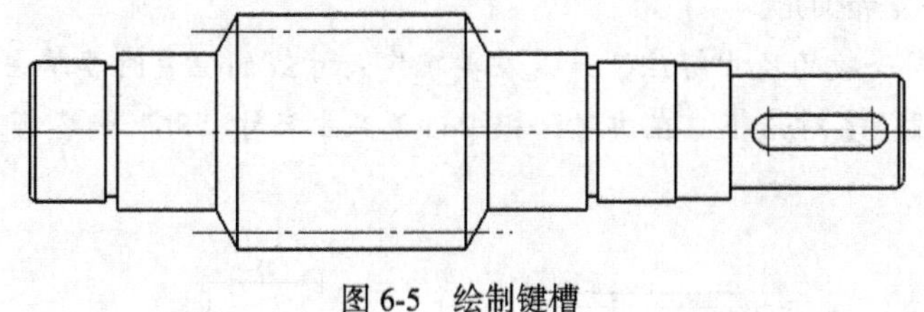

图 6-5　绘制键槽

5. 在蜗杆右侧的适当位置绘制移出断面图，结果如图 6-6 所示。

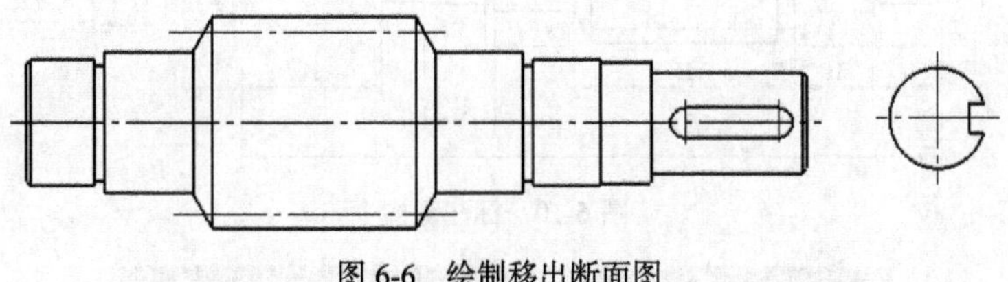

图 6-6　绘制移出断面图

6. 绘制剖面线，结果如图 6-7 所示。

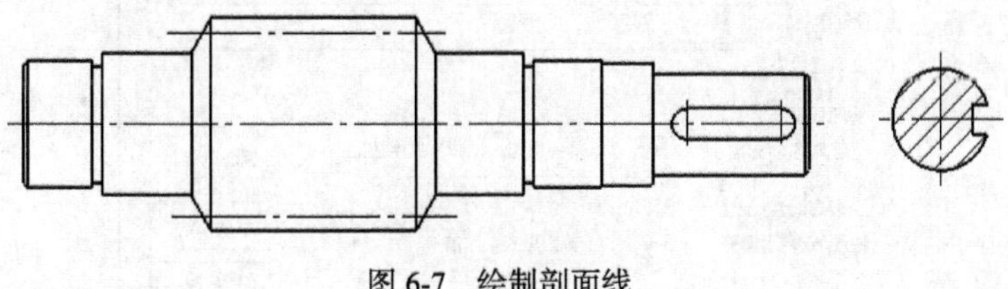

图 6-7　绘制剖面线

7. 标注基本尺寸。

（1）单击【标注工具】栏上的 ⊢ 按钮，设置立即菜单栏如图 6-8 所示。

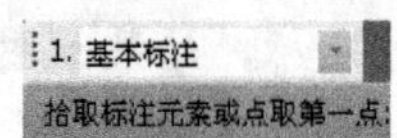

图 6-8　尺寸标注立即菜单栏

（2）进行长度、直径和半径尺寸的标注，结果如图 6-9 所示。

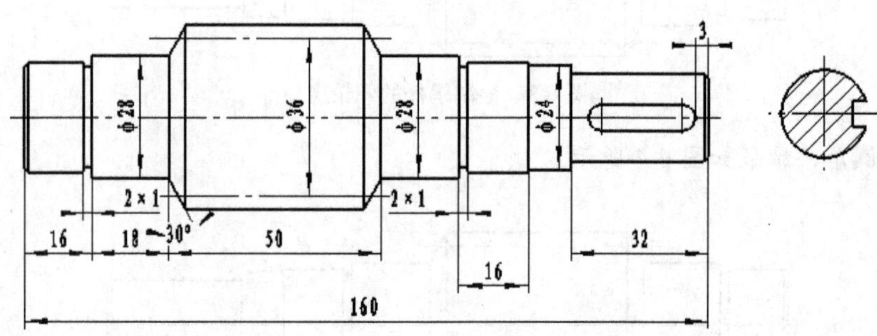

图 6-9　基本标注

（3）在图 6-8 所示的立即菜单栏的【1.】下拉列表中选择【基准标注】选项，根据命令行提示，拾取键槽与中心线的交点，标注键槽的长度。用同样的方法，标注键槽的深度，结果如图 6-10 所示。

8. 标注尺寸公差和倒角。

（1）标注方法同一般的尺寸标注，只是在要确定尺寸线的位置时要单击鼠标右键，此时弹出【尺寸标注属性设置】对话框，在该对话框中设置基本尺寸“86”的各项内容，如图 6-11 所示。

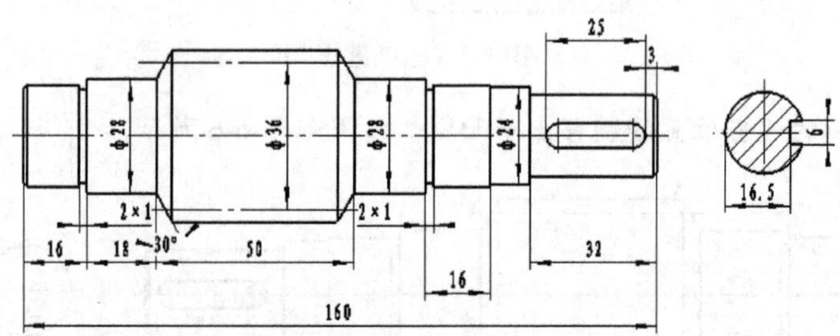

图 6-10　标注键槽

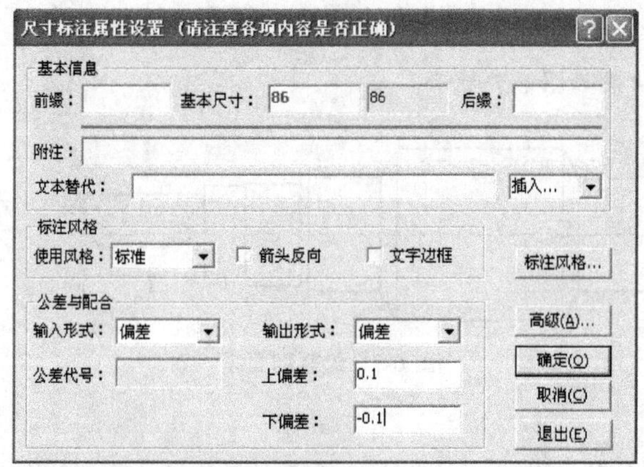

图 6-11 【尺寸标注属性设置】对话框

（2）单击 确定 按钮，结果如图 6-12 所示。

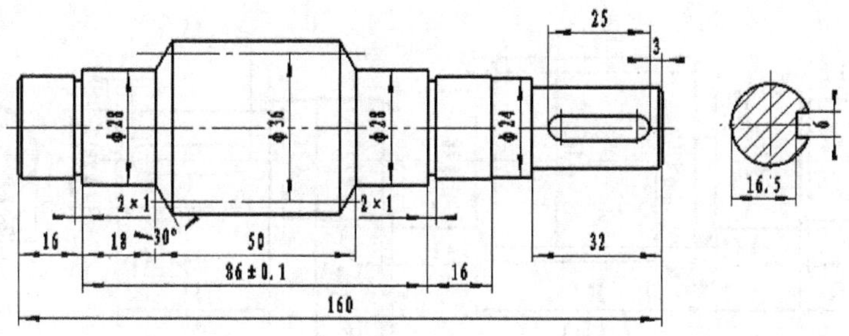

图 6-12　标注尺寸公差

（3）用同样的方法，标注其他各公差 φ25h6、φ42h7 和 φ20h7，结果如图 6-13 所示。

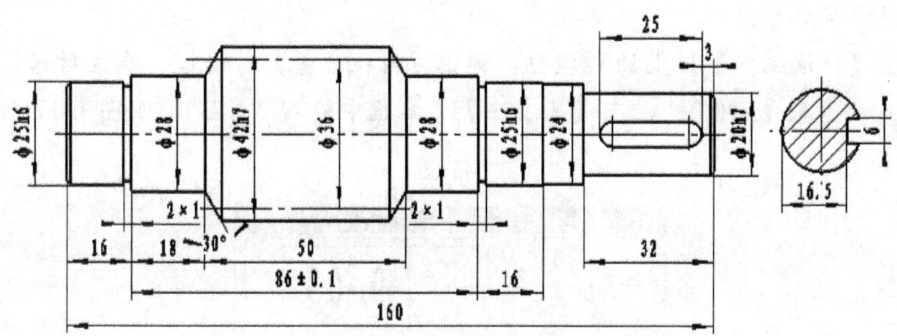

图 6-13　标注其他公差

（4）标注倒角。

由于倒角尺寸较小，在这里用符号 C1 表示，结果如图 6-14 所示。

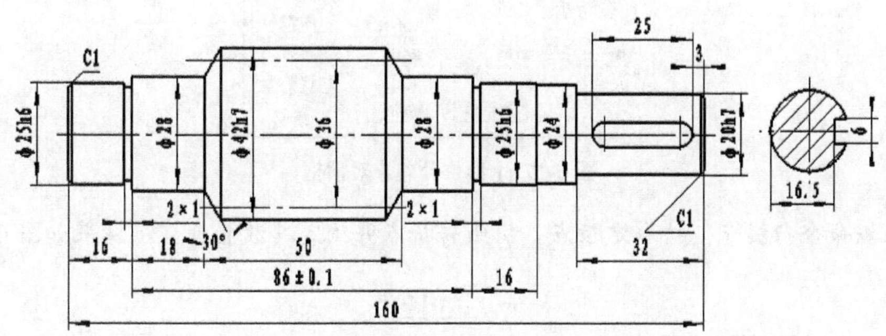

图 6-14　标注倒角

9. 标注基准。

（1）单击【标注工具】栏上的 按钮，设置立即菜单栏如图 6-15 所示。

图 6-15　基准标注立即菜单栏

（2）根据命令行提示，拾取蜗杆左侧 φ25 圆柱尺寸线的箭头与尺寸界线的相交处，再根据提示将标注符号移动到与尺寸线相对的位置后单击即可。

（3）用同样的方法，完成对基准 *B* 的标注，结果如图 6-16 所示。

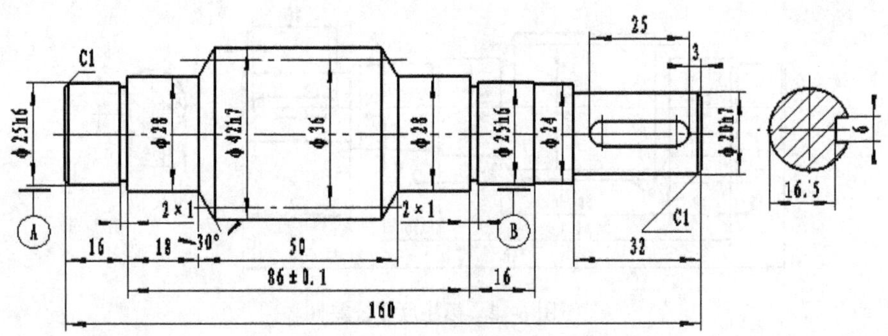

图 6-16 标注基准

10. 标注形位公差。

（1）单击【标注工具】栏上的按钮，弹出【形位公差】对话框，在该对话框中选择公差代号，输入公差数值“0.03”，在【基准一】文本框中输入“A-B”，如图 6-17 所示，然后单击 确定(O) 按钮。

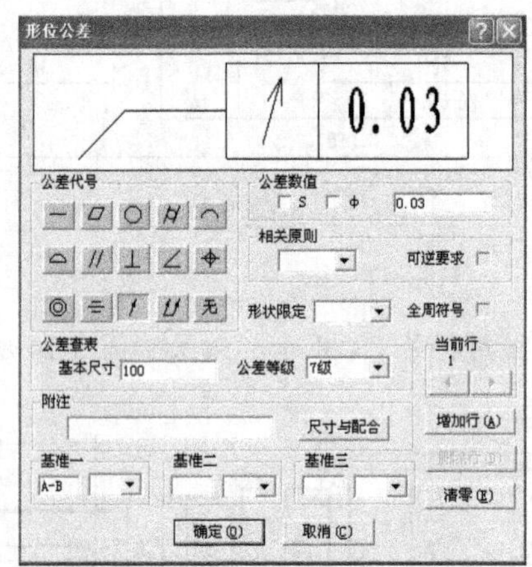

图 6-17 【形位公差】对话框

（2）根据命令行提示，拾取定位点、引线转折点并确定其放置位置，结果如图 6-18 所示。

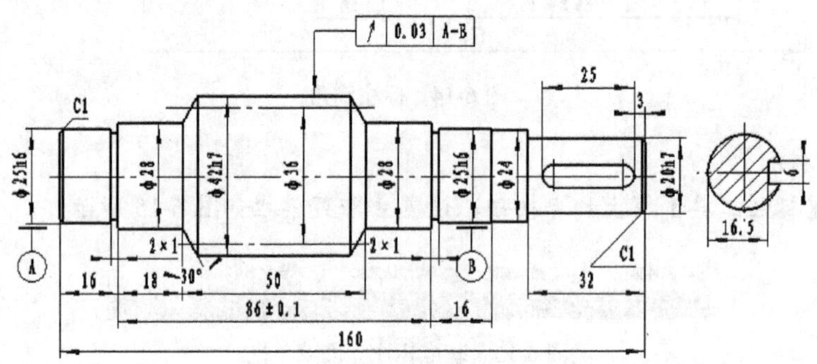

图 6-18 标注形位公差

11. 标注表面粗糙度。

（1）单击【标注工具】栏上的√按钮，设置立即菜单栏如图 6-19 所示。

图 6-19 表面粗糙度标注立即菜单栏

（2）根据命令行提示，拾取 ϕ25 圆柱的上母线，然后拖动鼠标光标确定其放置位置。

（3）用同样的方法，完成其他粗糙度的标注，结果如图 6-20 所示。

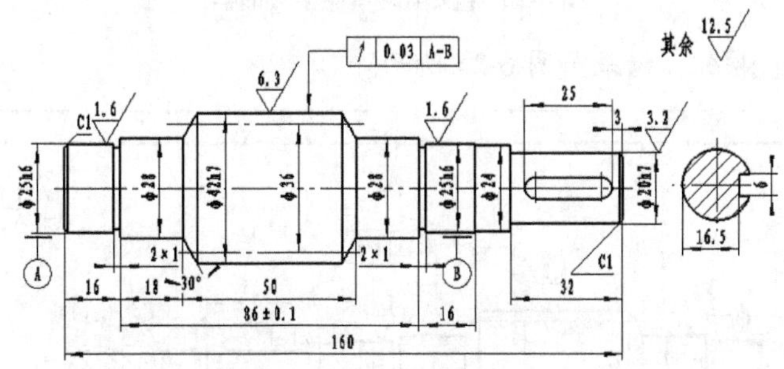

图 6-20 标注表面粗糙度

12. 将绘制的图形移入图框中的适当位置，结果如图 6-21 所示。

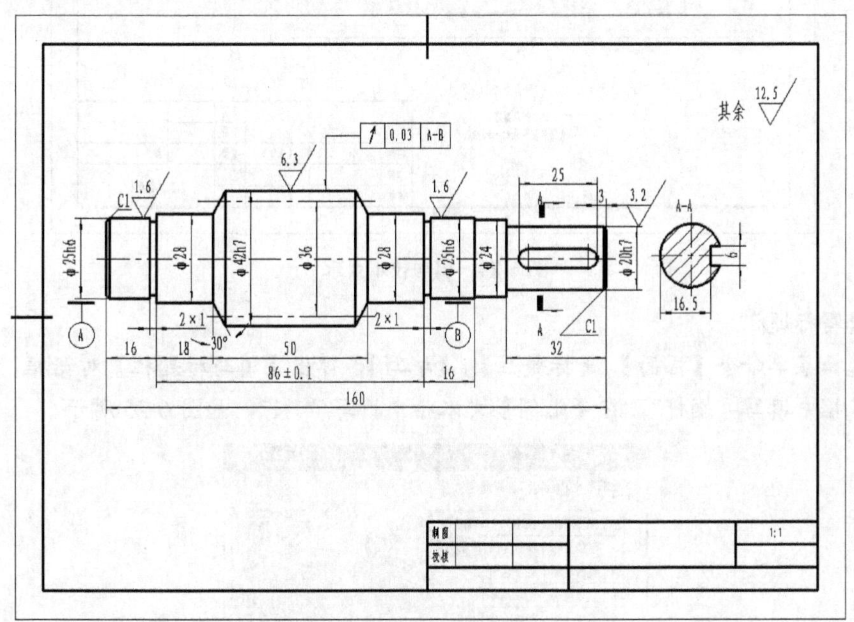

图 6-21 将图形移入图框

13. 填写技术要求。

（1）单击【绘图工具】栏上的 A 按钮，设置立即菜单栏如图 6-22 所示。

图 6-22 文字命令立即菜单栏

（2）根据命令行提示，在图中的适当位置指定所标注文字的矩形区域后，弹出【文本标编辑器】对话框和文字标注区域，在该对话框中设置对齐方式为【中间对齐】，字高为【5】，其余采用默认设置，如图 6-23 所示。

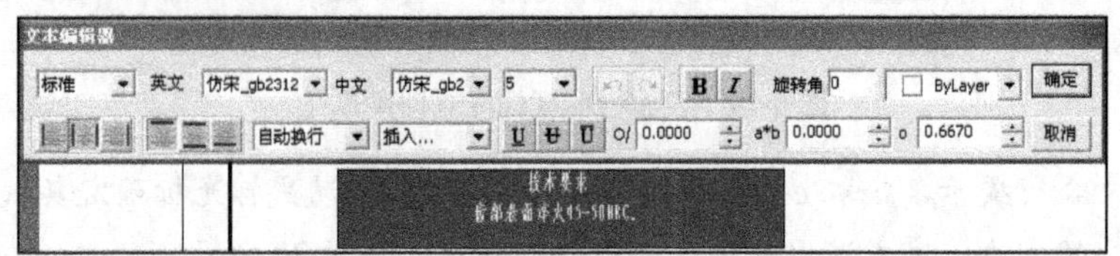

图 6-23 【文本编辑器】对话框

（3）单击 确定(O) 按钮，结果如图 6-24 所示。

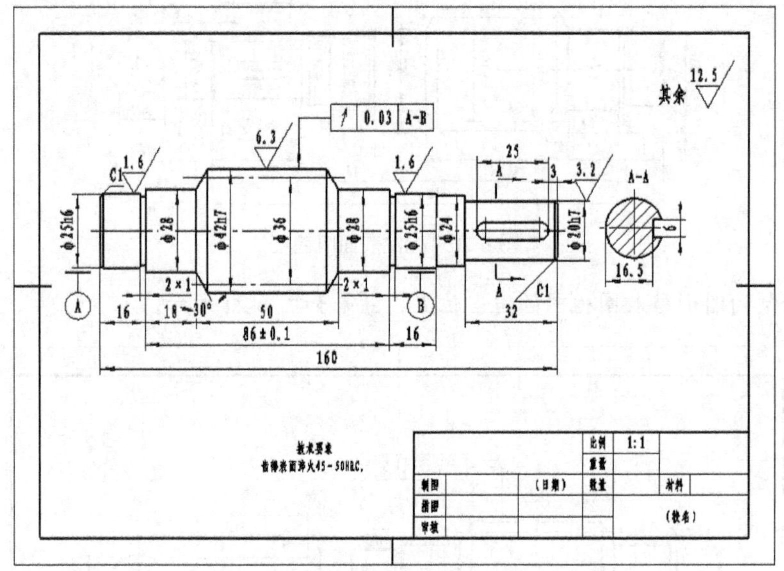

图 6-24 填写技术要求

14. 填写标题栏。

（1）选择菜单命令【幅面】/【标题栏】/【填写】，弹出【填写标题栏】对话框，在【图纸名称】文本框中填写“蜗杆”，在【比例】文本框中填写“1:1”，如图 6-25 所示。

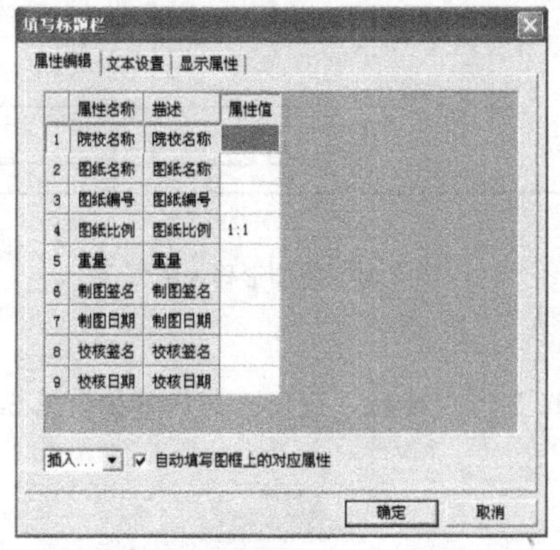

图 6-25 【填写标题栏】对话框

（2）单击 确定 按钮，最终结果如图 6-1 所示。

6.2 盘盖类零件

盘盖类零件包含各种手轮、带轮、法兰盘、端盖及压盖，起着传递扭矩、连接、轴向定位、支撑和密封的作用。本节将对盘盖类零件的结构特性及绘制准则做详细介绍。

6.2.1 盘盖类零件的画法特点

盘盖类零件视图表达的一般原则是将主视图以工作位置放置，其投影方向根据机件的主要结构特征进行选择，大多数主视图采用全剖视图，一般在主视图的基础之上会加一个左视图或俯视图来表达圆形结构或圆形结构上分布的其他结构。

根据盘盖类零件的结构特性，在绘制时可能会常用到【镜像】、【阵列】命令，以提高绘图效率。

6.2.2 盘盖类零件绘制实例——绘制端盖

【实例 6-2】绘制图 6-26 所示的端盖零件图。

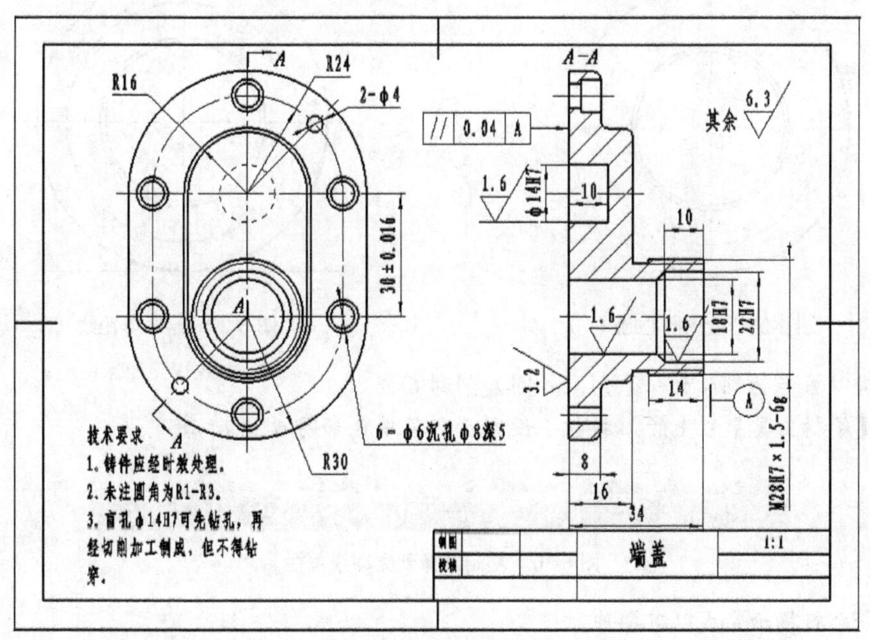

图 6-26 端盖零件图

一、绘图分析

绘制本图要先从主视图着手，再利用【导航】功能绘制左视图。因为主视图有很多重复的结构，因此建议使用【镜像】和【阵列】命令。在绘制图形时，最好使用一种线型尽量多地绘制相同图层的图线，以提高绘图效率。

二、绘图步骤

1. 绘制主视图。

（1）绘制一系列同心圆。

单击【绘图工具】栏上的 ⊙ 按钮，设置立即菜单栏如图 6-27 所示。

图 6-27　圆命令立即菜单栏

根据命令行提示完成以下操作。

圆心点：　//在绘图区的适当位置单击一点 B
输入直径或圆上一点：32　//输入圆的直径，按 Enter 键
输入直径或圆上一点：34　//输入圆的直径，按 Enter 键
输入直径或圆上一点：48　//将图层改为“中心线层”，输入圆的直径，按 Enter 键
输入直径或圆上一点：60　//将图层改为“0 层”，输入圆的直径，按 Enter 键

结果如图 6-28 所示。

（2）将当前图层修改为“中心线层”，绘制中心线 *I* 的等距线，偏移量为 30，结果如图 6-29 所示。

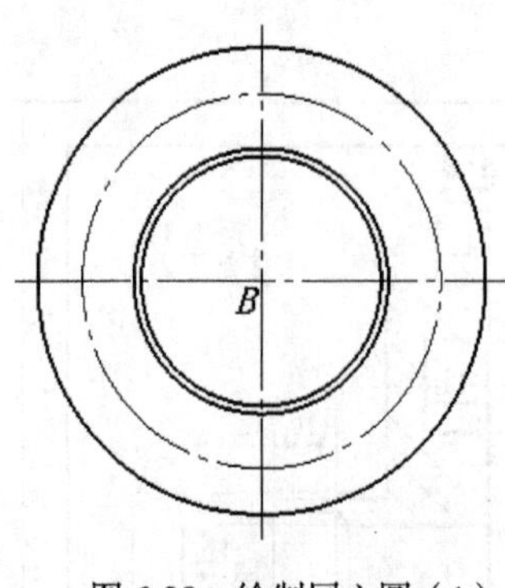

图 6-28　绘制同心圆（1）

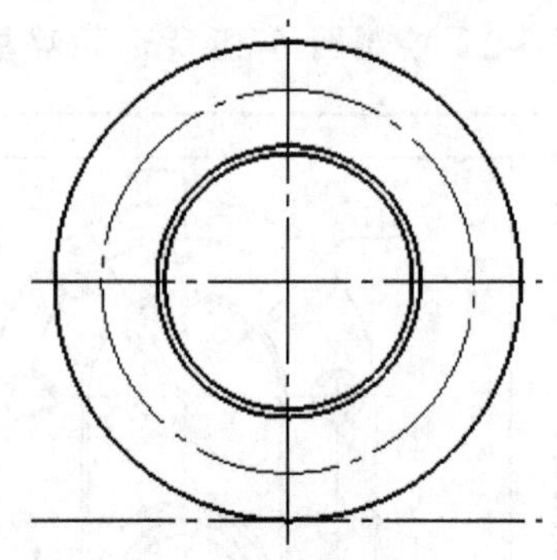

图 6-29　绘制等距线

（3）将以 *B* 点为圆心的一系列同心圆复制到 *C* 点。

单击【编辑工具】栏上的 按钮，设置立即菜单栏如图 6-30 所示。

图 6-30　复制选择到立即菜单栏

根据命令行提示完成以下操作。

拾取添加：　//拾取以 B 点为圆心的一系列圆，按 Enter 键
第一点：　//单击 B 点
第二点：　//单击 C 点

结果如图 6-31 所示。

（4）绘制切线，结果如图 6-32 所示。

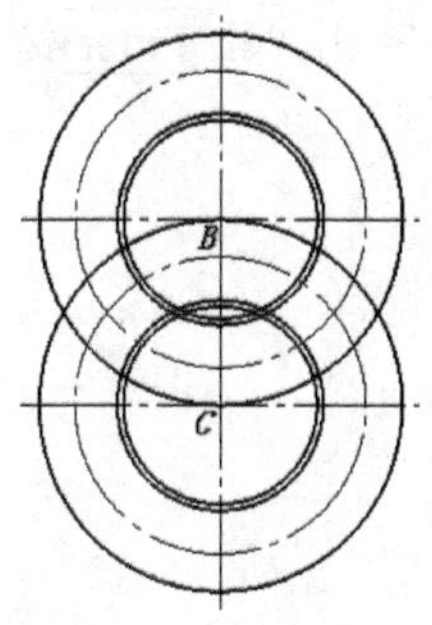

图 6-31　复制同心圆

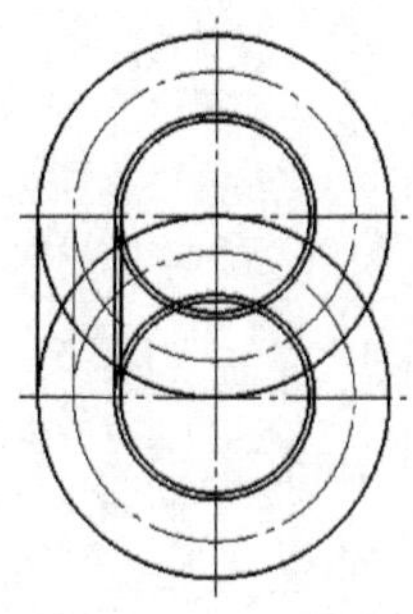

图 6-32　绘制切线

（5）裁剪多余线段，结果如图 6-33 所示。

（6）镜像线段。

单击【编辑工具】栏上的按钮，设置立即菜单栏如图 6-34 所示。

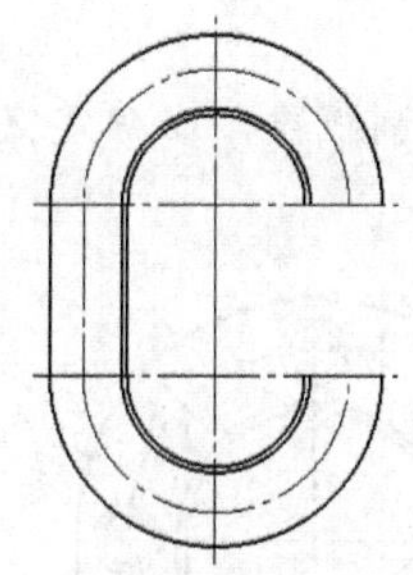

图 6-33　裁剪多余线段

图 6-34　镜像立即菜单栏

根据命令行提示，镜像中心线Ⅲ左侧的一系列线段，结果如图 6-35 所示。

（7）以 *D* 点为圆心，绘制直径分别为 $\phi 6$ 和 $\phi 8$ 的台阶孔，结果如图 6-36 所示。

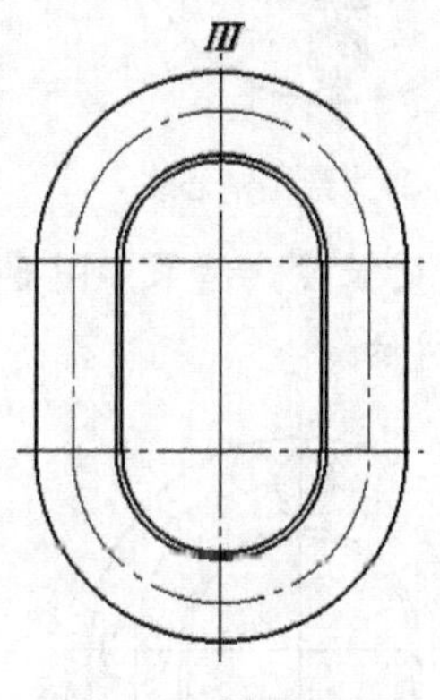

图 6-35　镜像线段

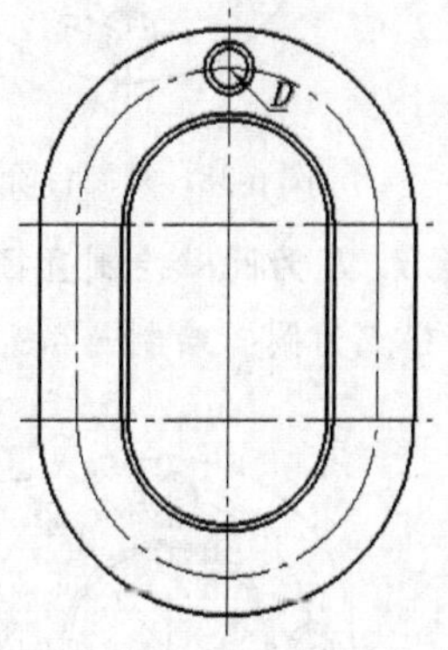

图 6-36　绘制台阶孔

（8）利用【复制选择到】命令绘制其他台阶孔。

单击【编辑工具】栏上的按钮，设置立即菜单栏如图 6-37 所示。

图 6-37　复制选择到立即菜单栏

根据命令行提示完成以下操作。

拾取添加: //拾取图 6-45 所示的台阶孔，按 Enter 键
第一点: //单击 *D* 点
第二点: //单击 *E* 点
第一点: //单击 *D* 点
第二点: //单击 *F* 点
第一点: //单击 *D* 点
第二点: //单击 *G* 点
第一点: //单击 *D* 点
第二点: //单击 *H* 点
第一点: //单击 *D* 点
第二点: //单击 *I* 点，按 Enter 键

结果如图 6-38 所示。

（9）绘制直径为 4 的圆。

将当前图层修改为“中心线层”，利用【角度线】命令绘制线段，以确定交点 *J*、*K*，结果如图 6-39 所示。

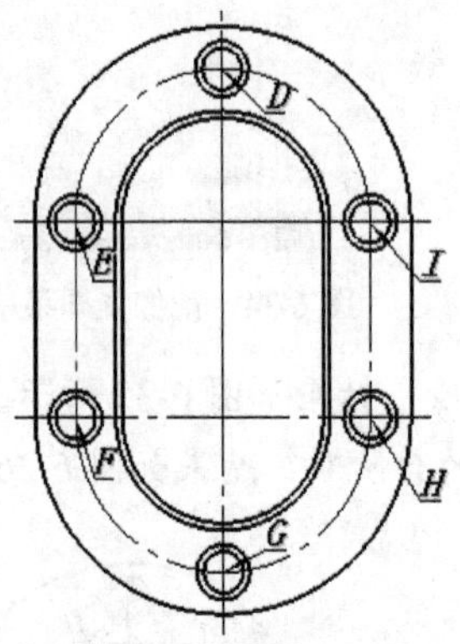

图 6-38　复制台阶孔

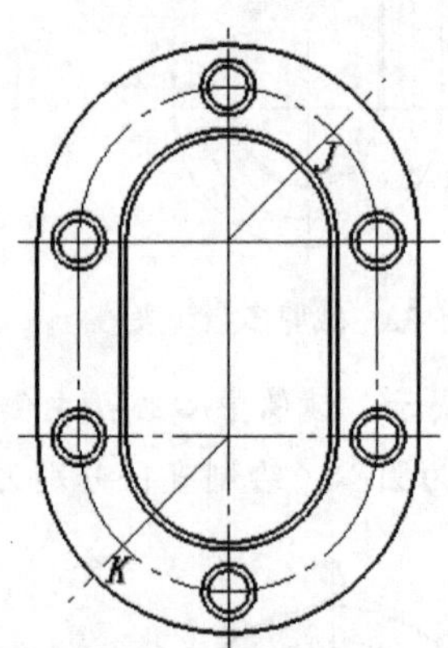

图 6-39　绘制中心线

分别以点 *J*、*K* 为圆心绘制直径为 4 的圆，并调整中心线的长度，结果如图 6-40 所示。

（10）以 *C* 点为圆心绘制一系列同心圆，结果如图 6-41 所示。

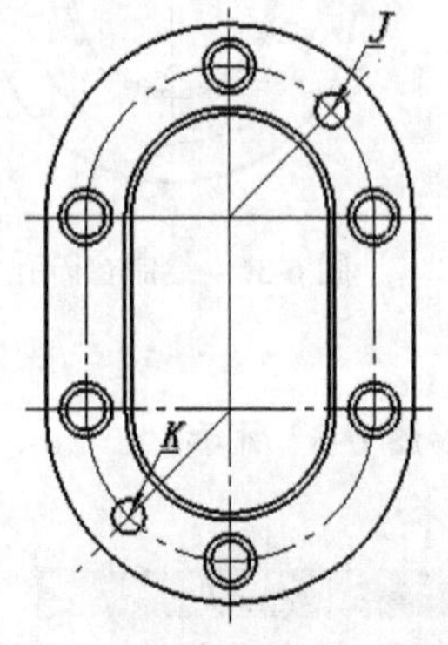

图 6-40　绘制圆并调整中心线的长度

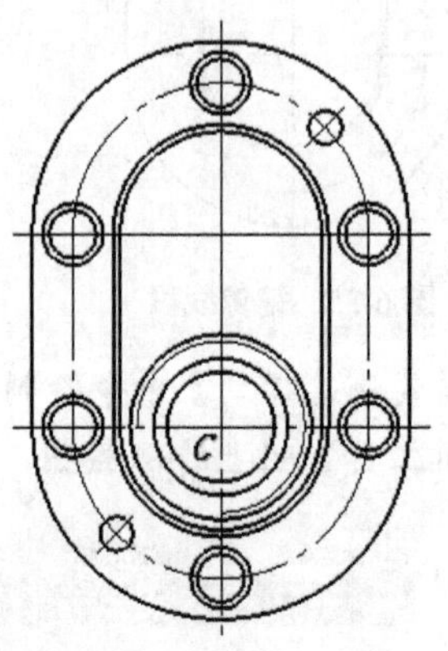

图 6-41　绘制同心圆（2）

外螺纹的牙顶圆用粗实线绘制，牙底圆用3/4细实线绘制。

（11）以*B*点为圆心绘制直径为$\phi 14$的虚线圆，结果如图6-42所示。

2. 绘制左视图。

（1）分别捕捉主视图中的导航点，绘制一系列线段，并绘制线段*IV*及其等距线，结果如图6-43所示。

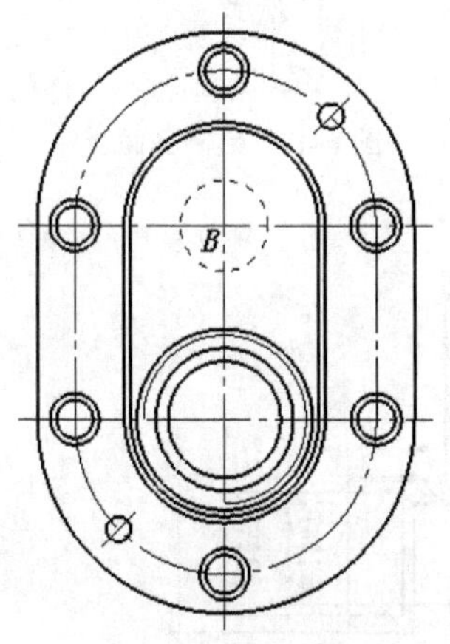

图6-42　绘制虚线圆

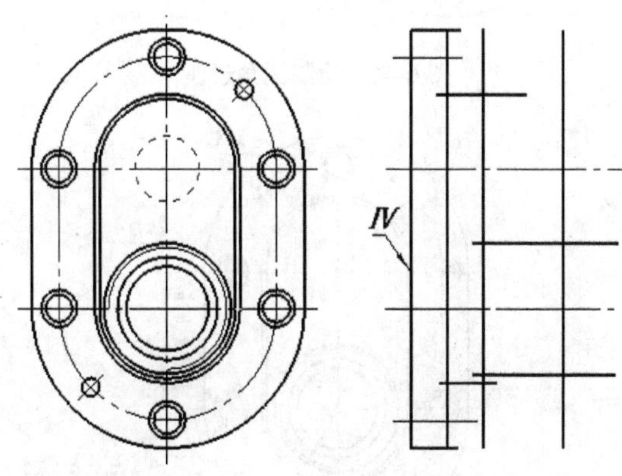

图6-43　绘制线段

（2）裁剪多余线段，结果如图6-44所示。

（3）利用【导航】功能和【等距线】命令绘制其他结构，并裁剪多余线段，结果如图6-45所示。

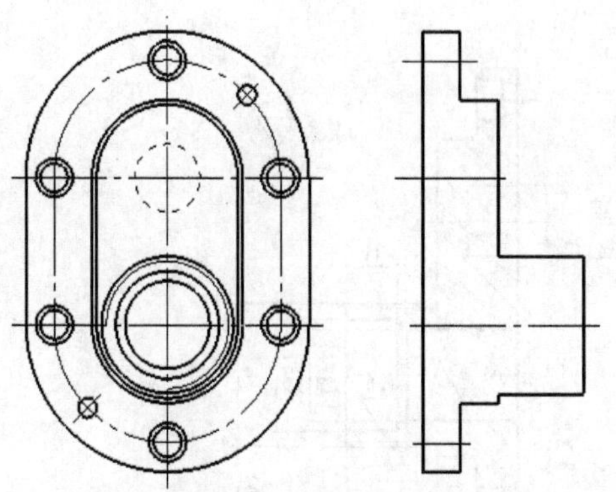

图6-44　裁剪多余线段

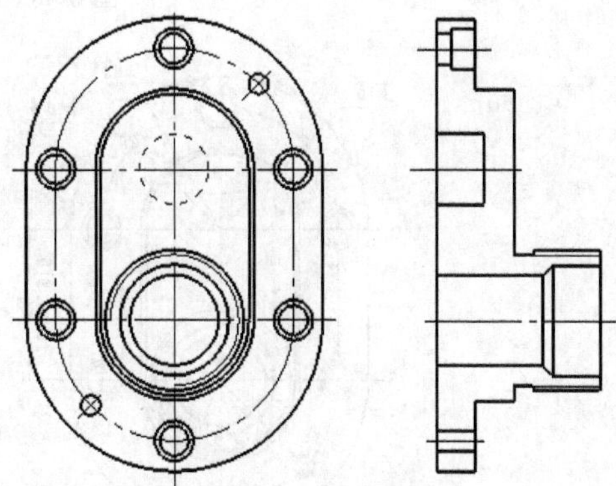

图6-45　绘制线段并裁剪

（4）绘制圆角过渡，结果如图6-46所示。

（5）绘制剖面线，结果如图6-47所示。

3. 标注基本尺寸，结果如图6-48所示。

4. 标注粗糙度，结果如图6-49所示。

5. 标注基准代号*A*。

（1）单击【标注工具】栏上的按钮，设置立即菜单栏如图6-50所示。

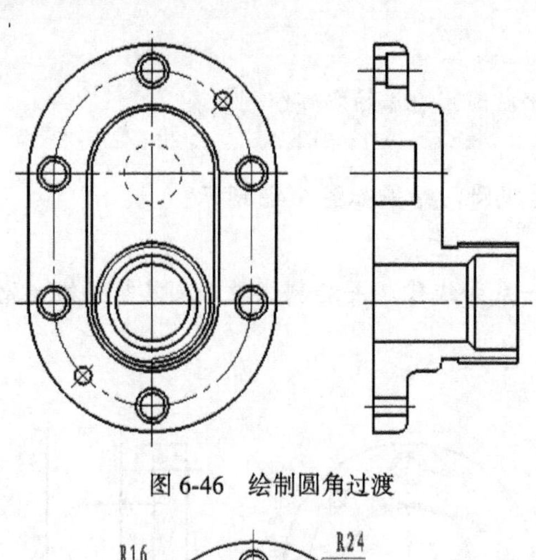

图 6-46　绘制圆角过渡

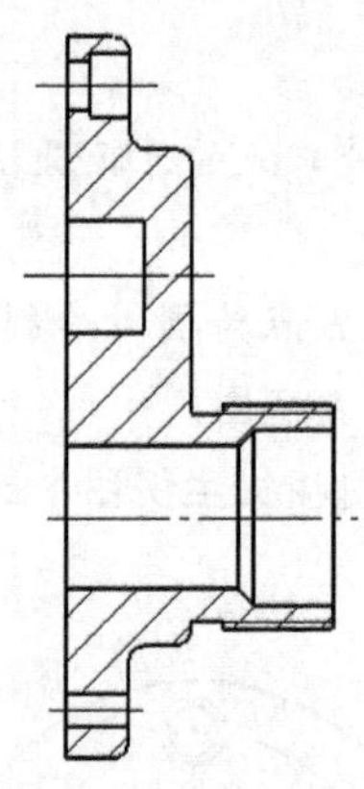

图 6-47　绘制剖面线

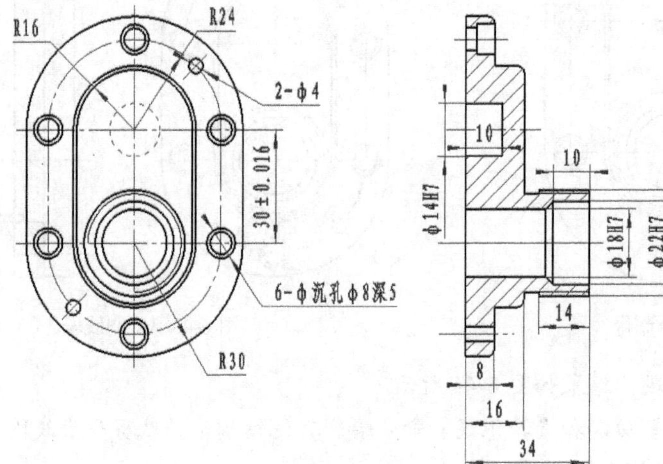

图 6-48　标注基本尺寸

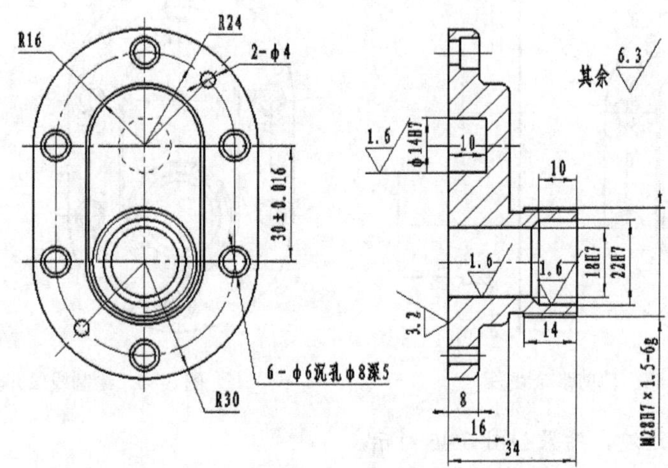

图 6-49　标注粗糙度

图 6-50　标注基准代号立即菜单栏

（2）根据命令行提示完成以下操作。

拾取定位点或直线或圆弧：　　//拾取左视图中尺寸 34 的右尺寸界线

拖动标注位置：　　　　　　　//将标注符号拖动到与尺寸数字 14 相平齐的位置（同时，鼠标光标要居于 34 右尺寸界线的右侧），单击鼠标左键，将基准代号的位置固定

结果如图 6-51 所示。

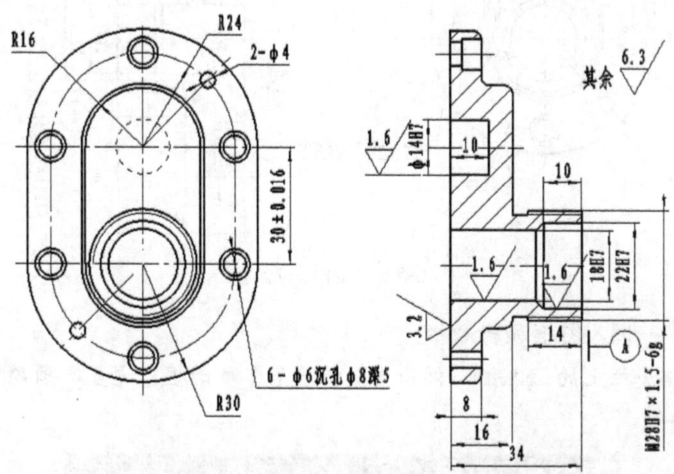

图 6-51　标注基准代号

6. 标注形位公差。

（1）单击【标注工具】栏上的按钮，弹出【形位公差】对话框，设置对话框中的各项内容如图 6-52 所示，然后单击确定(O)按钮。

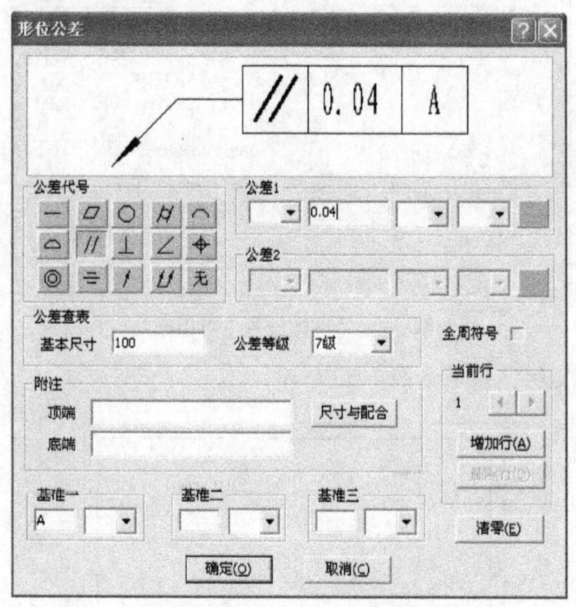

图 6-52 【形位公差】对话框

（2）根据命令行提示，拾取线段 *MN*，将引出线移动到适当的位置后单击鼠标左键，结果如图 6-53 所示。

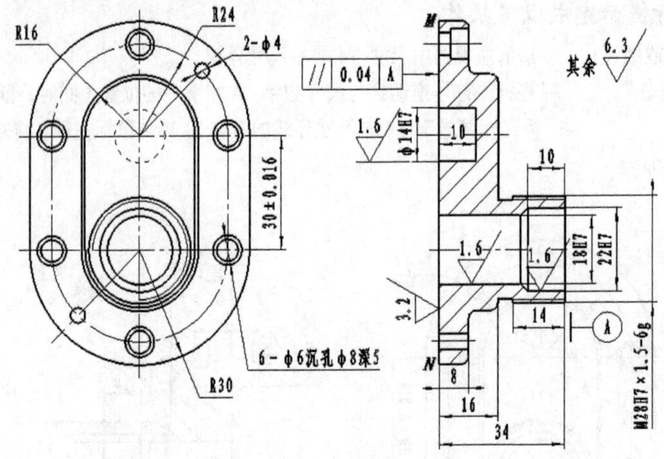

图 6-53　标注形位公差

7. 设置图幅，并调入图框和标题栏。

（1）单击【图幅】栏上的□按钮，弹出【图幅设置】对话框，设置各项内容如图 6-54 所示，然后单击 确定(O) 按钮。

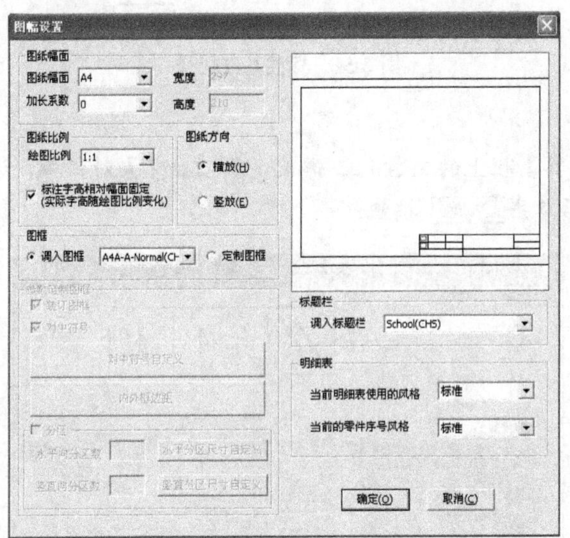

图 6-54 【图幅设置】对话框

（2）调入图框和标题栏，结果如图 6-55 所示。

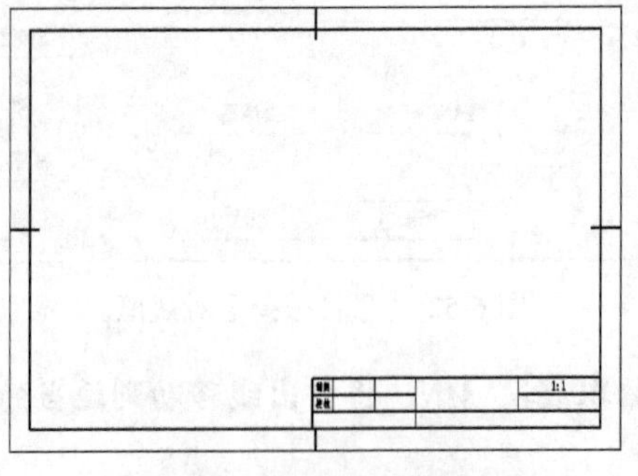

图 6-55　调入图框和标题栏

8. 将所绘制的图形移入图框中，结果如图 6-56 所示。

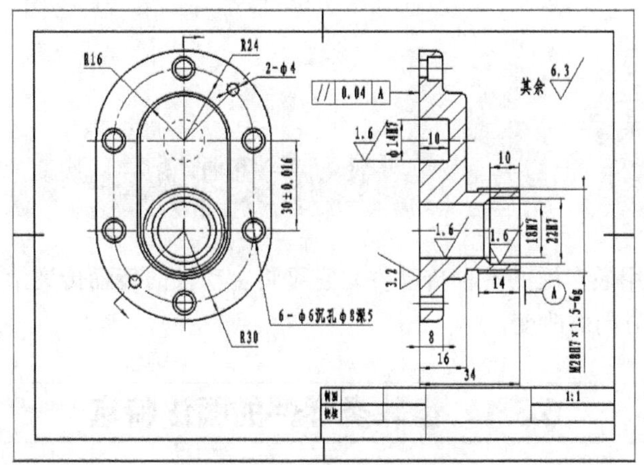

图 6-56　将图形移入图框

9. 填写技术要求。

（1）单击【绘图工具】栏上的 A 按钮，设置立即菜单栏如图 6-57 所示。

图 6-57　文字命令立即菜单栏

（2）根据命令行提示，在图框的适当位置确定第一角点和第二角点后，弹出【文本编辑器】对话框，设置各项内容如图 6-58 所示，然后单击 确定(O) 按钮。

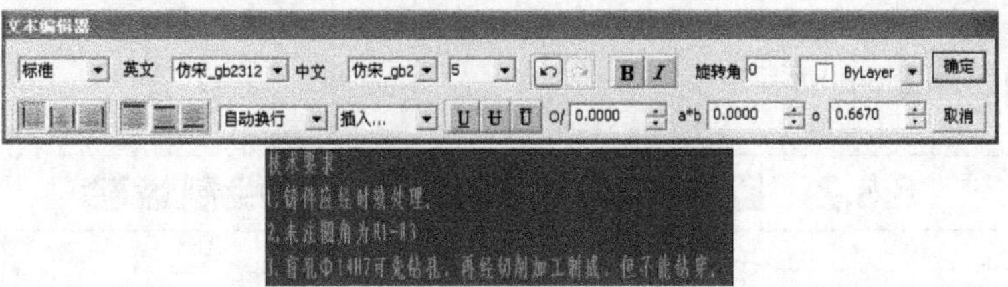

图 6-58 【文本编辑器】对话框

（3）填写技术要求，结果如图 6-59 所示。

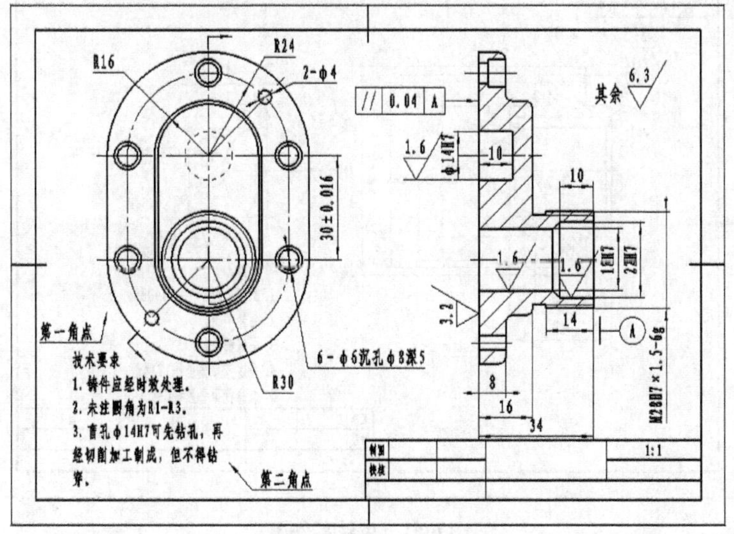

图 6-59　填写技术要求

10. 填写标题栏，最终结果如图 6-26 所示。

6.3 齿轮类零件

齿轮是机械中应用最广泛的一种传动件，它可将主动轴的转动传递给从动轴，从而完成动力传递、转速及运动方向的改变。

6.3.1 齿轮类零件的画法特点

齿轮应按下列规则绘制。

- 齿轮的分度圆、分度线用细点划线绘制，分度线应超出轮廓线 2mm~3mm，不剖时为细实线或省略不画。
- 表示齿顶圆的齿顶线用粗实线绘制。
- 齿根圆用细实线绘制或省略不画，齿根线在剖开时为粗实线，不剖时为细实线或省略不画。
- 对于斜齿轮，在非圆视图上用 3 条与轮齿方向相同的平行细实线表示轮齿方向，如图 6-60 所示。

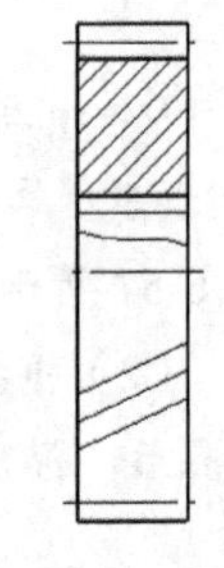

图 6-60　斜齿

6.3.2 齿轮类零件绘制实例——绘制齿轮

【实例 6-3】绘制图 6-61 所示的齿轮零件图。

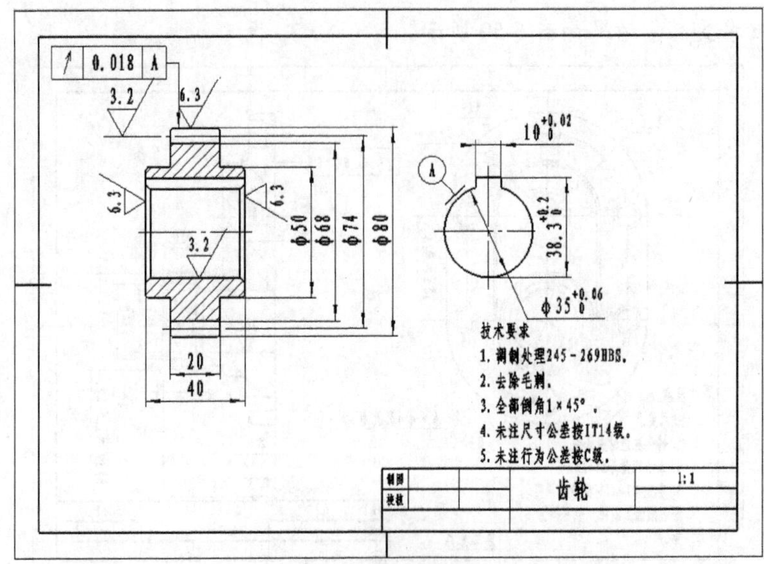

图 6-61　齿轮零件图

1. 绘制轮毂。

（1）绘制直径为 ϕ35 的圆，并绘制中心线，结果如图 6-62 所示。

（2）利用【等距线】命令绘制等距线，结果如图 6-63 所示。

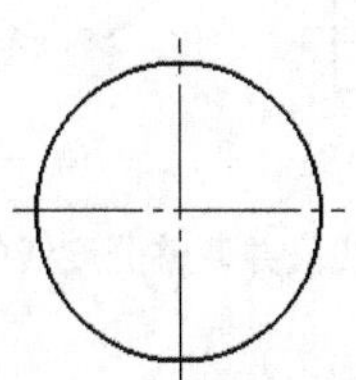

图 6-62　绘制圆及其中心线

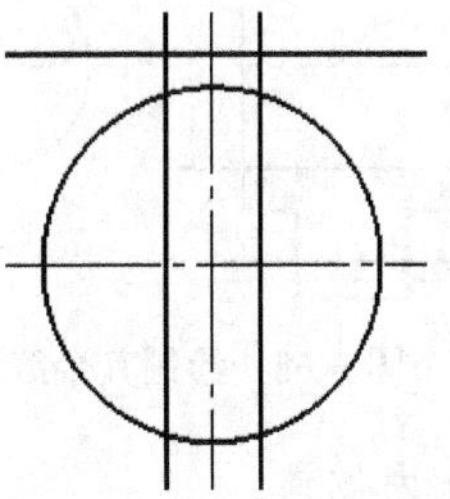

图 6-63　绘制等距线

（3）裁剪多余线段，结果如图 6-64 所示。

2. 绘制主视图。

（1）绘制主视图的外轮廓，结果如图 6-65 所示。

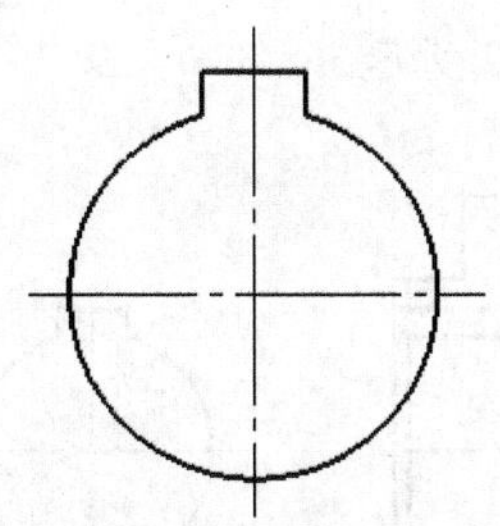

图 6-64　裁剪多余线段（1）

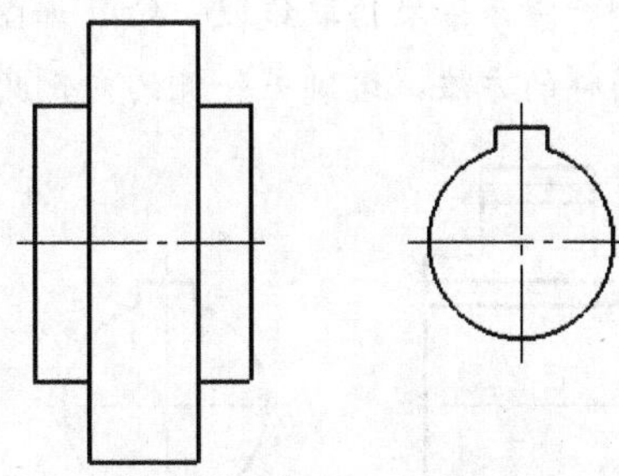

图 6-65　绘制主视图的外轮廓

（2）裁剪多余线段，结果如图 6-66 所示。

（3）利用【等距线】命令绘制轴线 *II* 的双向等距线，从而绘制出齿轮的分度线及齿根线，结果如图 6-67 所示。

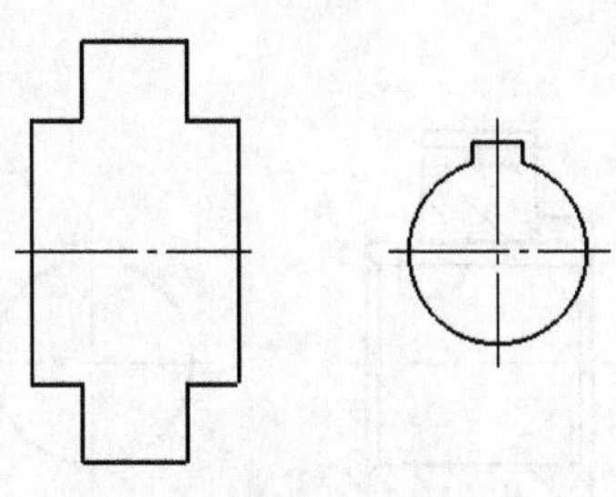

图 6-66　裁剪多余线段（2）

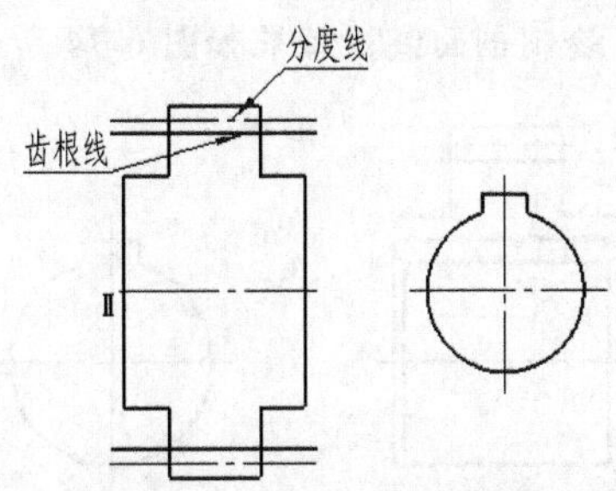

图 6-67　绘制分度线与齿根线

绘制时要注意图层的变换。

（4）利用【导航】功能和【直线】命令绘制其余线段，结果如图 6-68 所示。

（5）裁剪多余线段，并利用【拉伸】命令将分度线调整到适当的位置，结果如图 6-69 所示。

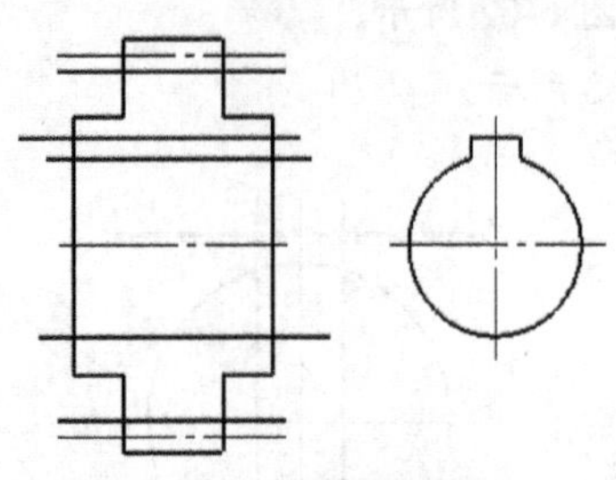

图 6-68　绘制其余线段

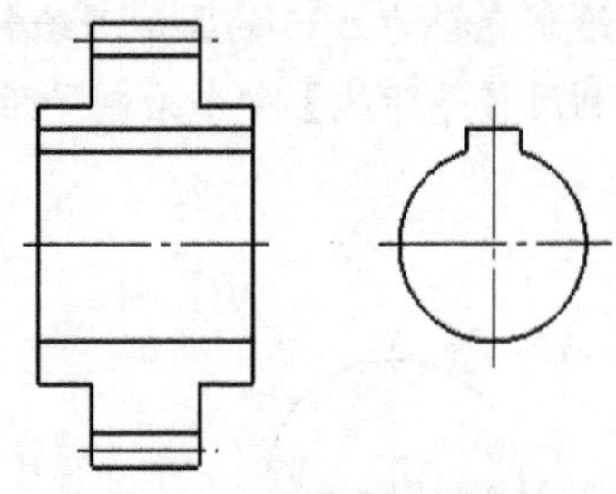

图 6-69　裁剪多余线段并调整分度线的长度

（6）绘制内倒角。

单击【编辑工具】栏上的□按钮，设置立即菜单栏如图 6-70 所示。

图 6-70　过渡命令立即菜单栏

根据命令行提示依次拾取线段，结果如图 6-71 所示。

（7）用同样的方法，绘制另一侧的内倒角，结果如图 6-72 所示。

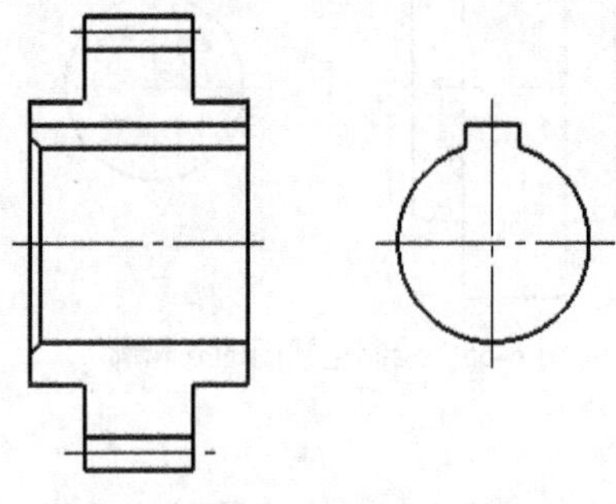

图 6-71　绘制内倒角

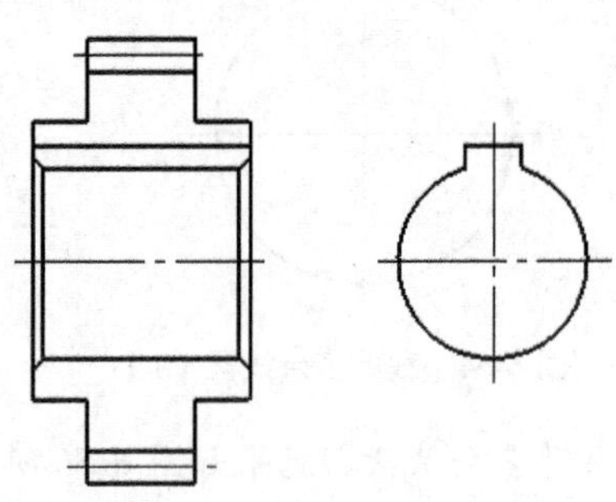

图 6-72　绘制另一侧的内倒角

（8）绘制倒角，结果如图 6-73 所示。

（9）绘制剖面线，结果如图 6-74 所示。

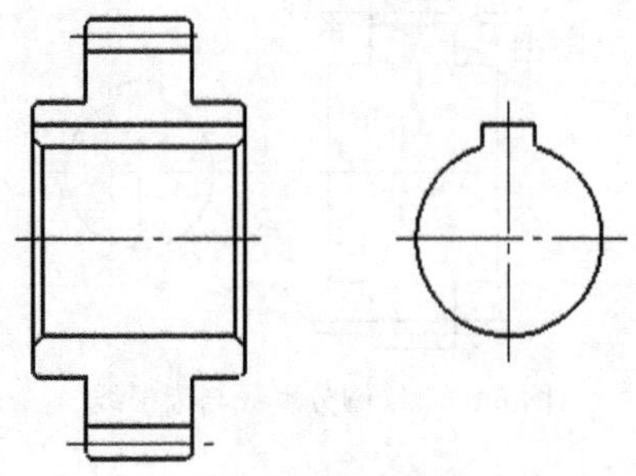

图 6-73　绘制倒角

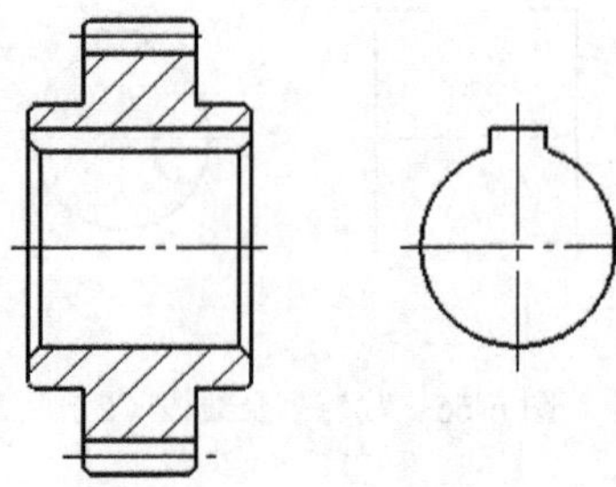

图 6-74　绘制剖面线

3. 标注尺寸，结果如图 6-75 所示。

4. 标注表面粗糙度，结果如图 6-76 所示。

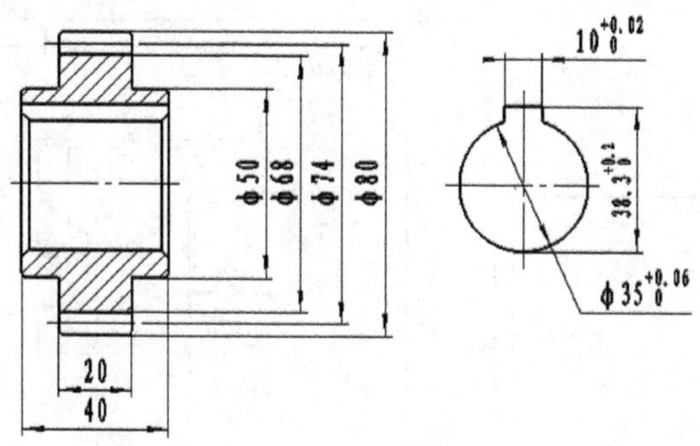

图 6-75　标注尺寸

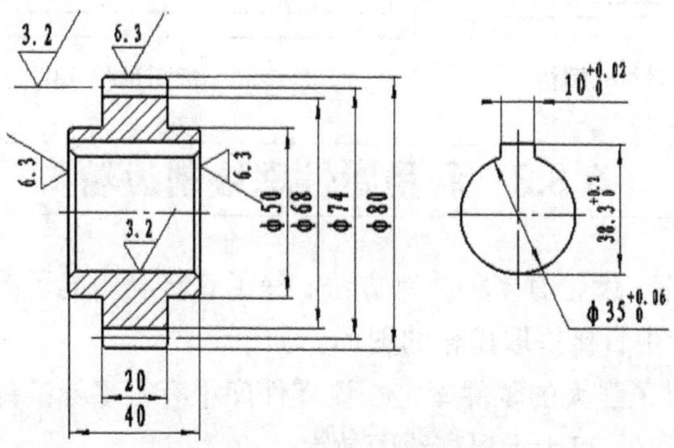

图 6-76　标注表面粗糙度

5. 标注基准和形位公差，结果如图 6-77 所示。

6. 根据零件尺寸的大小设置图幅，并调入图框和标题栏。

（1）单击【图幅】工具栏上的□按钮，设置弹出的【图幅设置】对话框，如图 6-78 所示。

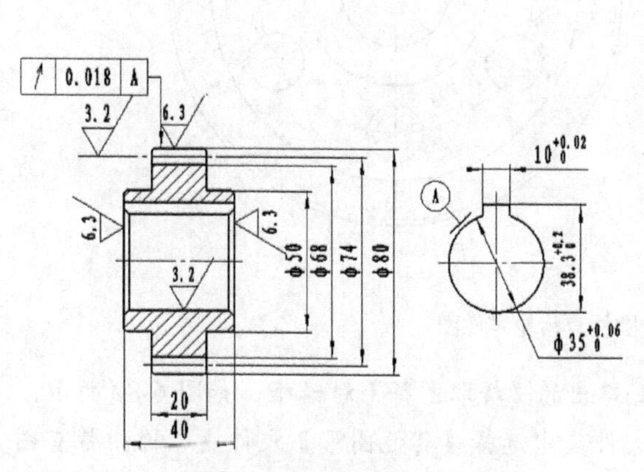

图 6-77　标注基准和形位公差

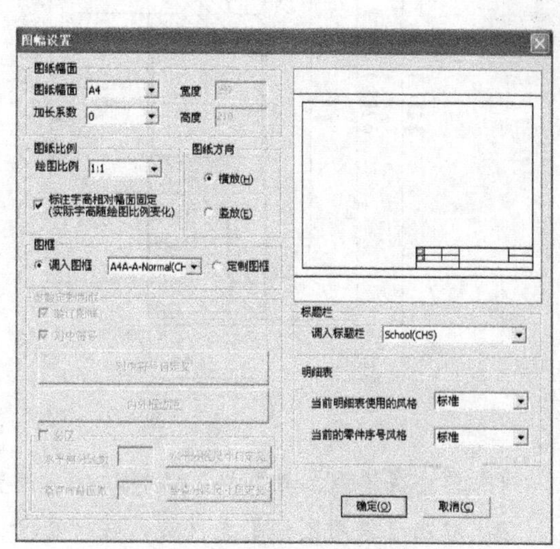

图 6-78 【图幅设置】对话框

（2）单击 确定(O) 按钮，结果如图 6-79 所示。

7. 将所绘制的图形移入图框并填写技术要求，结果如图 6-80 所示。

8. 填写标题栏，最终结果如图 6-61 所示。

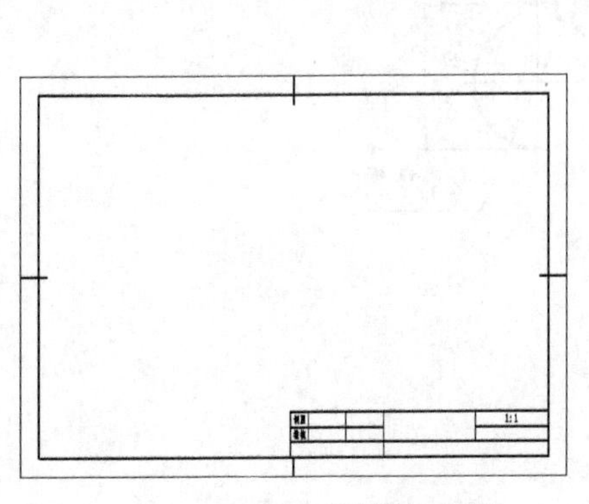

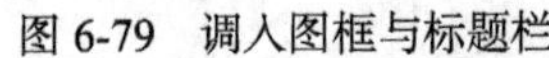

图 6-79　调入图框与标题栏

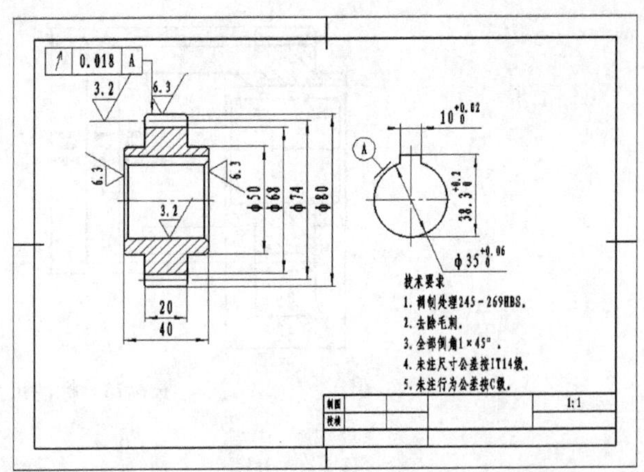

图 6-80　把图形移入图框并填写技术要求

6.3.3　利用零件库绘制齿轮

在 CAXA 电子图板中，齿轮有多种绘制方法，除了直接利用电子图板提供的绘制编辑命令绘制外，还可以在零件库中直接提取齿轮的图形。

CAXA 电子图板提供了强大的零件库，在该零件库中有很多标准件和常用的基本图形，直接从零件库中提取零件图符，可大大提高绘图效率。

【实例 6-4】绘制图 6-81 所示的腹板式圆柱直齿轮零件图。

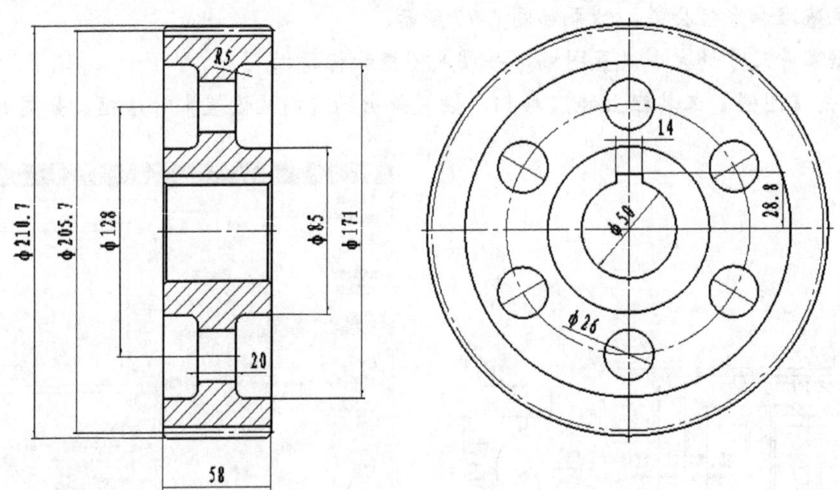

图 6-81　腹板式圆柱直齿轮零件图

1. 单击【绘图工具】栏上的按钮，设置弹出的【提取图符】对话框，如图 6-82 所示。

2. 双击【常用图形】文件夹，在弹出子文件夹中选择【其他图形】文件夹，弹出带有图形预览的【提取图符】对话框，如图 6-83 所示，选择“腹板式圆柱直齿轮”，然后单击下一步(N) >按钮。

3. 在弹出的如图 6-84 所示的【图符预处理】对话框中可以对齿轮的参数进行修改，对尺寸开关进行设置，然后单击完成按钮。

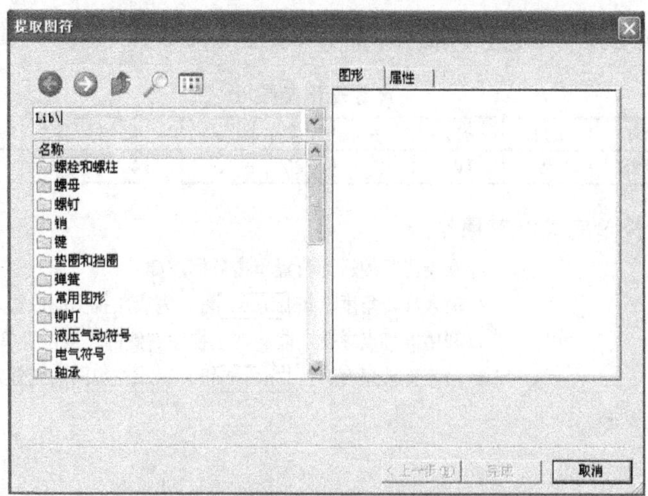

图 6-82 【提取图符】对话框（1）

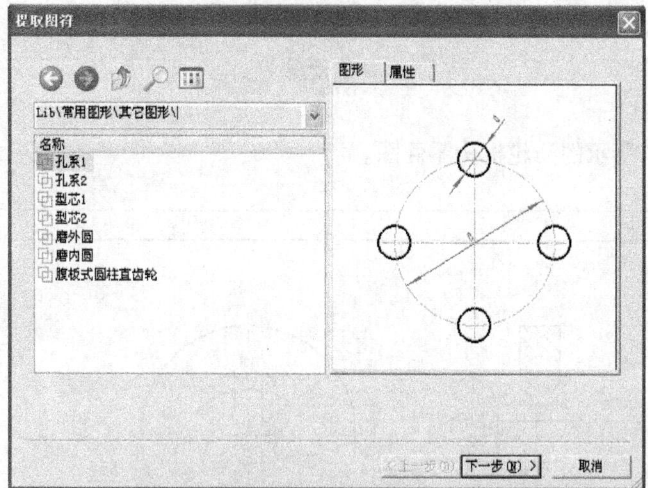

图 6-83 【提取图符】对话框（2）

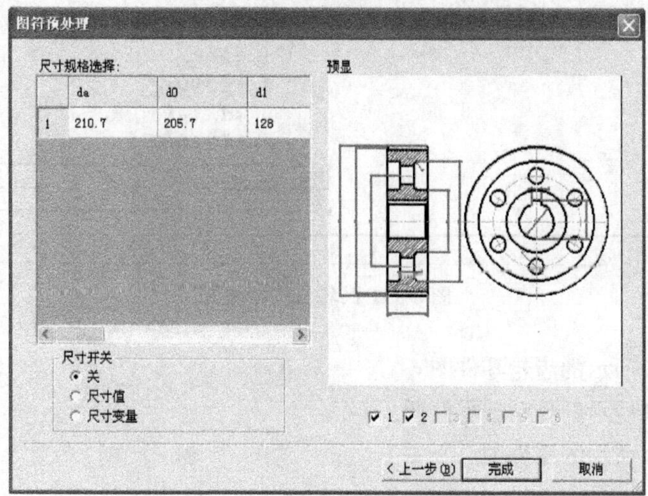

图 6-84 【图符预处理】对话框

该对话框的【尺寸规格选择】列表框中的具体数值如表 6-1 所示。

表 6-1　　尺寸规格参数

da	*d*0	*d*1	*d*11	*d*12	*B*	*b*	*r*	*t*	*d*	*h*	*d*2	*m*
210.7	205.7	128	85	171	58	20	5	14	50	53.8	26	2.5

4. 根据命令行提示完成以下操作。

图符定位点：　　//在绘图区的适当位置单击鼠标左键
输入图符旋转角：0　　//输入旋转角度，按 Enter 键，完成主视图的放置
图符定位点：　　//利用屏幕点导航功能，在主视图右侧的适当位置单击
输入图符旋转角：0　　//输入旋转角度，按 Enter 键，完成左视图的放置

结果如图 6-81 所示。

6.4 习题

1. 绘制图 6-85 所示的凸轮机构零件图。

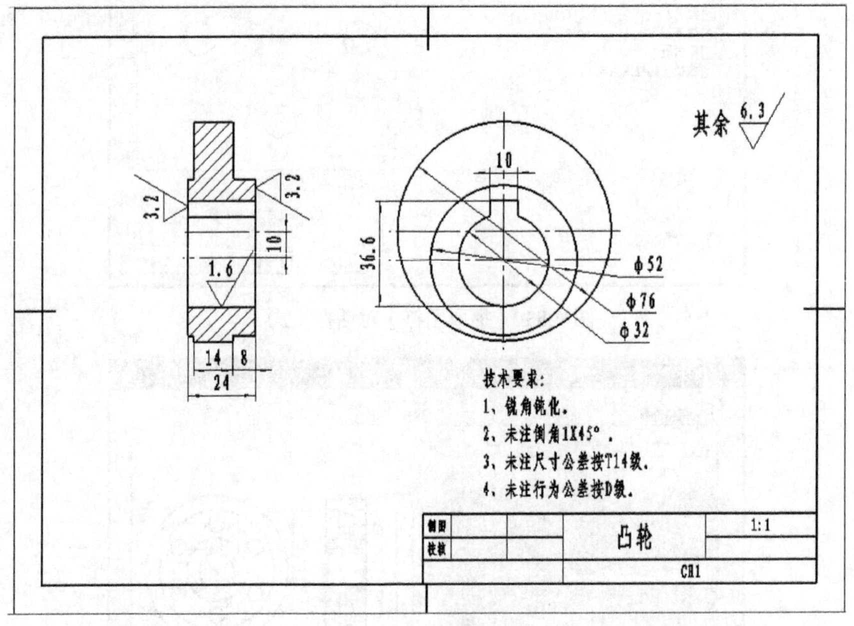

图 6-85　凸轮机构零件图

2. 绘制图 6-86 所示的齿轮零件图。
3. 绘制图 6-87 所示的传动轴零件图。
4. 绘制图 6-88 所示的零件图。

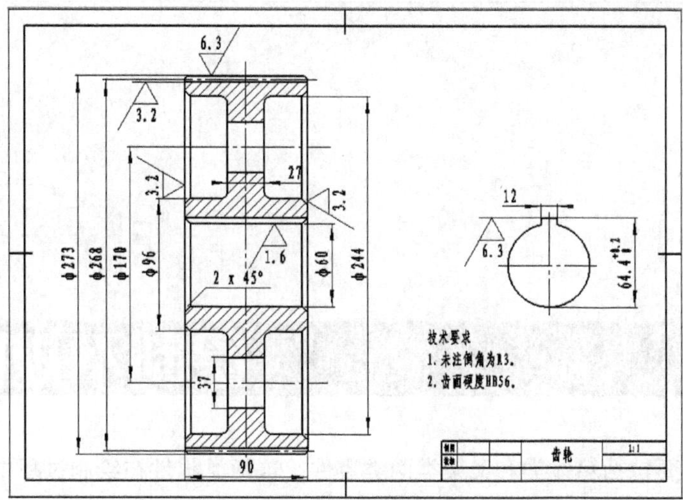

图 6-86　齿轮零件图

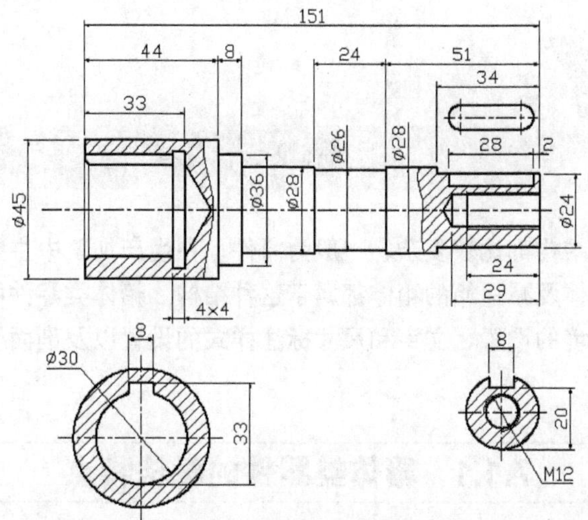

图 6-87　传动轴零件图

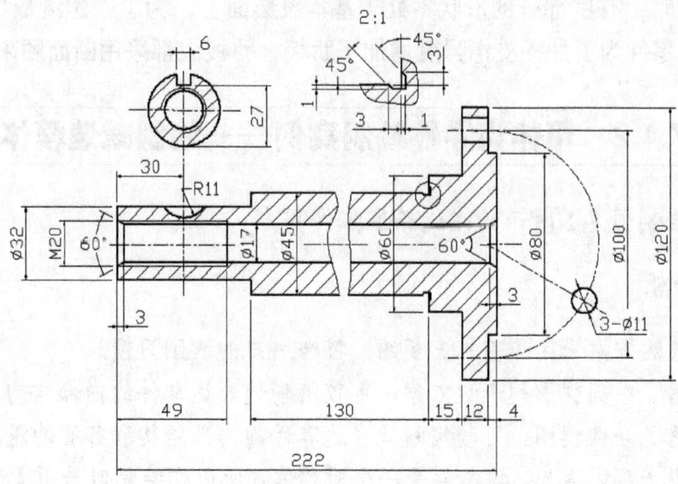

图 6-88　零件图

第7章 绘制不规则零件

不规则零件主要包括箱体类和叉架类两类零件，这两类零件在绘制过程中会使用大量的剖视图和局部视图来说明零件的结构，因此在绘制过程中一定要认真、仔细。

7.1 箱体类零件

箱体类零件的内外结构都比较复杂，一般为铸件，在生产加工中主要起着支撑、安装其他零件的作用。泵体、阀体及减速箱的箱体都属于这种结构。箱体类零件可以说是平面绘图中比较重要的实例，绘图环境的设置、文字和尺寸标注样式的设置以及剖面线的绘制等都得到了充分的应用。

7.1.1 箱体类零件的画法特点

箱体类零件相对于其他零件来说结构比较复杂,主视图要根据形状特征和工作位置来确定。在绘制箱体类零件时，有些部分的形状不处于基本投影面上，为了表达清楚它们就需要采用向视图。很多箱体类零件为了加强支撑强度增加了肋板，肋板大都采用断面图来表达。

7.1.2 箱体类零件绘制实例——绘制减速箱体

【实例 7-1】绘制图 7-1 所示的减速箱体零件图。

一、绘图分析

- 该零件的表达方案采用了基本三视图，符合用户的读图习惯。
- 主视图采用了半剖视图的表达方案，可较清晰地表达零件的内部结构。
- 左视图采用了全剖视图，可较清晰地表达零件的内部结构和各孔的深度。
- 从表达方案上可以看出，该零件是一个对称体，所以在绘制时采用【镜像】命令会极大地提高作图效率。

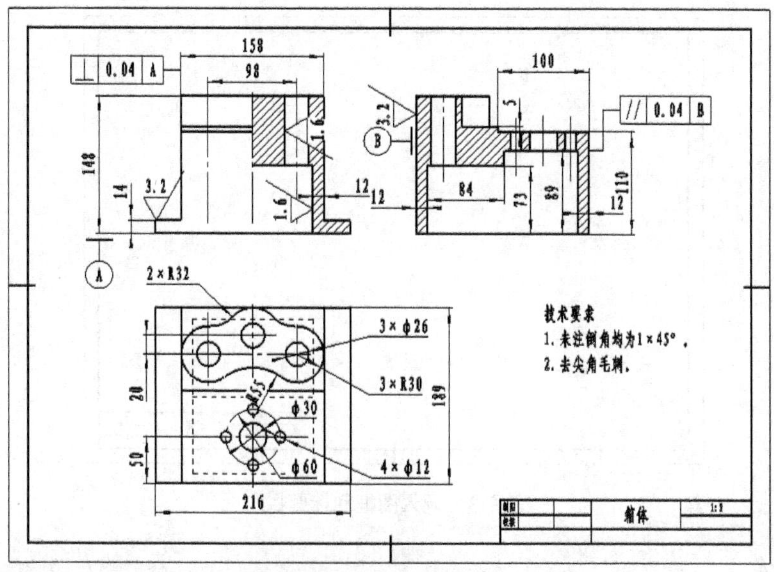

图 7-1　减速箱体零件图

- 绘制该零件图时先从主视图开始，再利用【导航】功能，根据“主视图、俯视图长对正”的原则绘制俯视图，最后绘制左视图。

二、绘图步骤

1. 新建一个文件，命名后保存到目的文件夹下。
2. 调入图框。

（1）单击【图幅】工具栏上的□按钮，设置弹出的【图幅设置】对话框，如图 7-2 所示。

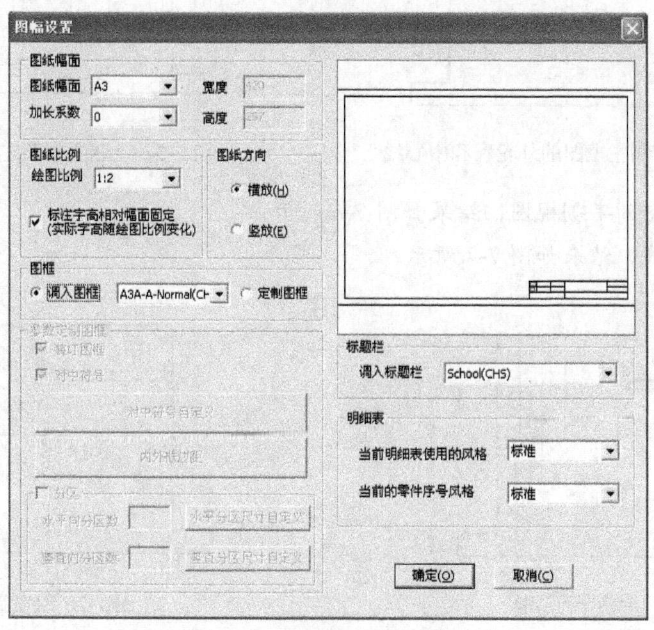

图 7-2　【图幅设置】对话框

（2）单击 确定(O) 按钮，结果如图 7-3 所示。

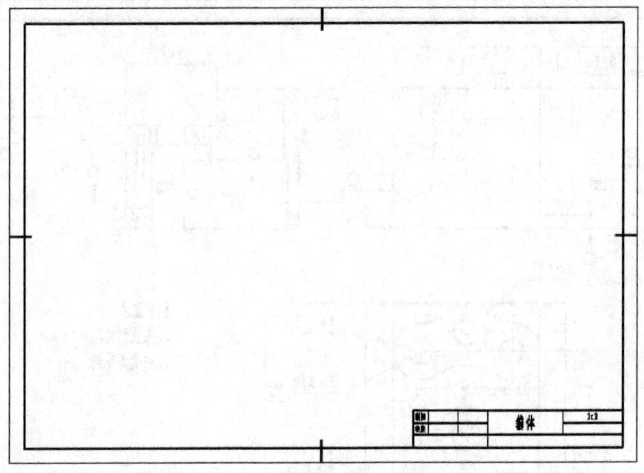

图 7-3 调入图框和标题栏

根据零件图的尺寸，确定图纸幅面为【A3】，绘图比例为【1:2】。

3. 绘制主视图。

（1）绘制主视图的外轮廓和中心线，结果如图 7-4 所示。

（2）绘制主视图的左半部分，结果如图 7-5 所示。

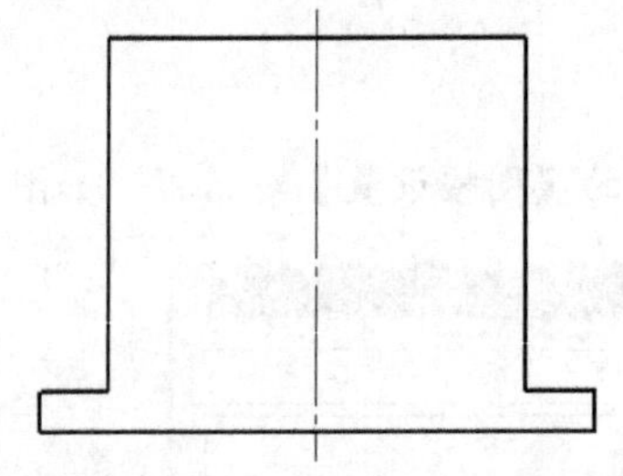

图 7-4 绘制主视图的外轮廓和中心线

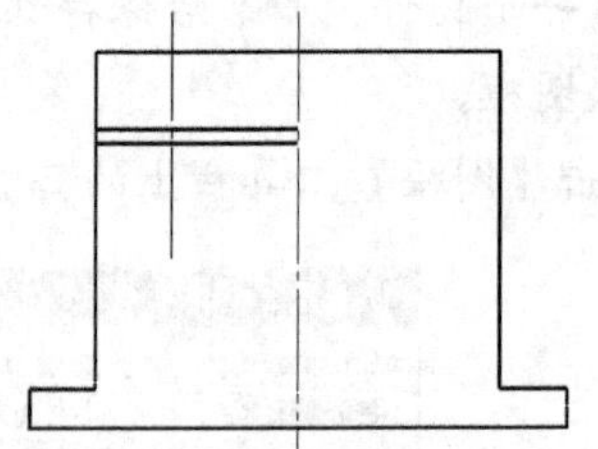

图 7-5 绘制主视图左半部分

（3）绘制主视图的半剖视图，结果如图 7-6 所示。

（4）绘制剖面线，结果如图 7-7 所示。

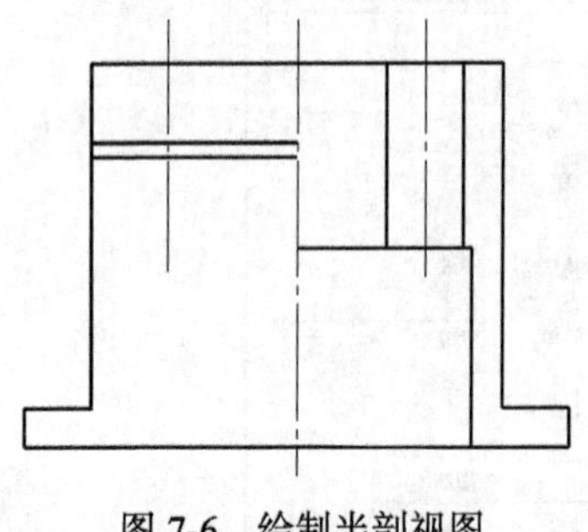

图 7-6 绘制半剖视图

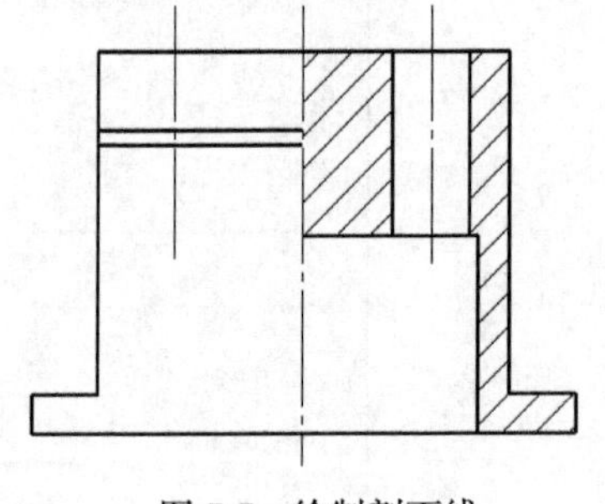

图 7-7 绘制剖面线

4. 绘制俯视图。

（1）通过主视图导航绘制俯视图的外轮廓，结果如图 7-8 所示。

（2）确定俯视图上半部分的圆心 A、B 和 C，并分别以点 A、B 和 C 为圆心绘制直径都为 $\phi26$ 和 $\phi60$ 的同心圆，结果如图 7-9 所示。

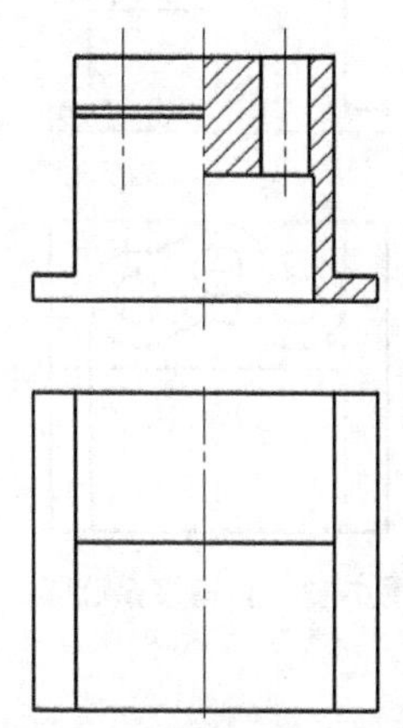

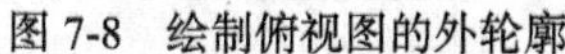

图 7-8　绘制俯视图的外轮廓

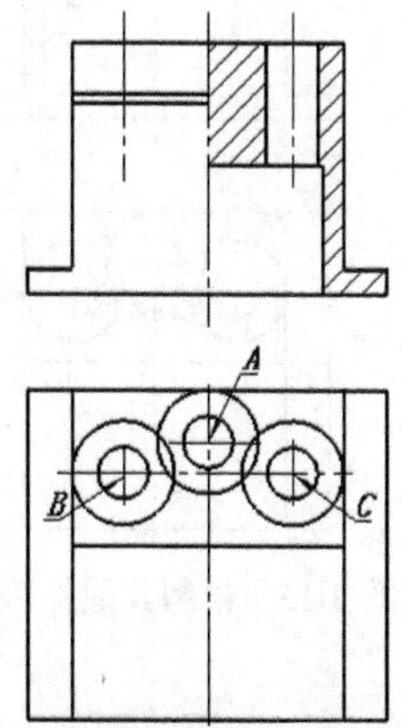

图 7-9　绘制同心圆

（3）单击【绘图工具】栏上的按钮，设置立即菜单栏如图 7-10 所示。

根据命令行提示完成以下操作。

第一点：　　　　　　//按空格键，在弹出的快捷菜单中选择【切点】选项，在以 A 点为圆心 $\phi60$ 圆的适当位置单击

第二点：　　　　　　//按空格键，在弹出的快捷菜单中选择【切点】选项，在以 B 点为圆心 $\phi60$ 圆的适当位置单击

第三点（切点）或半径：32　//输入圆弧半径，将圆弧拖动到适当的位置后单击鼠标右键

结果如图 7-11 所示。

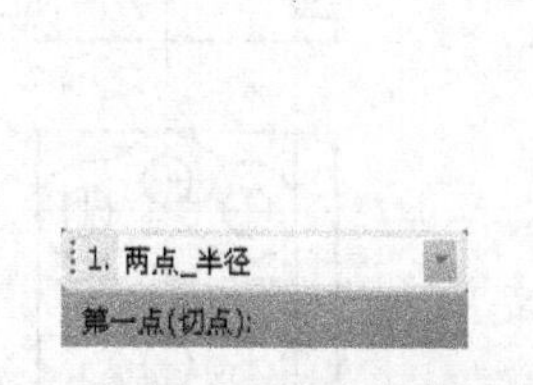

图 7-10　圆弧命令立即菜单栏

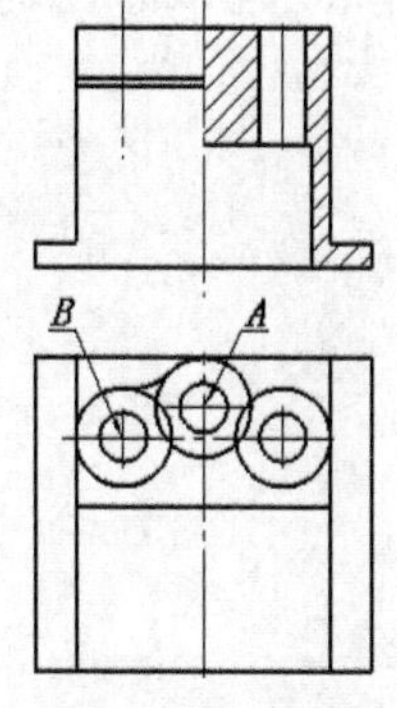

图 7-11　绘制外切圆弧

（4）用同样的方法，绘制其他两处外切圆弧，结果如图 7-12 所示。

（5）裁剪多余圆弧，结果如图 7-13 所示。

（6）绘制下半部分中 $\phi30$ 的圆，然后把当前图层修改为“中心线层”，绘制其同心圆 $\phi60$，结果如图 7-14 所示。

（7）以 $\phi60$ 圆与竖直中心线的交点 O 为圆心绘制 $\phi12$ 的圆，结果如图 7-15 所示。

（8）单击【编辑工具】栏上的按钮，设置立即菜单栏如图 7-16 所示。

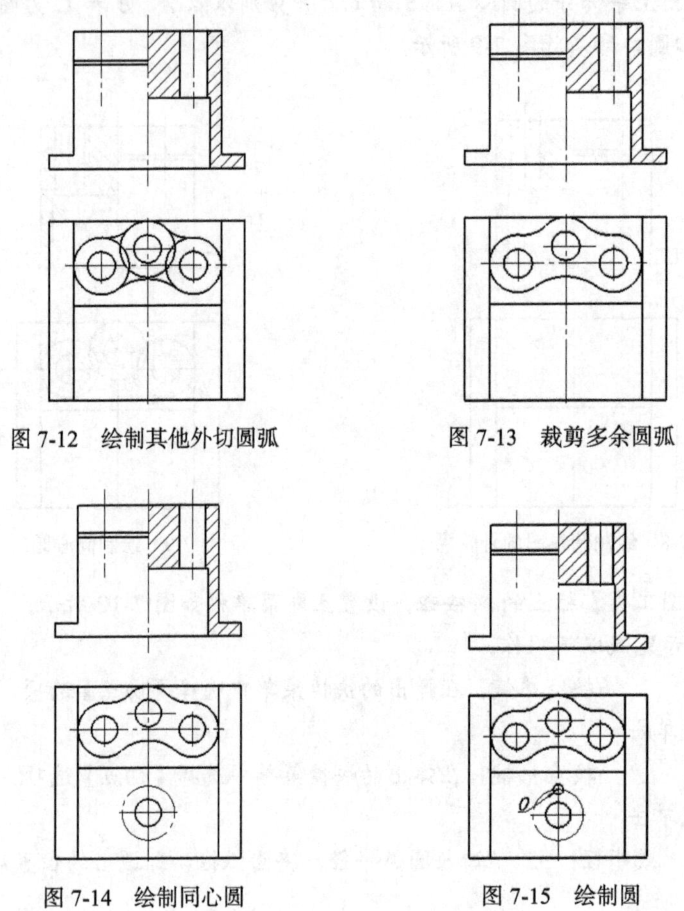

图 7-12　绘制其他外切圆弧　　图 7-13　裁剪多余圆弧

图 7-14　绘制同心圆　　图 7-15　绘制圆

根据命令行提示，拾取 $\phi12$ 的圆，以 P 点为中心阵列图形，结果如图 7-17 所示。

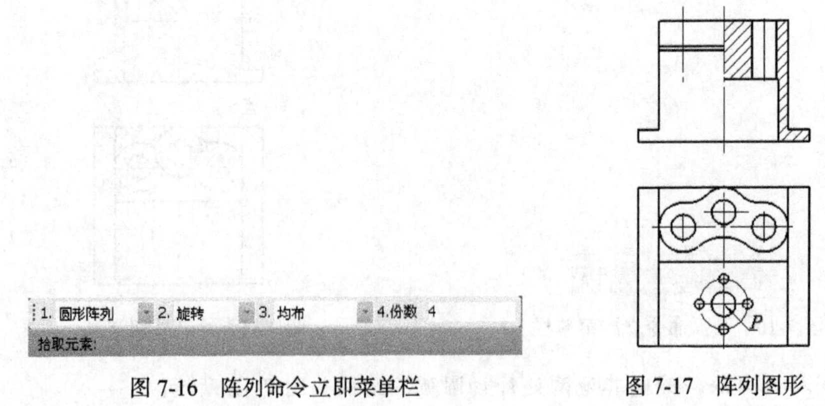

图 7-16　阵列命令立即菜单栏　　图 7-17　阵列图形

（9）绘制俯视图中的隐藏轮廓线，结果如图 7-18 所示。

5. 绘制左视图。

（1）参照主视图和俯视图绘制左视图的外轮廓，结果如图 7-19 所示。

（2）绘制左视图中的孔，结果如图 7-20 所示。

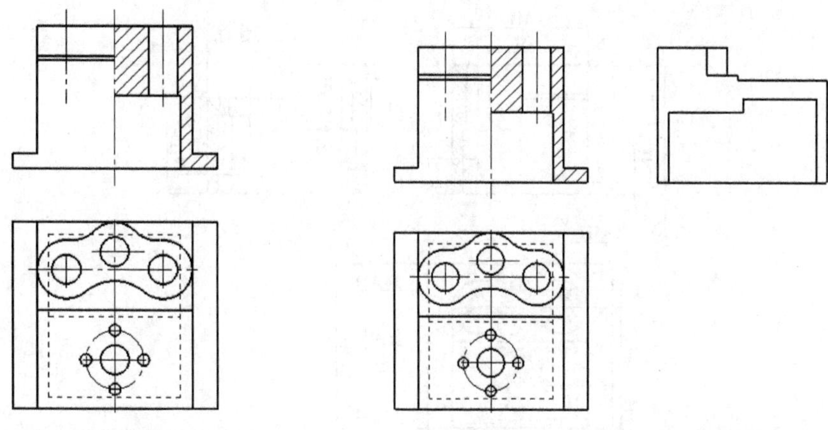

图 7-18　绘制隐藏轮廓线　　　　图 7-19　绘制左视图的外轮廓

（3）绘制左视图中的剖面线，结果如图 7-21 所示。

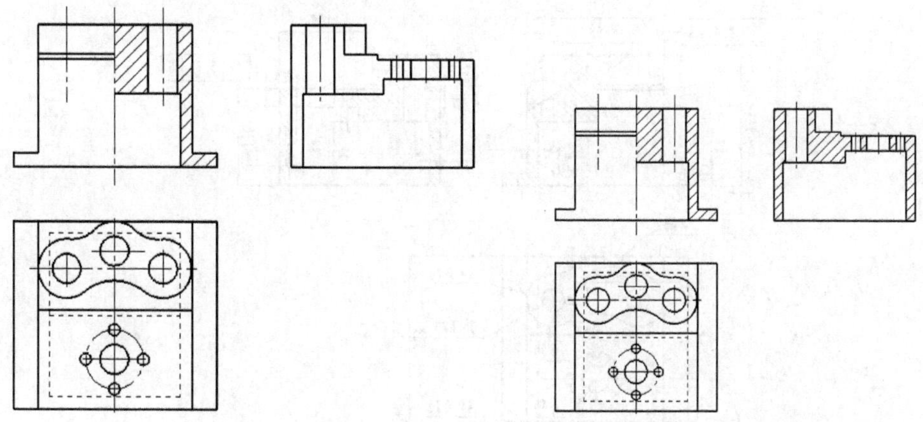

图 7-20　绘制孔　　　　图 7-21　绘制剖面线

6. 标注基本尺寸，结果如图 7-22 所示。

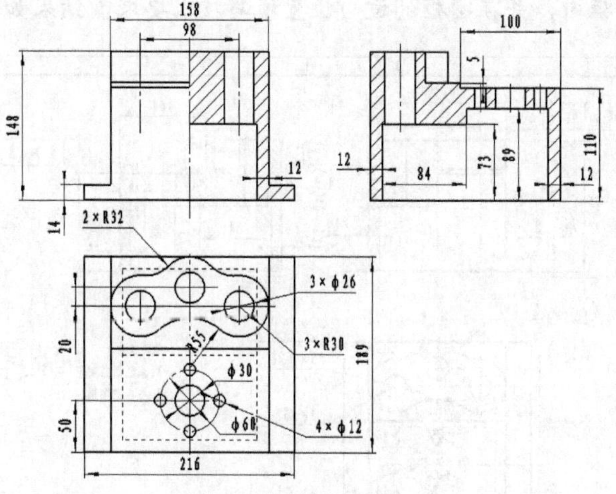

图 7-22　标注基本尺寸

7. 标注基准，结果如图 7-23 所示。

8. 标注形位公差和表面粗糙度，结果如图 7-24 所示。

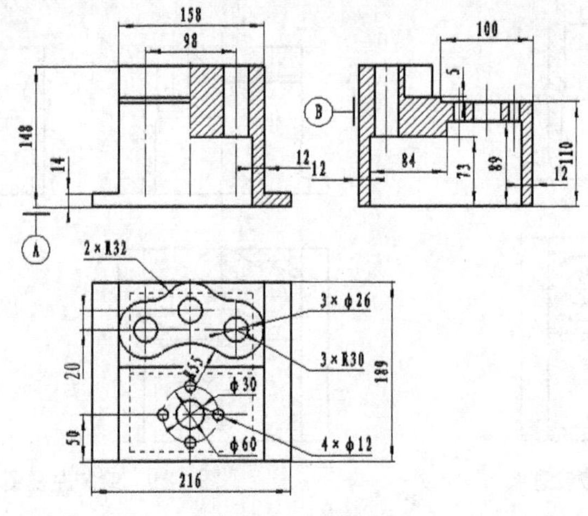

图 7-23　标注基准

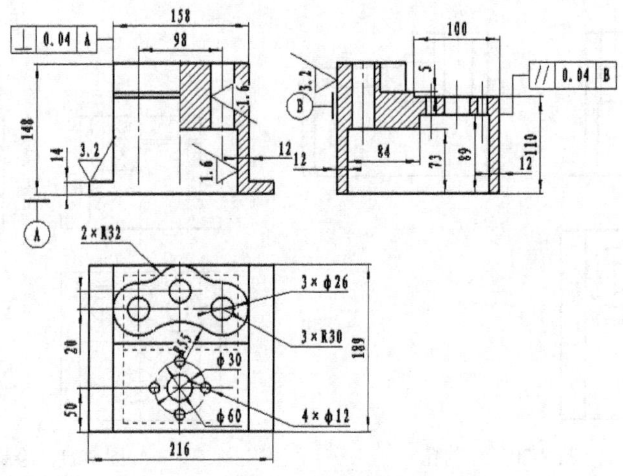

图 7-24　标注形位公差和表面粗糙度

9. 将图形移入图框内，并在图框的适当位置填写技术要求，结果如图 7-25 所示。

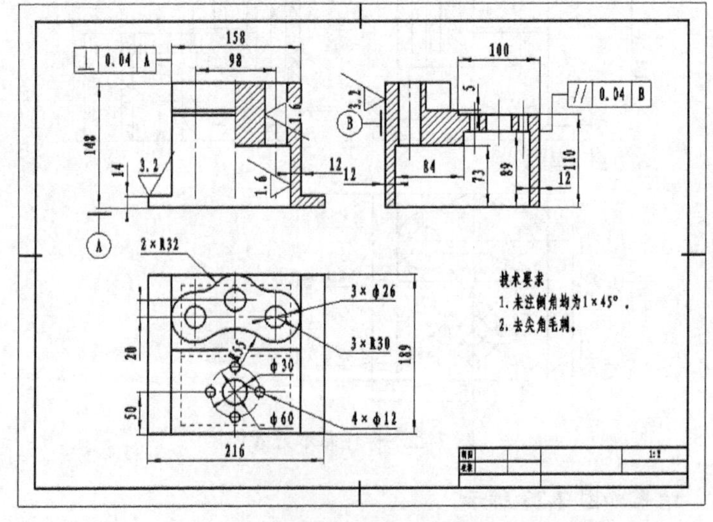

图 7-25　将图形移入图框并填写技术要求

10. 填写标题栏，最终结果如图 7-1 所示。

7.2 叉架类零件

机器上常安装的支架、吊架、连杆、拨叉及摇臂等都属于叉架类零件，本节将对叉架类零件的结构特性及绘制准则做详细介绍。

7.2.1 叉架类零件的画法特点

叉架类零件视图表达的一般原则是将主视图以工作位置放置，投影方向根据零件的主要结构特征进行选择。叉架类零件中经常有支撑板、支撑孔、螺纹孔及相互垂直的安装面等，对于这些结构可采用局部视图、局部剖视图或剖视图等图样来表达。

7.2.2 叉架类零件绘制实例——绘制拨叉

【实例 7-2】绘制图 7-26 所示的拨叉零件图。

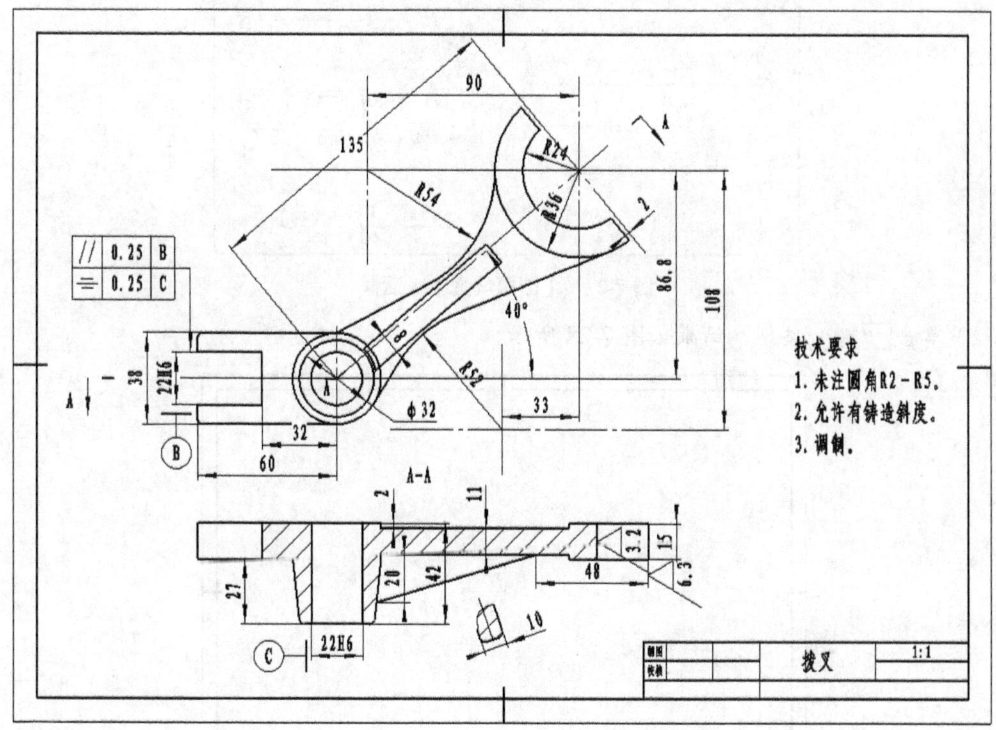

图 7-26　拨叉零件图

一、绘图分析

- 拨叉的外在形状不规则，而且线条复杂，在绘制其零件图时，要综合运用之前介绍的各种命令。
- 在绘制该零件时要注意将其结构分类，然后进行拆分绘制。
- 绘制图形时会用到【旋转】命令，以提高作图效率。

二、绘图步骤

1. 新建一个文件，命名后保存到目的文件夹下。
2. 调入图框和标题栏。

（1）选择菜单命令【幅面】/【图幅设置】，弹出【图幅设置】对话框，设置各项内容如图 7-27 所示。

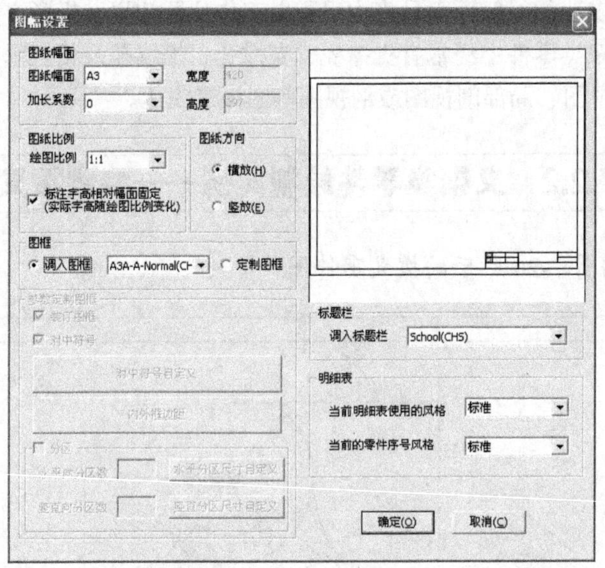

图 7-27 【图幅设置】对话框

（2）单击 确定(O) 按钮，结果如图 7-28 所示。

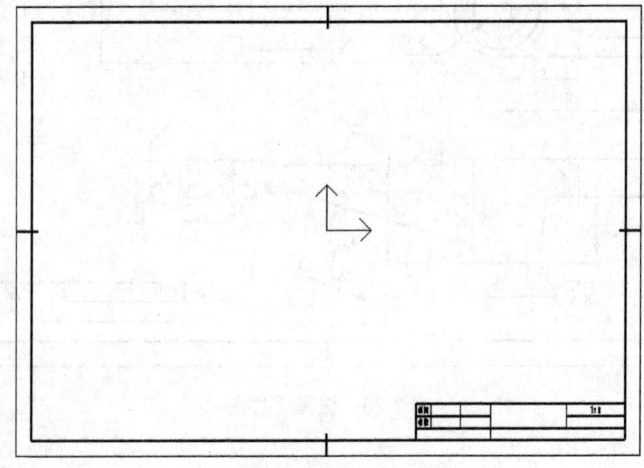

图 7-28 调入图框和标题栏

3. 绘制拨叉小头。

（1）绘制直径分别为 $\phi22$、$\phi32$ 和 $\phi38$ 的 3 个同心圆，结果如图 7-29 所示。

（2）绘制叉口。

利用【导航】功能和【直线】命令完成以下操作。

```
第一点(切点、垂足点):                          //单击 A 点
第二点(切点、垂足点)或长度: 60                 //输入向左的追踪距离，按 Enter 键
第二点(切点、垂足点): 8                        //输入向下的追踪距离，按 Enter 键
第二点(切点、垂足点): 28                       //输入向右的追踪距离，按 Enter 键
第二点(切点、垂足点): 11                       //输入向下的追踪距离，按 Enter 键
```

结果如图 7-30 所示。

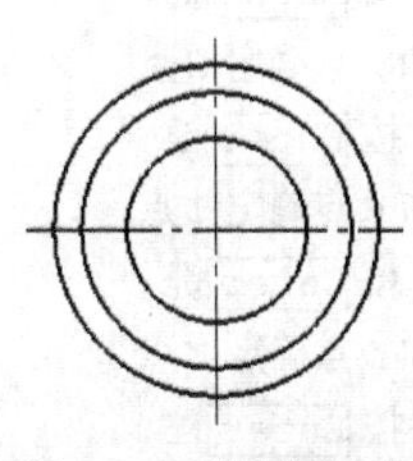

图 7-29　绘制同心圆

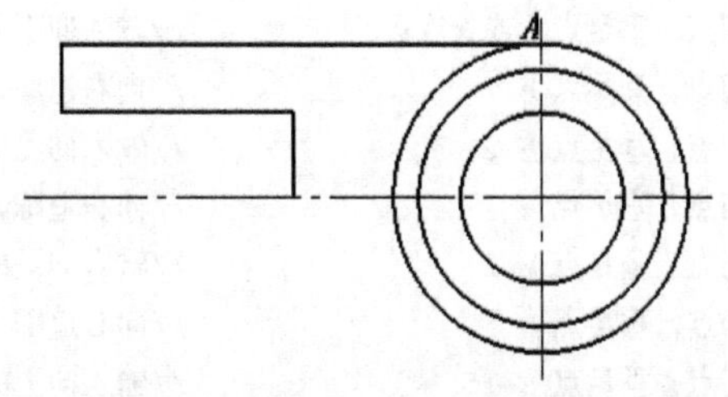

图 7-30　绘制线段

（3）镜像复制图形，结果如图 7-31 所示。

4. 绘制拨叉大头。

（1）将当前图层修改为"中心线层"，在图形右侧绘制偏移量为 135 的等距线，并调整中心线的长度，以确定圆心 *A*，结果如图 7-32 所示。

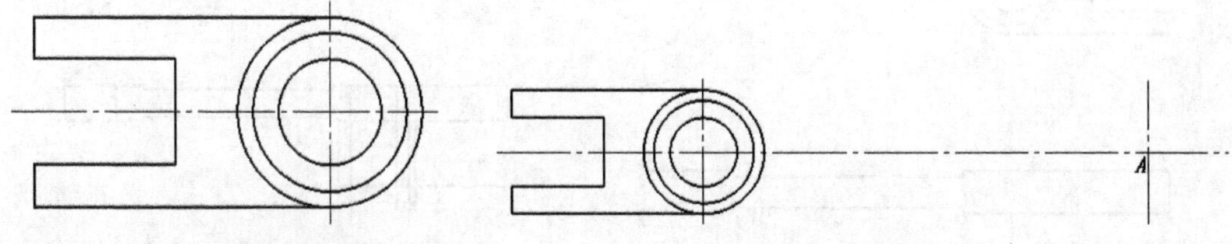

图 7-31　镜像复制图形　　　　图 7-32　确定圆心 *A*

（2）将当前图层修改为"0 层"，以 *A* 点为圆心，绘制直径分别为 $\phi48$、$\phi72$ 的两个同心圆，并绘制中心线 *I* 左侧偏移量为 2 的等距线，结果如图 7-33 所示。

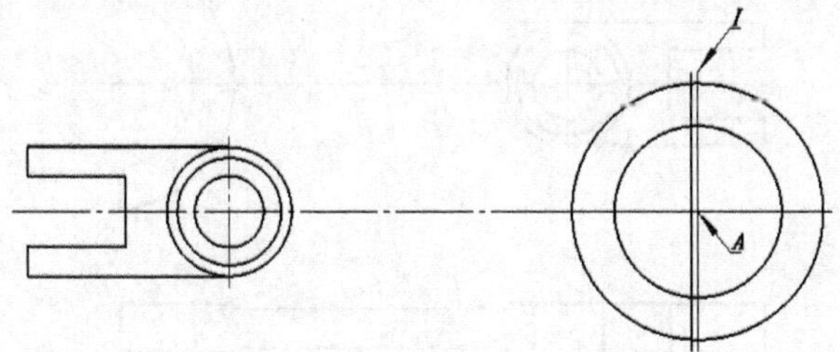

图 7-33　绘制同心圆及等距线

（3）裁剪图形，结果如图 7-34 所示。

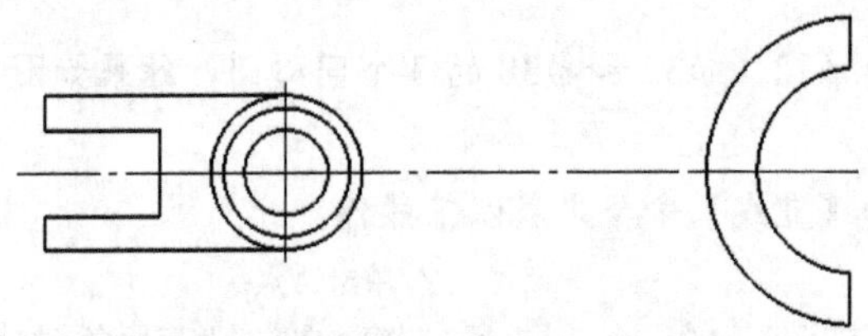

图 7-34 裁剪图形

5. 根据“主视图、俯视图长对正”的原则，绘制俯视图。

（1）参照主视图，利用【导航】功能和【直线】命令完成以下操作。

第一点（切点，垂足点）: //在 A 点下方的适当位置单击，以确定 E 点
第二点（切点，垂足点）或长度：15 //输入向下的追踪距离，按 Enter 键
第二点（切点，垂足点）: //向右追踪，利用 B 点和 F 点确定 G 点
第二点（切点，垂足点）：2 //输入向上的追踪距离，按 Enter 键
第二点（切点，垂足点）: //向右追踪，利用 H 点和 C 点确定 I 点
第二点（切点，垂足点）：2 //输入向下的追踪距离，按 Enter 键
第二点（切点，垂足点）: //向右追踪，利用 J 点和 D 点确定 K 点
第二点（切点，垂足点）：15 //输入向上的追踪距离，按 Enter 键

依次绘制其他线段，结果如图 7-35 所示。

（2）利用【导航】功能和【直线】命令绘制其余线段，结果如图 7-36 所示。

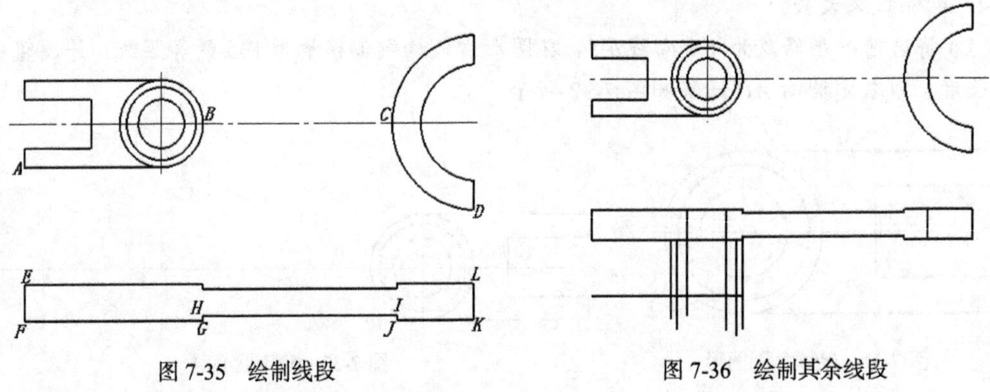

图 7-35 绘制线段　　图 7-36 绘制其余线段

（3）裁剪多余线段，结果如图 7-37 所示。

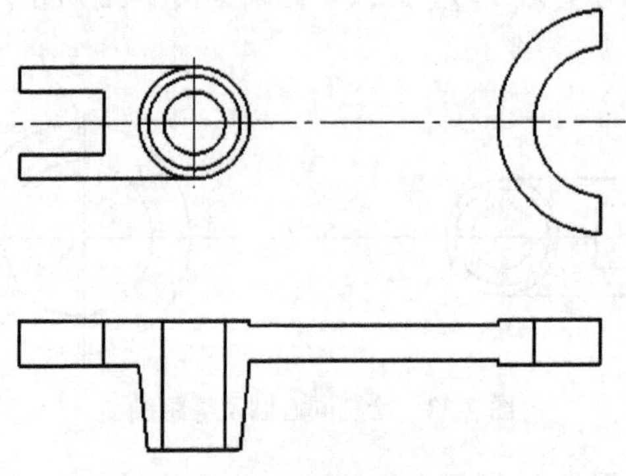

图 7-37 裁剪多余线段

（4）利用【平行线】命令绘制线段 *I* 左侧的平行线，偏移量为 48，使之与线段 *II* 交于 *A* 点。然后绘制线段 *II* 下方的平行线，偏移量为 20，使之与线段 *III* 交于 *B* 点，结果如图 7-38 所示。

（5）绘制线段 *AB*，并裁剪多余线段，结果如图 7-39 所示。

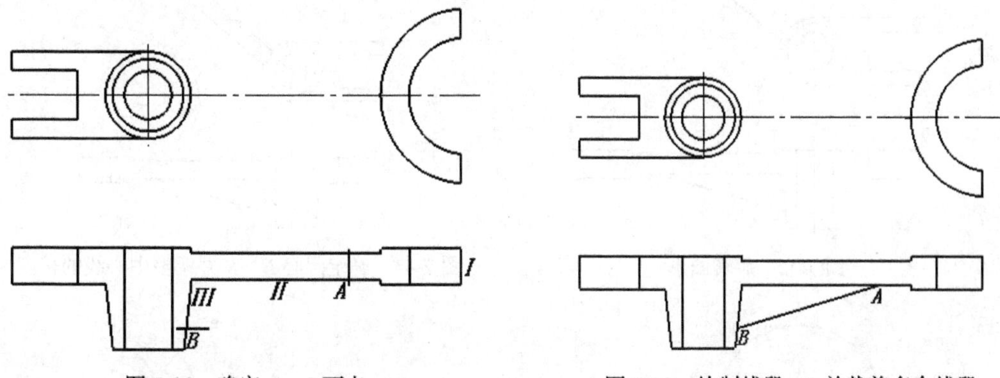

图 7-38　确定 *A*、*B* 两点　　　　图 7-39　绘制线段 *AB* 并裁剪多余线段

（6）在主视图中，以 *O* 点为圆心、以 *B* 点在主视图中心线上的投影为半径绘制圆，结果如图 7-40 所示。

利用【导航】功能可绘制投影圆。

6. 绘制主视图中的其他结构，并裁剪多余线段，结果如图 7-41 所示。

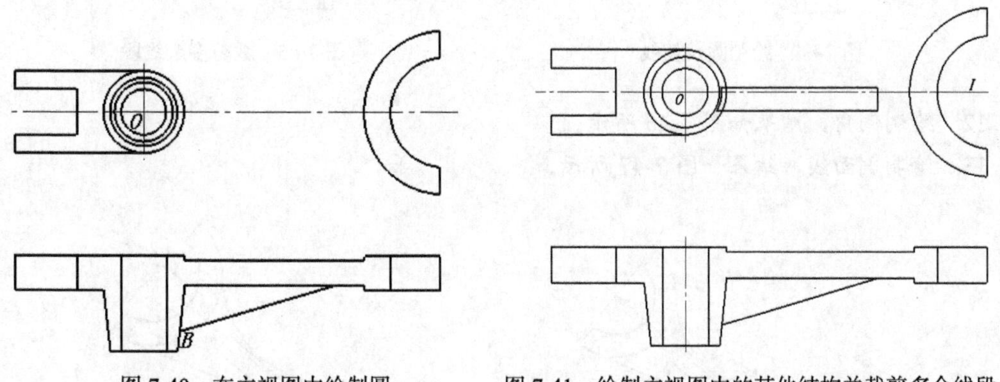

图 7-40　在主视图中绘制圆　　　　图 7-41　绘制主视图中的其他结构并裁剪多余线段

7. 打断线段，把图 7-41 所示的水平中心线 *I* 在 *O* 点处打断。

8. 以 *O* 点为圆心，将主视图中同心圆右侧的所有图形进行旋转，旋转角度为 40°，结果如图 7-42 所示。

9. 将当前图层修改为“中心线层”，利用【等距线】命令确定 *R*54、*R*52 的圆心 *N*、*K*，并调整中心线的长度，结果如图 7-43 所示。

10. 将当前图层修改为“0 层”，然后分别以点 *N*、*K* 为圆心绘制 *R*54、*R*52 的圆，并绘制切线 *AB*、*CD* 和 *EF*，结果如图 7-44 所示。

11. 裁剪多余线段，结果如图 7-45 所示。

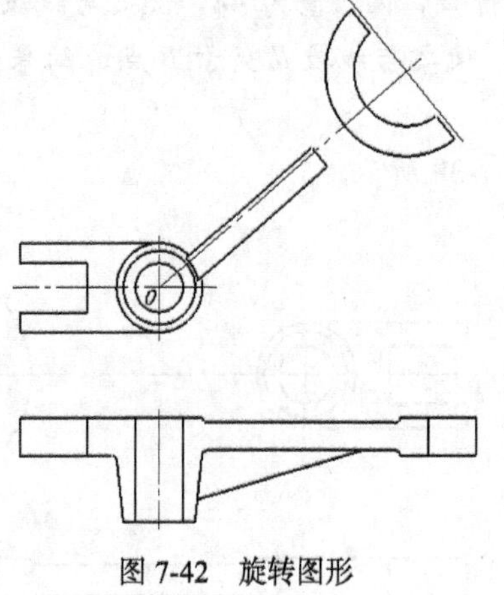

图 7-42　旋转图形

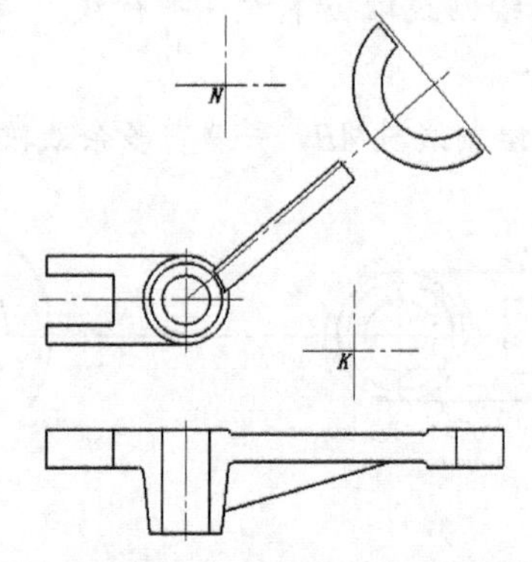

图 7-43　确定圆心 *N*、*K* 并调整中心线的长度

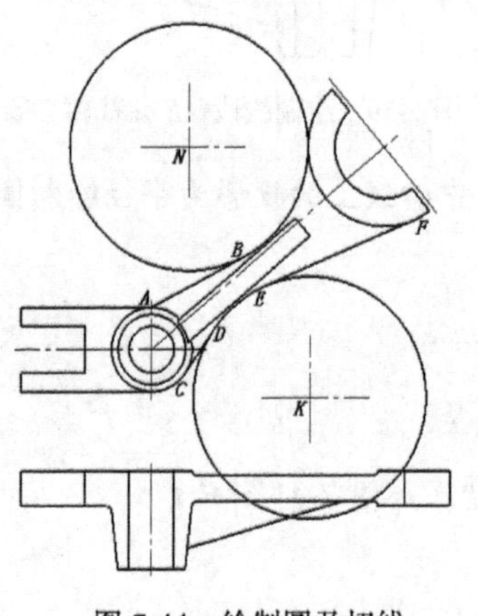

图 7-44　绘制圆及切线

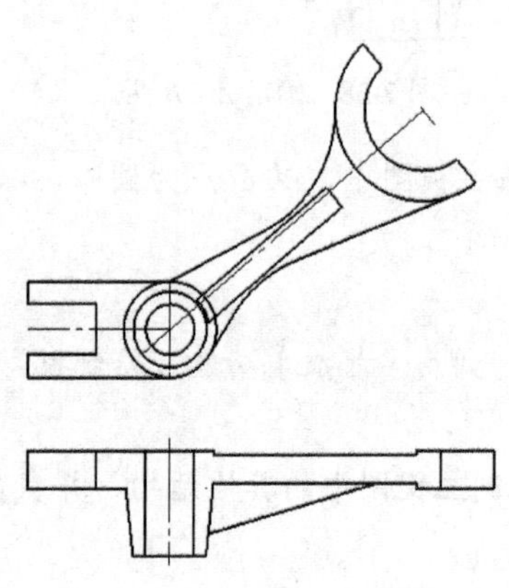

图 7-45　裁剪多余线段

12. 绘制倒角，结果如图 7-46 所示。
13. 绘制剖面线，结果如图 7-47 所示。

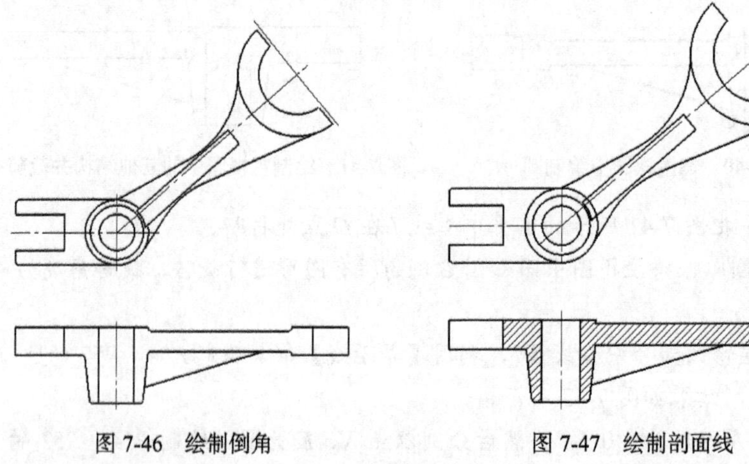

图 7-46　绘制倒角　　图 7-47　绘制剖面线

14. 绘制加强筋的移出断面图并绘制剖面线，结果如图 7-48 所示。

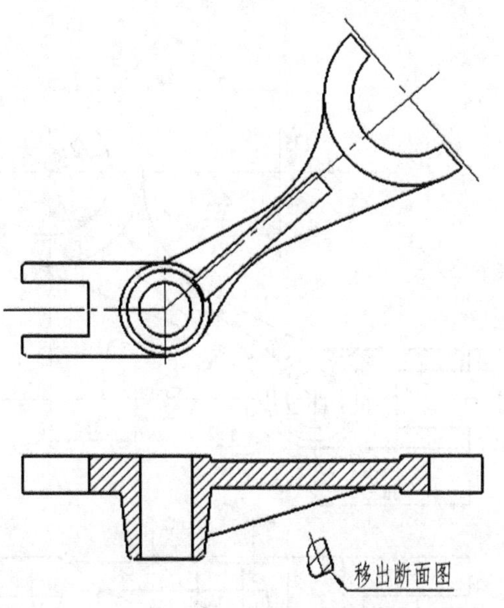

图 7-48　绘制移出断面图及其剖面线

15. 绘制剖切符号并标注尺寸，结果如图 7-49 所示。

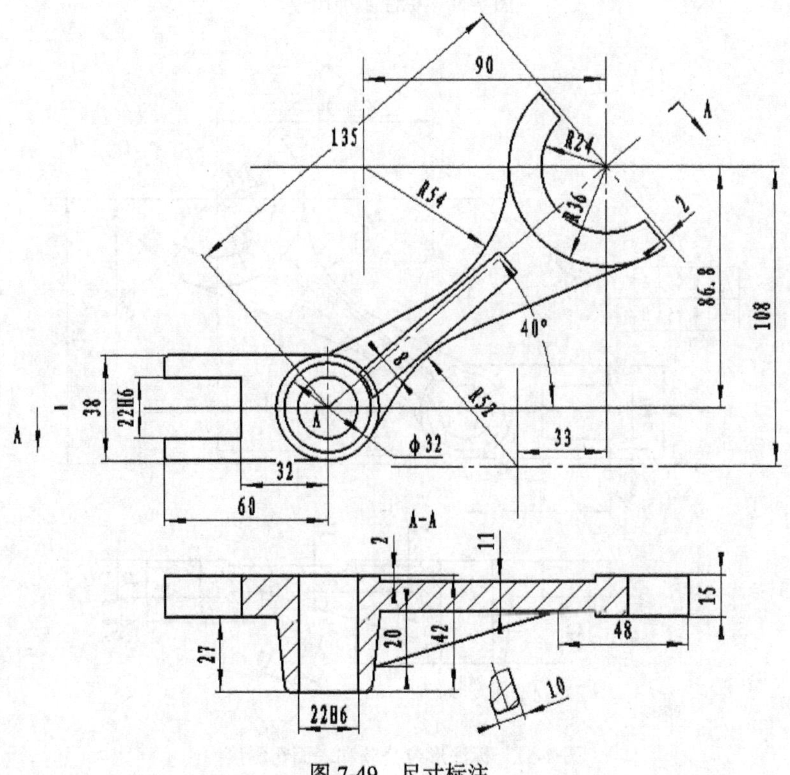

图 7-49　尺寸标注

16. 标注基准代号，结果如图 7-50 所示。

17. 标注形位公差和表面粗糙度，结果如图 7-51 所示。

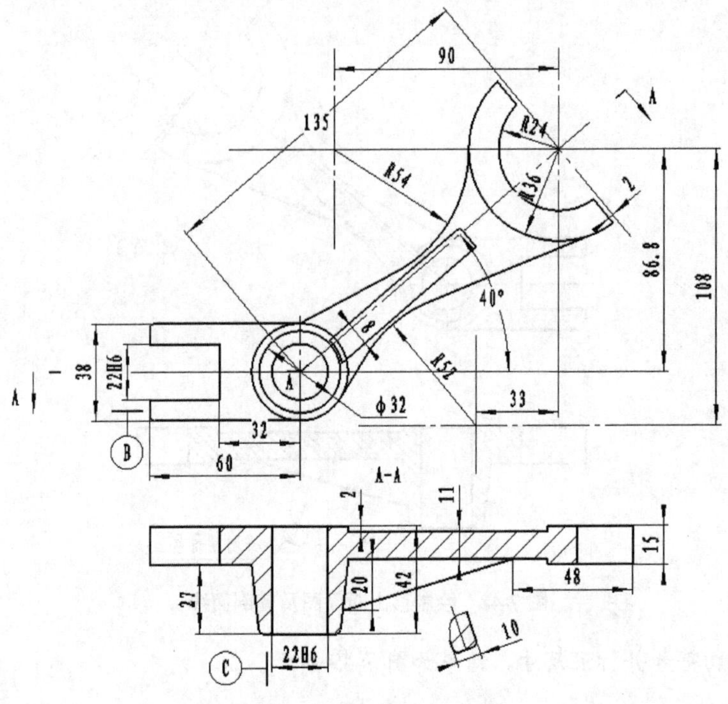

图 7-50　标注基准代号

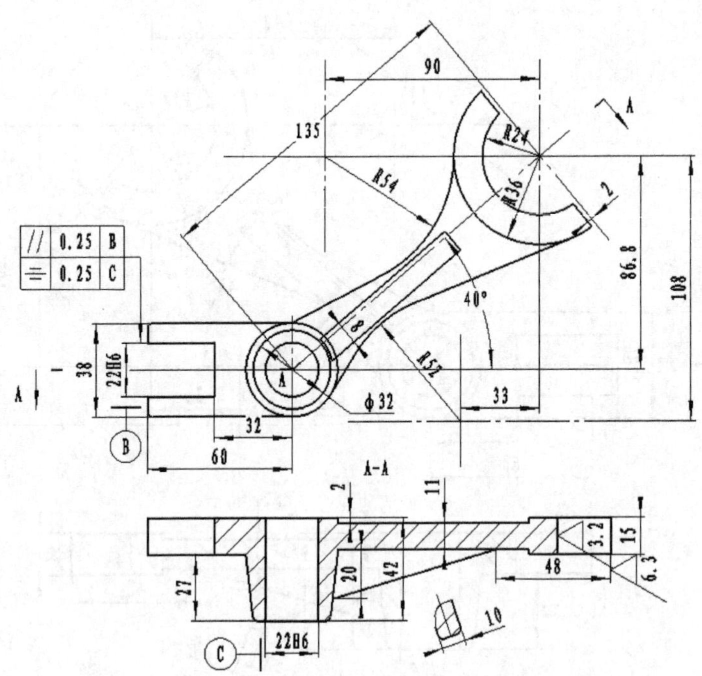

图 7-51　标注形位公差和表面粗糙度

18. 将图形移入图框内，结果如图 7-52 所示。

19. 将文字字高设置为"5"，在图中的适当位置填写技术要求，结果如图 7-53 所示。

20. 填写标题栏，最终结果如图 7-26 所示。

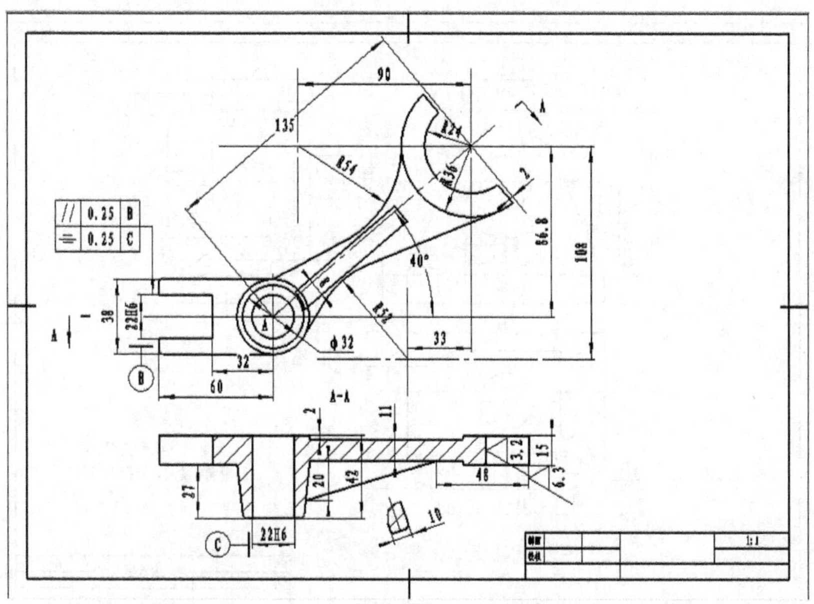

图 7-52　将图形移入图框

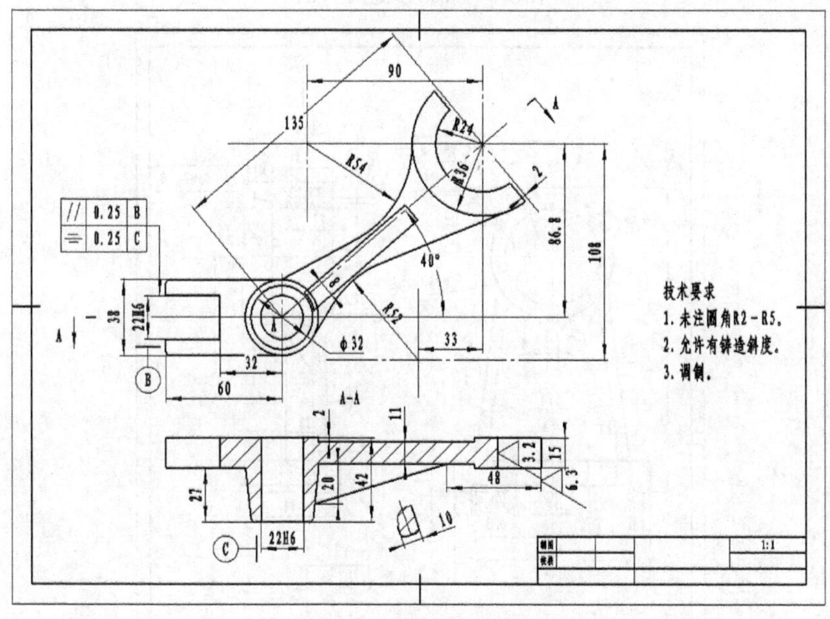

图 7-53　填写技术要求

7.3 习题

1. 绘制图 7-54 所示的轴承支座零件图。
2. 绘制图 7-55 所示的支架零件图。

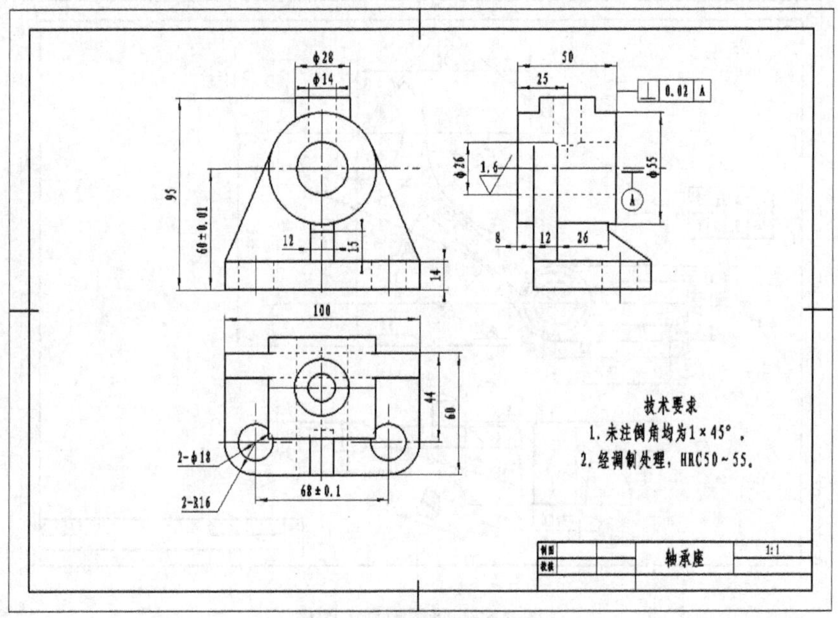

图 7-54　轴承支座零件图

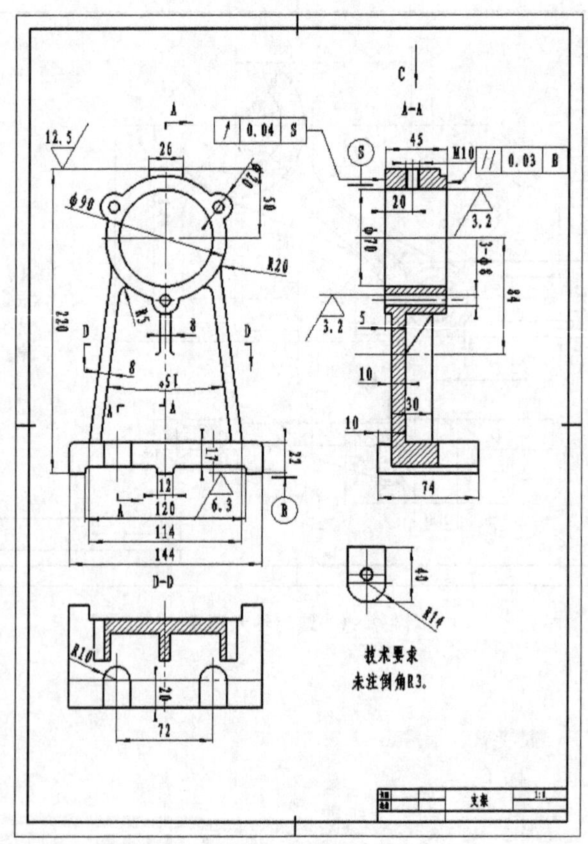

图 7-55　支架零件图

3. 绘制图 7-56 所示的支架零件图。

4. 绘制图 7-57 所示的箱体零件图。

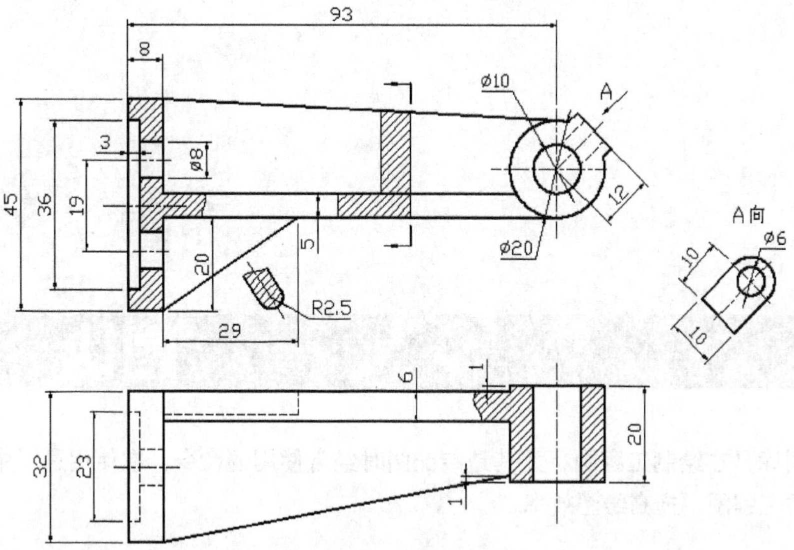

图 7-56 支架零件图

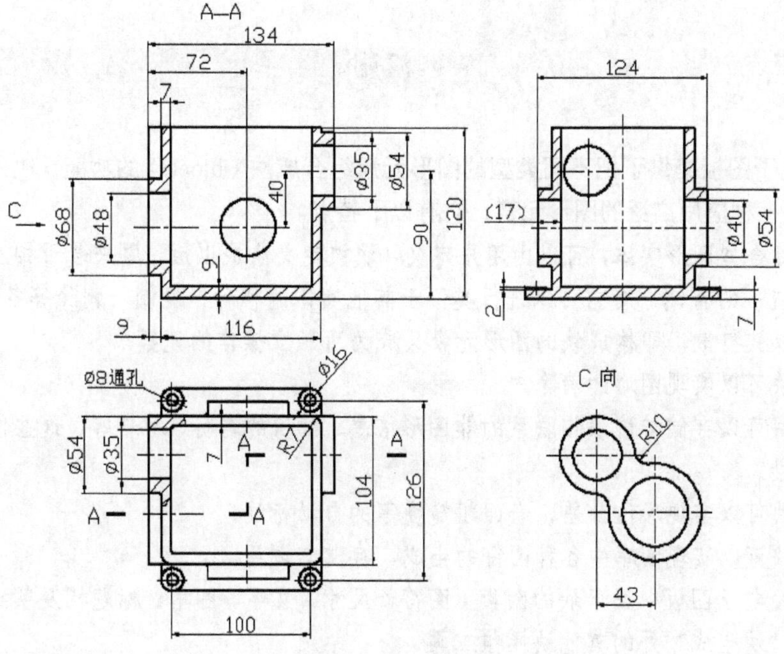

图 7-57 箱体零件图

第8章 图块、图库

图块和图库是在绘制工程图，尤其是装配图时经常使用的命令，在使用过程中可以直接提取标注零件的工程图，提高绘图效率。

8.1 图块

CAXA 电子图板提供了把不同类型的图形元素组合成块（block）的功能，块是复合形式的图形实体，是一种应用广泛的图形元素，它有以下特点。

- 块是复合型图形实体，可以由用户定义，块被定义生成以后，原来若干相互独立的实体形成统一的整体，对它可以进行类似于其他实体的移动、复制、删除等各种操作。
- 块可以被打散，即构成块的图形元素又成为可独立操作的元素。
- 利用块可以实现图形的消隐。
- 利用块可以存储与该块相联系的非图形信息，如块的名称、材料等，这些信息也称为块的属性。
- 利用块可以实现形位公差、表面粗糙度等的自动标注。
- 利用块可以实现图库中各种图符的生成、存储与调用。
- CAXA 电子图板中属于块的图素（图符、尺寸、文字、图框、标题栏及明细表等）均可用除“块生成”外的其他块操作工具。

用户对块操作时，选择菜单命令【绘图】/【块】，系统弹出块操作工具应用子菜单，它包括【创建】、【消隐】、【插入】和【属性定义】等。

8.1.1 块创建

“块生成”用于将选中的一组图形实体组合成一个块，生成的块位于当前层，对它可实施各种图形编辑操作。块的定义可以嵌套，即一个块可以是构成另一个块的元素。

块生成操作的方法如下。

- 单击【块工具】栏上的按钮，然后选择需要生成块的图形，或者先选择图形，然后单击鼠标右键，在弹出的快捷菜单中选择【块创建】选项。

- 根据命令行提示，输入块的基准点。基准点即块的基点，主要用于块的拖动定位。
- 基准点输入完以后，即可创建块。

8.1.2 块消隐

“块消隐”是指利用具有封闭外轮廓的块图形作为前景图形区，自动擦除该区内的其他图形，实现二维消隐。对已消隐的区域也可以取消消隐，被自动擦除的图形又被恢复，显示在屏幕上。块消隐操作可通过先选择前景图形，然后单击鼠标右键，在弹出的快捷菜单中选择【消隐】选项。

如果用户拾取不具有封闭外轮廓的块图形，则系统不执行消隐操作。

8.1.3 属性定义

“属性定义”是指为指定的块添加属性。属性是与块相关联的非图形信息，并与块一起存储。

块的属性由一系列属性表项及相对应的属性值组成，属性表项的内容可由“属性定义”命令设定，它指明了块具有的属性，“属性定义”命令是为块的属性赋值或修改和查询各属性值。

8.2 图库

CAXA 电子图板为用户提供了多种标准件的参数化图库，用户可以按规格尺寸选用各标准件，也可以输入非标准的尺寸，使标准件和非标准件有机地结合在一起。

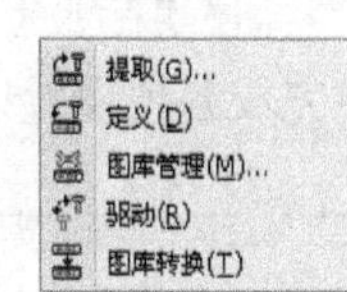

图 8-1 图库操作子菜单

选择菜单命令【绘图】/【图库】，系统弹出如图 8-1 所示的子菜单，下面将对其一一进行介绍。

8.2.1 提取图符

提取图符就是从图库中选择合适的图符，将其插入到图中合适的位置。

选择菜单命令【绘图】/【图库】/【提取】，或者单击【绘图工具】栏上的按钮，系统弹出【提取图符】对话框，如图 8-2 所示。

提取图符时，要先从【图符大类】下拉列表中选择图符的类型，然后在【图符小类】下拉列表中选择具体的图符类型，最后在【图符列表】列表框中选择国标中规定的图符。用户也可以在【检索】文本框中输入需要检索的图符，然后进行选择。

【提取图符】对话框右侧是图符预览区，包括【属性】和【图形】两个选项卡，这两个选项卡可对用户选择的当前图符的属性和图形进行预览，系统默认的是图形预览。图形预览时，各视图基点用高亮度十字标出。单击鼠标右键可放大图符，如需要图符恢复到原来大小，双击鼠标左键即可。在选择完成后，单击下一步(N) >按钮，弹出如图 8-3 所示的【图符预处理】对话框。

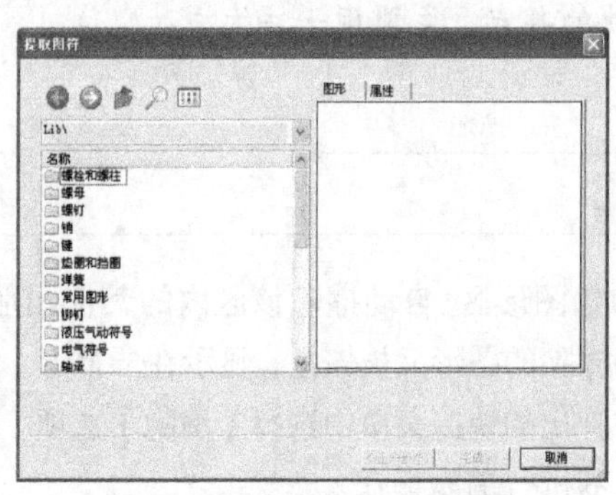
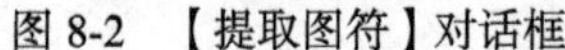

图 8-2 【提取图符】对话框

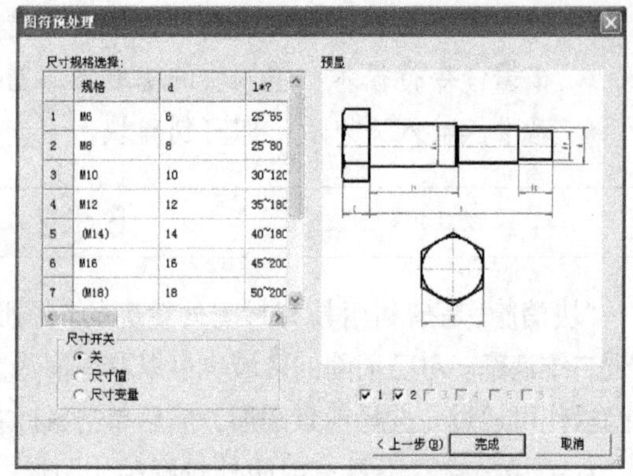

图 8-3 【图符预处理】对话框

下面对【图符预处理】对话框中的内容做简要介绍。

- 尺寸规格选择：第一项用于对尺寸规格的选取，第二项是该规格零件的主要参数值，第三项是需要用户自己输入的变量值。

对话框的右半部分是图符预览区，下面有 6 个视图控制开关，用单击鼠标左键，可打开或关闭任意一个视图，被关闭的视图不能被提取出来。

这里虽然有 6 个视图控制开关，但并不是每一个图符都具有 6 个视图，一般的图符用两三个视图就足够了。

- 尺寸开关：用于控制图形提取后的尺寸标注情况。其中，【关】表示提取后不标注任何尺寸；【尺寸值】表示提取后标注实际尺寸；【尺寸变量】表示只标注尺寸变量名，而不标注实际尺寸。

在完成各项设置以后，单击 完成 按钮，根据命令行的提示，即可完成图符的放置。

8.2.2 驱动图符

"驱动图符"是指对已提取出的没有打散的图符进行驱动，即改变已提取出来的图符的尺寸规格、尺寸标注情况和图符输出形式（如打散、消隐、原态）。图符驱动实际上是对图符提取的完善处理。

驱动图符的方法如下。

- 选择菜单命令【绘图】/【图库】/【驱动】。
- 根据命令行提示，拾取想要变更的图符。
- 选定以后，弹出【图符预处理】对话框，该对话框的操作与提取图符一样，可对图符的尺寸规格、尺寸开关以及图符处理等项目进行修改。
- 修改完成后，单击 完成 按钮，绘图区内的原图符被修改后的图符代替，但图符的定位点和旋转角不改变。

8.2.3 定义图符

图符的定义实际上就是用户根据实际需要建立自己的图库的过程。

选择菜单命令【绘图】/【图库】/【定义】，然后根据命令行提示，进行操作即可。

8.2.4 图库管理

CAXA 电子图板的图库是一个面向用户的开放图库，用户不仅可以提取图符、定义图符，还可以通过图库管理工具对图库进行管理。

选择菜单命令【绘图】/【图库】/【图库管理】，弹出【图库管理】对话框，如图 8-4 所示。

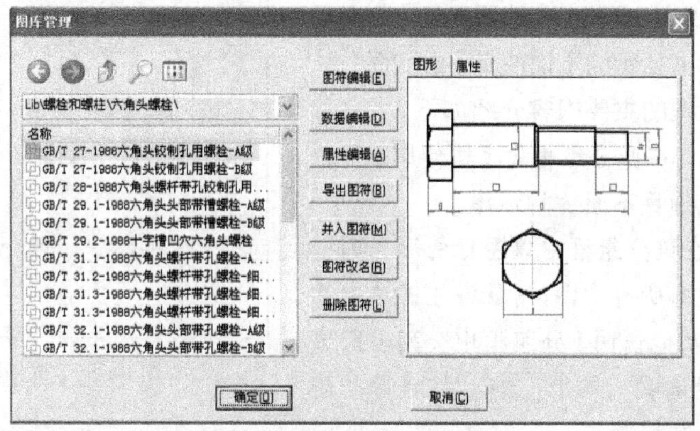

图 8-4 【图库管理】对话框

【图库管理】对话框与【提取图符】对话框相似。其中左侧的图符选择、右侧的预览和下部的图符检索的使用方法相同，只是在中间安排了 7 个操作按钮，通过这 7 个按钮，用户可实现图库管理的全部功能。

8.2.5 图库转换

图库转换用来将用户在旧版本中定义的图库转换为当前的图库格式，或者将用户在另一台计算机上定义的图库加入到本计算机的图库中。

选择菜单命令【绘制】/【图库】/【图库装换】，弹出【图库转换】对话框，如图 8-5 所示。

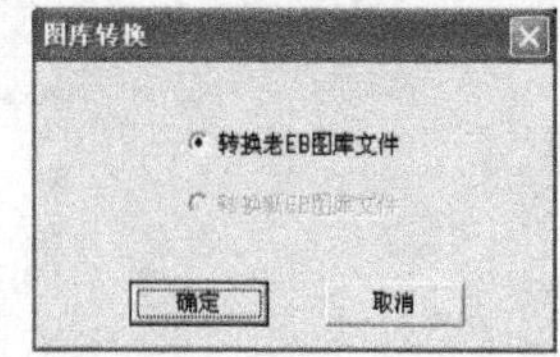

图 8-5 【图库转换】对话框

用户可以直接找到文件进行转换。

8.2.6 构件库

构件库是一种新的二次开发模块的应用形式，构件库的开发和普通二次开发基本上是一样的，只是在使用上与普通二次开发应用程序有区别，区别如下。

- 构件库在电子图板启动时自动载入，电子图板关闭时退出，不需要通过应用程序管理器进行加载和卸载。
- 普通二次开发程序中的功能是通过菜单激活的，而构件库模块中的功能是通过构件库管理器进行统一管理和激活的。

- 构件库一般不需要由对话框进行交互，而只通过立即菜单栏进行交互即可。
- 构件库的功能使用更直观，它不仅有功能说明等文字说明，还有图片说明，更加形象。

在使用构件库之前，首先应该把编写好的库文件“eba”复制到“EB”安装路径下的构件库目录“\Conlib”中，在该目录中已经提供了一个构件库的例子“EbcSample”，然后启动电子图板，选择菜单命令【绘图】/【构件库】，或者在【绘图工具】栏上单击按钮，弹出图 8-6 所示的【构件库】对话框。

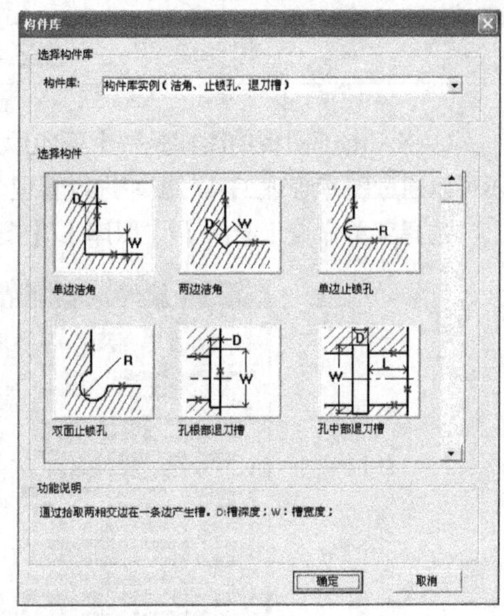

图 8-6 【构件库】对话框

【构件库】对话框的主要内容介绍如下。

- 选择构件库：在此分组框的【构件库】下拉列表中可以选择不同的构件库。
- 选择构件：在该分组框中以图标的形式列出了构件库中的所有构件，用鼠标左键单击选中后，在【功能说明】分组框中会列出所选构件的功能说明，单击确定按钮后，即可调用所选的构件。

8.2.7 技术要求库

CAXA 电子图板用数据库文件分类记录了常用的技术要求文本项，即技术要求库，它可以辅助生成技术要求文本插入到工程图中。同时，系统也允许对技术要求库的文本进行添加、删除和修改操作。

单击【绘图工具】栏上的按钮，弹出【技术要求库】对话框，如图 8-7 所示。

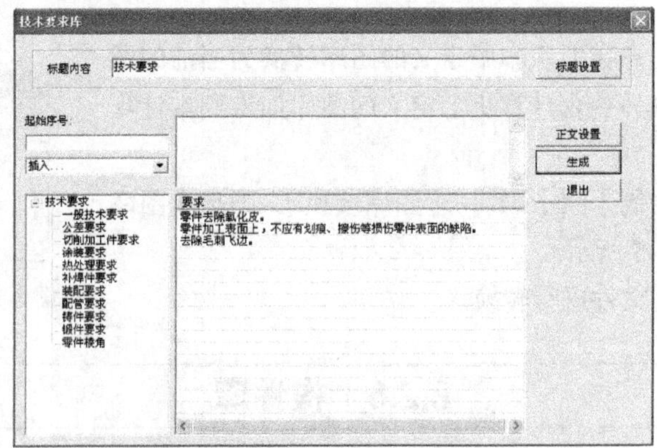

图 8-7 【技术要求库】对话框

在该对话框中左下角的列表框中列出了所有已有的技术要求类别，右下角的表格中列出了当前类别的所有文本项。选择左下角列表框中的不同类别，右下角表格中的内容也会随之变化。如果技术要求库中已经有了要用到的文本，则可以用鼠标光标直接将文本从表格拖到上面的编辑框中的合适位置，也可以直接在编辑框中输入和编辑文本。

技术要求库的管理工作也是在此对话框中进行的。

8.3 工程实例——调用内六角螺钉沉孔

下面练习调用图 8-8 所示的内六角螺钉沉孔，并调整其标注参数和位置。

1. 单击【绘图工具】栏上的按钮，设置弹出的【提取图符】对话框，如图 8-9 所示。

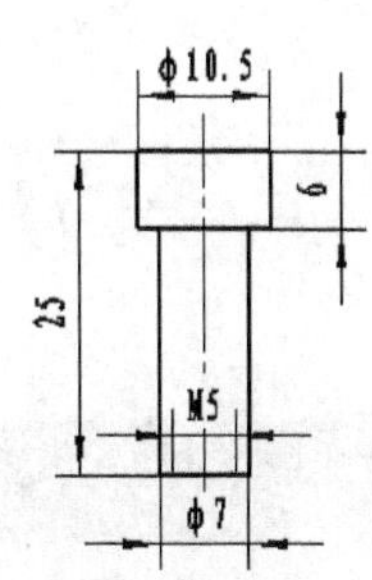

图 8-8　内六角螺钉沉孔

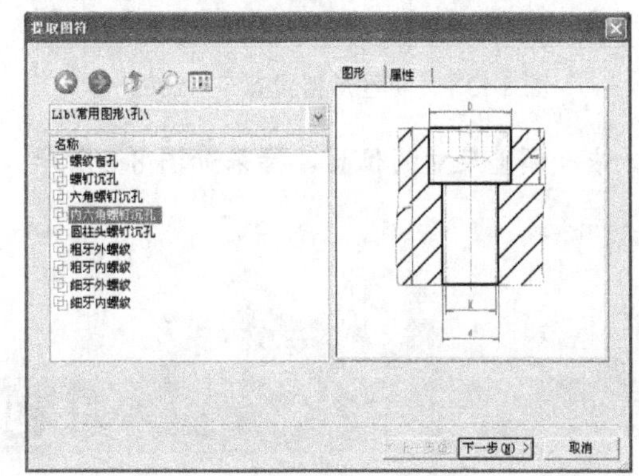

图 8-9　【提取图符】对话框

单击下一步(N) >按钮，弹出【图符预处理】对话框，如图 8-10 所示。

各参数设置如图 8-11 所示。然后单击完成按钮。

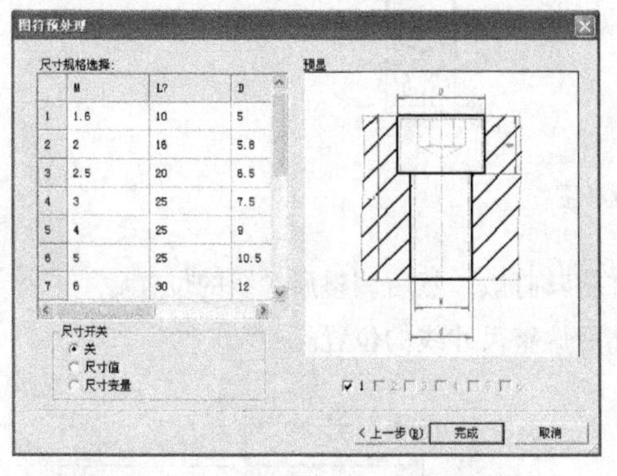

图 8-10　【图符预处理】对话框（1）

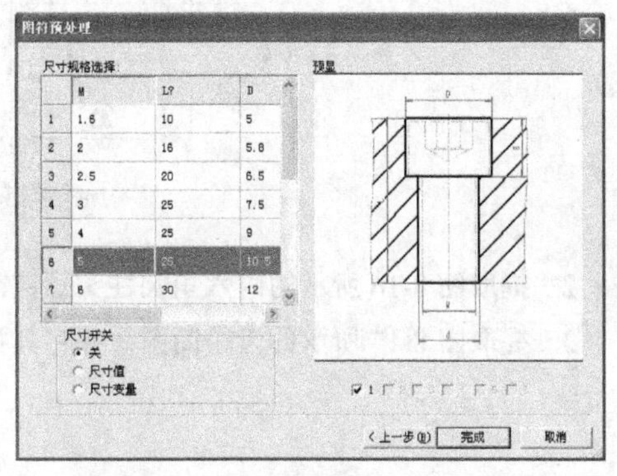

图 8-11　【图符预处理】对话框（2）

2. 此时图形粘附于鼠标光标处，在绘图区内的适当位置单击鼠标左键，并根据命令行提示，输入旋转角度为“0”，按 Enter 键，结果如图 8-12 所示。

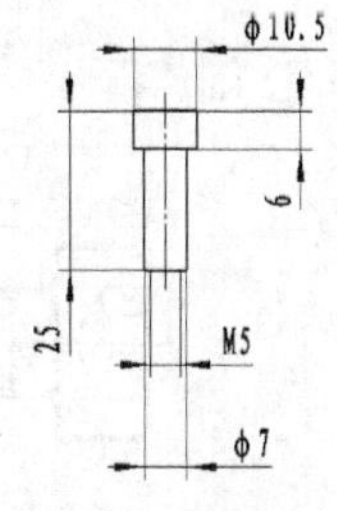

图 8-12　调入内六角螺钉沉孔

3. 单击【标注工具】栏上的按钮，弹出【标注风格设置】对话框，如图 8-13 所示。

在【直线和箭头】选项卡中设置箭头大小为“3”，在【文本】选项卡中设置字高为“2.5”，然后单击确定按钮，此时，图形形式如图 8-14 所示。

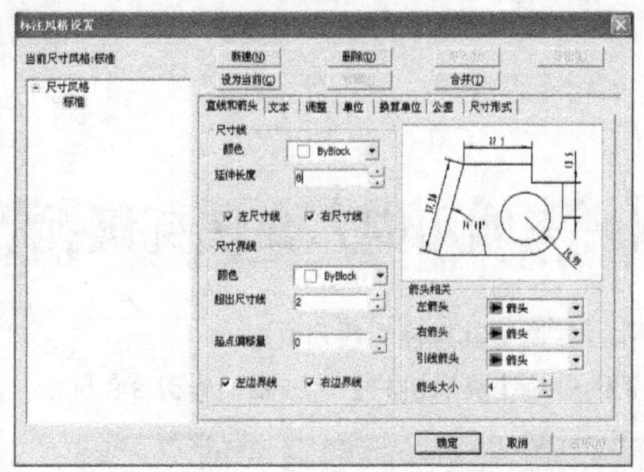

图 8-13 【标注风格设置】对话框

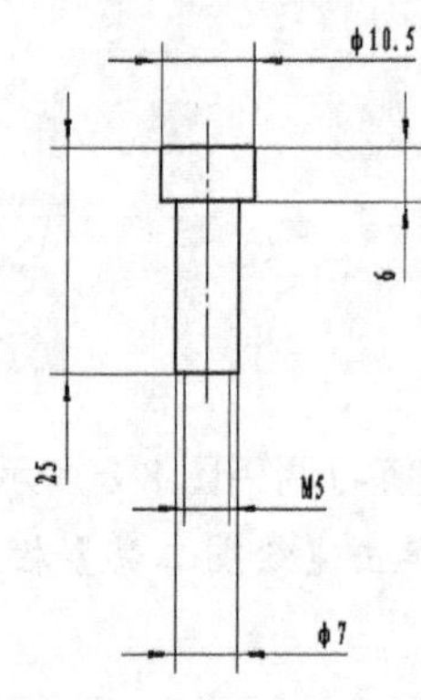

图 8-14 修改参数后的内六角螺钉沉孔

4. 依次调整尺寸的位置，结果如图 8-8 所示。

8.4 习题

1. 提取图 8-15 所示的六角螺杆图符，并将其打散，然后调整尺寸线的位置。

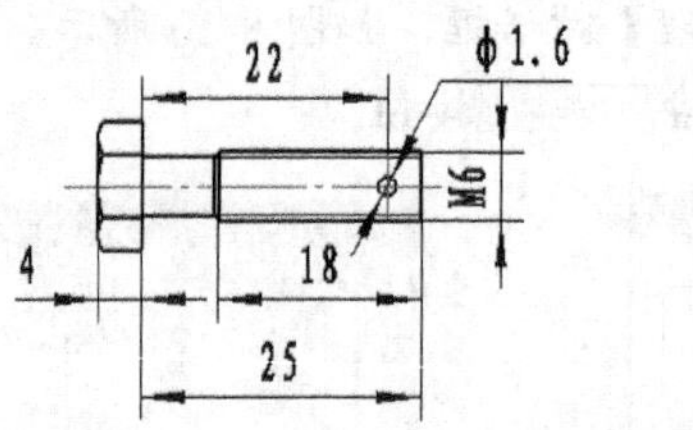

图 8-15 六角螺杆图符

2. 提取图 8-16 所示的内六角圆柱头螺钉图符，并将其打散，然后调整尺寸线的位置。
3. 提取图 8-17 所示的齿轮简图，并将其打散，然后调整尺寸线的位置。

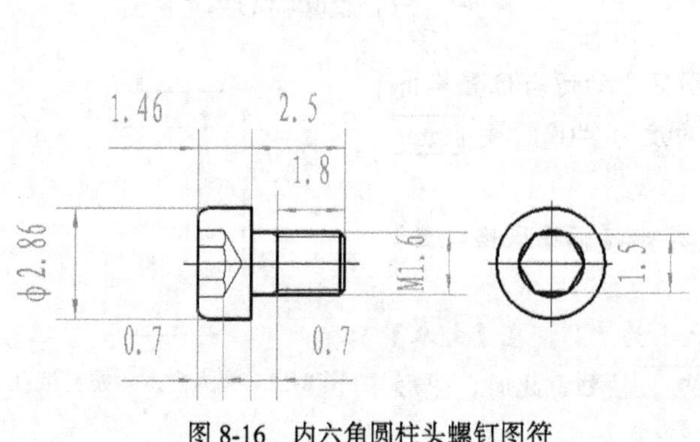

图 8-16 内六角圆柱头螺钉图符

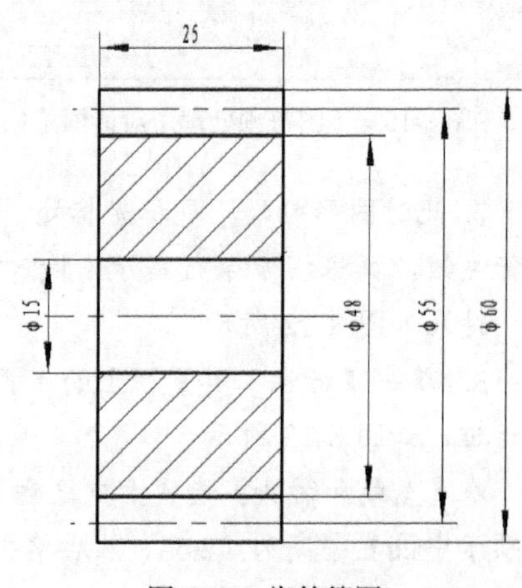

图 8-17 齿轮简图

第9章 装配图

机器或部件的设计、制造、检验、维修、使用及技术交流等都需要有装配图，凡是绘制的工程图纸，最终都要归属于部件和机器的装配图。在机器的整套图纸中，装配图是最重要的，本章将通过具体实例来介绍装配图的绘制。

9.1 绘制装配图的流程

在绘制装配图时，首先要对装配图进行整体分析，以了解装配体的性能、特点，并对装配体的完整结构有大概的了解。

装配体由许多零件装配而成，通常以最能反映装配体结构特点和较多反映装配体装配关系的一面作为主视图。装配体通常按工作位置放置，其主要轴线和主要安装面处于水平或垂直位置。装配图中还可以选用较少的视图、剖面和端面图形，以完整、准确、简便地表达出零件的形状和装配关系。

下面以图 9-1 所示的装配图为例来简要说明绘制装配图的步骤。

在此，以流程图的形式介绍装配，如图 9-2 所示。

在绘制装配图时，用户可以根据题目要求和已给出的尺寸自行绘制零件图，然后根据装配图对所绘制的零件图进行装配；也可利用并入文件的方式对已存在的零件进行组装，最终完成装配图的绘制。

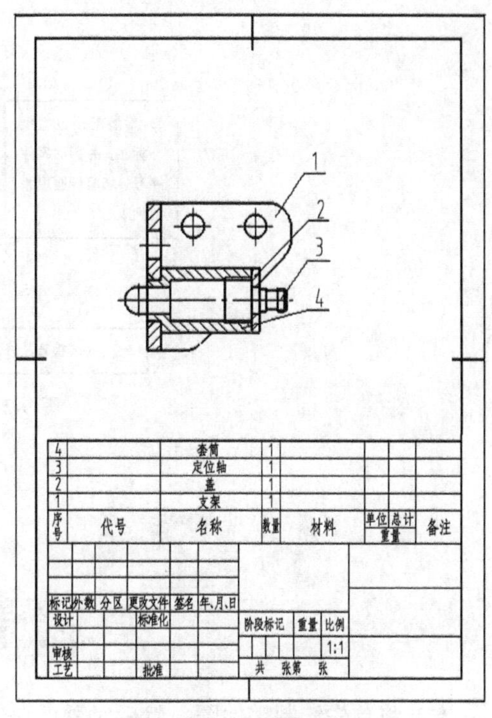

图 9-1 装配图

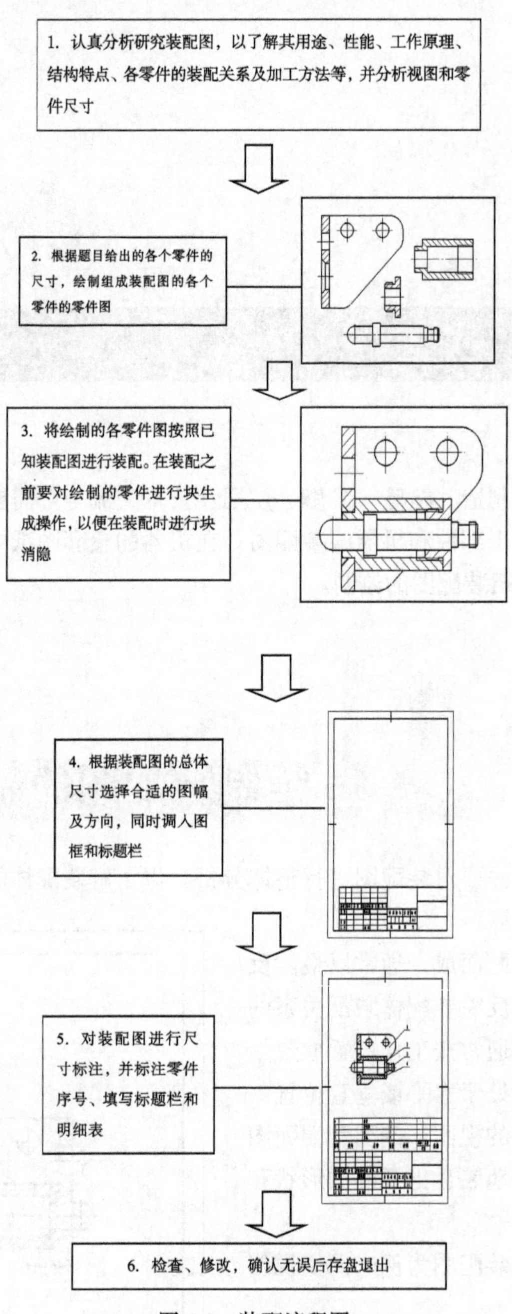

图 9-2　装配流程图

9.2 绘制详细的二维装配图

本节将首先绘制零件图，然后对零件图进行块操作，最后完成装配图。

【实例 9-1】各零件图的尺寸如图 9-3～图 9-5 所示，要求利用这些零件图绘制图 9-6 所示的滑动轴承装配图。

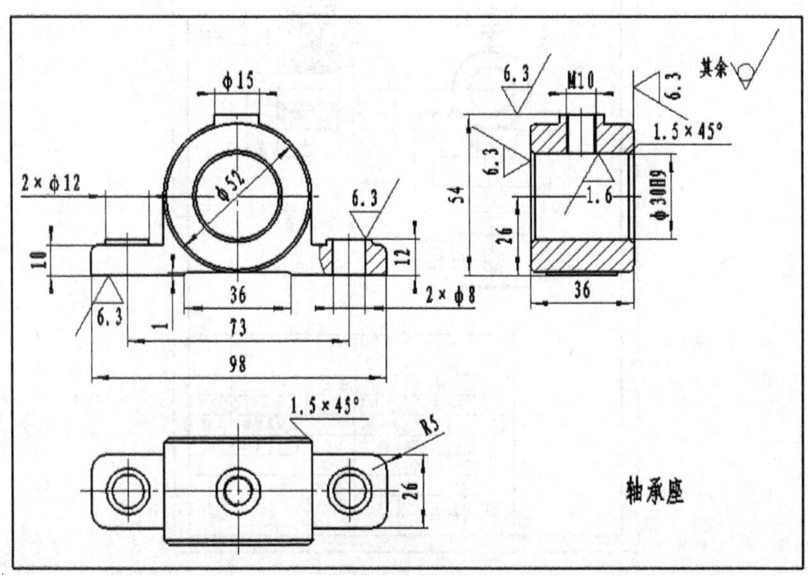

图 9-3　轴承座零件图

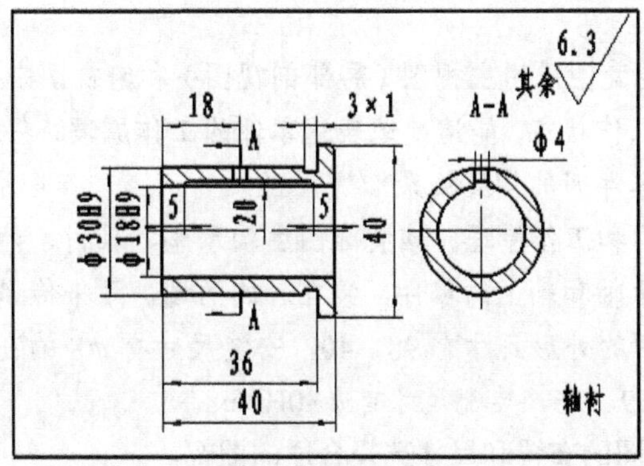

图 9-4　轴衬零件图

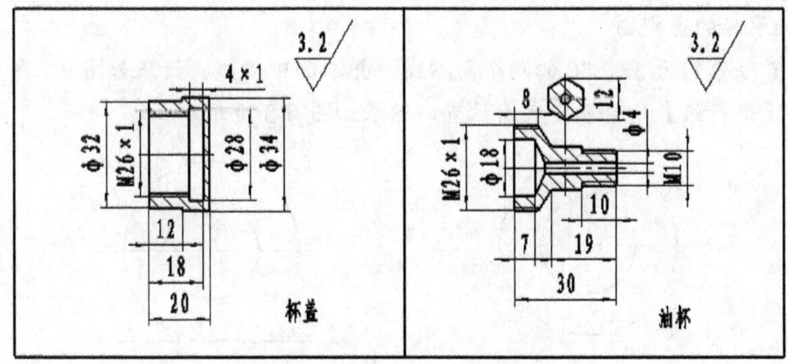

图 9-5　油杯和杯盖零件图

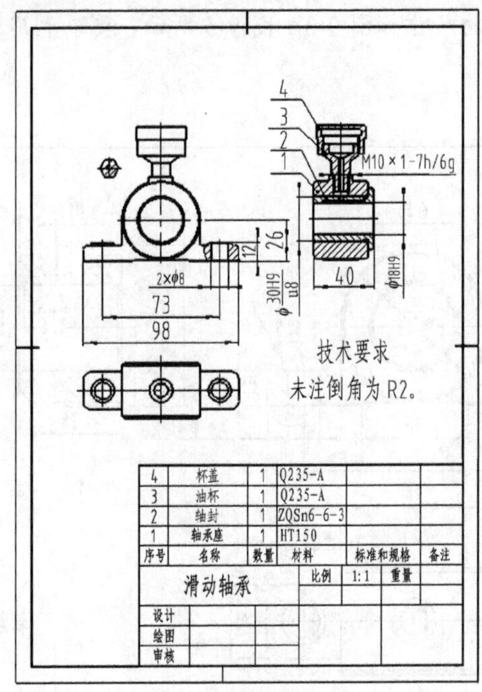

图 9-6　滑动轴承装配图

一、绘图分析

- 分析表达方案。装配图采用主视图（局部剖视图）和俯视图来表达滑动轴承的外形。主视图符合部件的工作状态，能清楚地表达零件的工作原理。左视图采用全剖视图来表达其内部结构和各零件间的装配关系。
- 分析装配体的结构和工作原理。该装配图由轴承座、轴衬、油杯和杯盖 4 个零件组成。滑动轴承用来支承轴和轴上的零件，装在轴的两端，用来传递扭矩。
- 分析尺寸。装配图的外形尺寸有 98、40，安装尺寸有 $\phi 8$ 的孔和 73 的孔距，性能尺寸有轴孔尺寸 ϕ18H9、26，装配尺寸有 ϕ30H9/u8。

根据装配图中各零件图的布置和尺寸选择合适的图幅。

二、绘图步骤

1. 绘制轴承座的主视图。

（1）绘制直径分别为 52、30 的两个同心圆，并添加中心线，结果如图 9-7 所示。

（2）利用【平行线】命令确定底面位置，结果如图 9-8 所示。

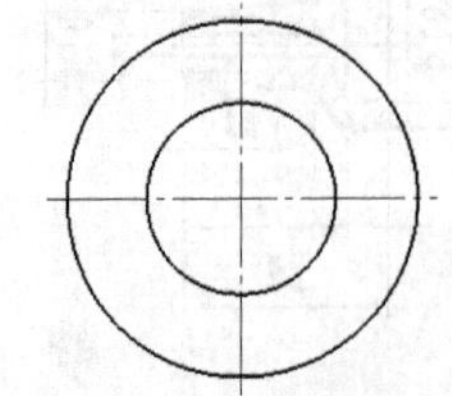

图 9-7　绘制同心圆及其中心线

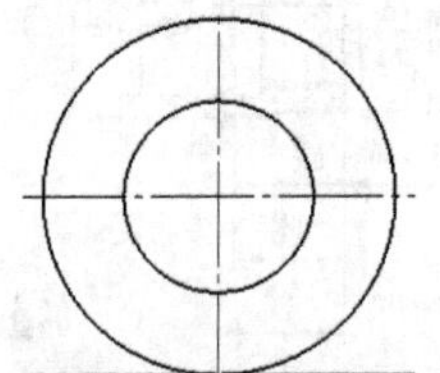

图 9-8　绘制平行线

（3）绘制等距线，结果如图 9-9 所示。

（4）裁剪多余线段，结果如图 9-10 所示。

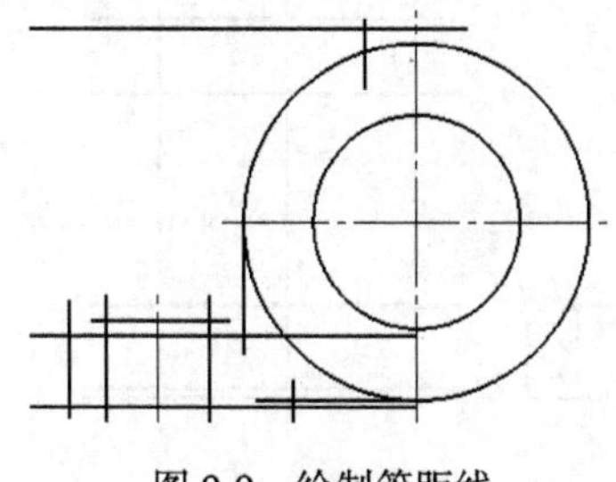

图 9-9　绘制等距线

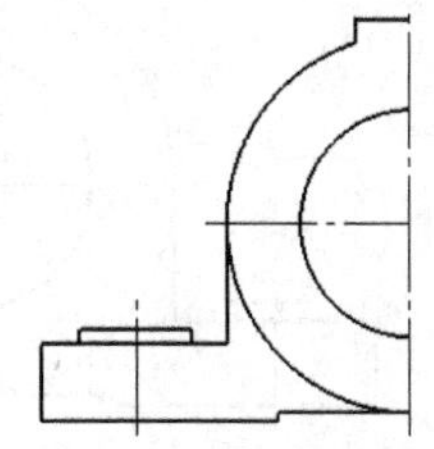

图 9-10　裁剪多余线段

（5）绘制轴承座底部的圆角过渡，结果如图 9-11 所示。

（6）镜像图形，结果如图 9-12 所示。

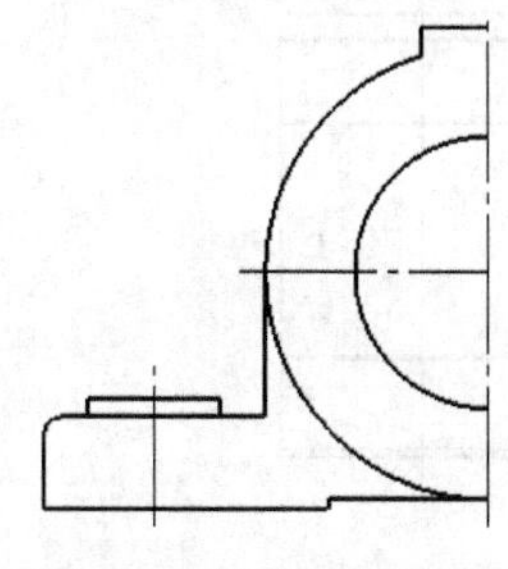

图 9-11　绘制圆角过渡

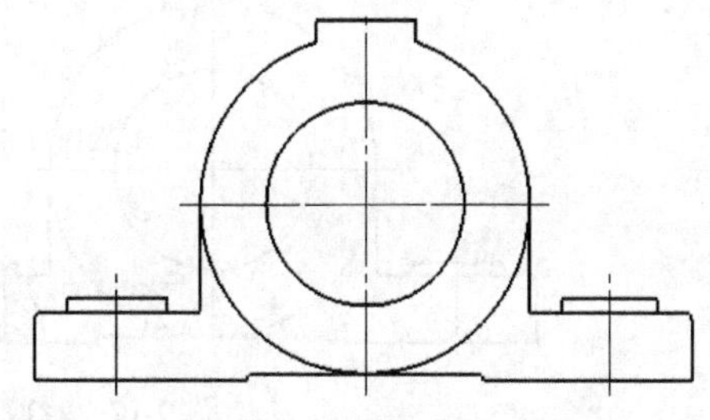

图 9-12　镜像图形

（7）绘制轴承座右侧的局部剖视图，结果如图 9-13 所示。

（8）绘制剖面线，结果如图 9-14 所示。

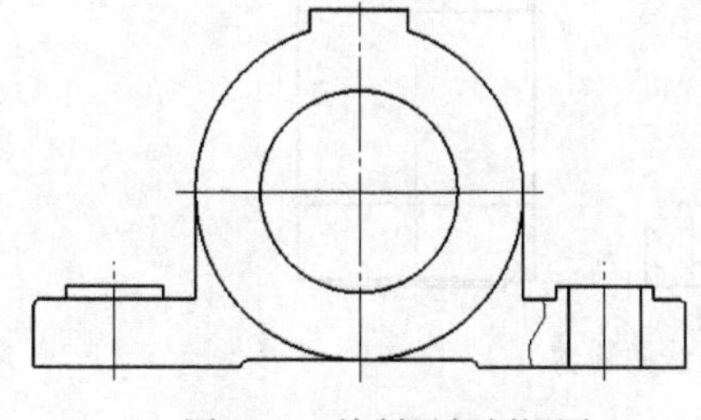

图 9-13　绘制局部剖视图

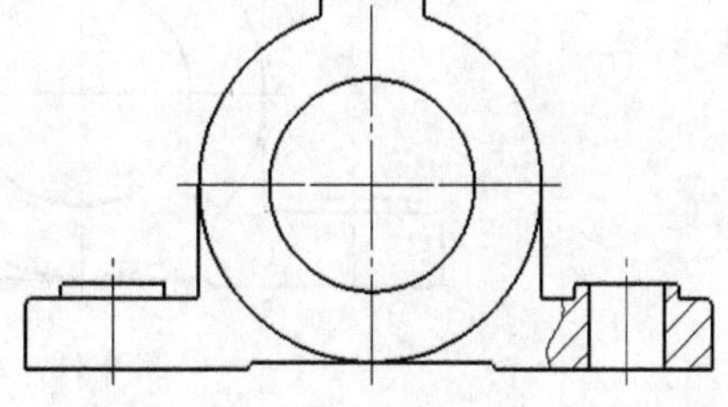

图 9-14　绘制剖面线

2. 绘制轴承座的左视图。

（1）将屏幕点设为【导航】，利用【直线】命令在主视图的右侧绘制线段，结果如图 9-15 所示。

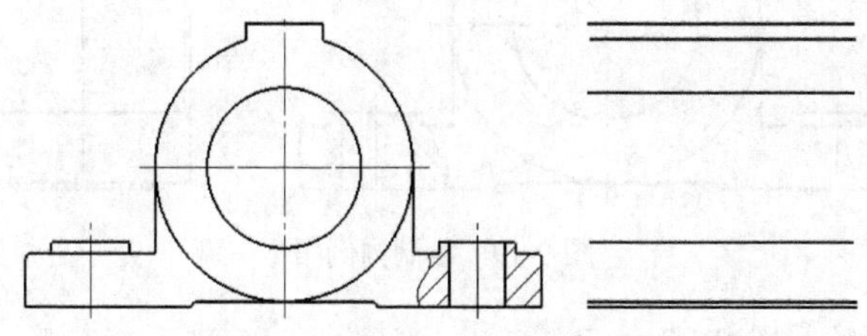

图 9-15　绘制左视图中的水平线段

（2）重复【直线】命令，绘制竖直方向的线段，并绘制其等距线，结果如图 9-16 所示。

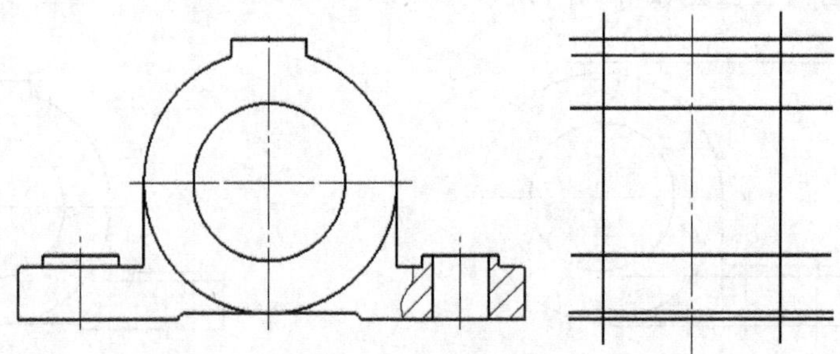

图 9-16　绘制竖直方向的线段及其等距线

（3）裁剪多余线段，结果如图 9-17 所示。

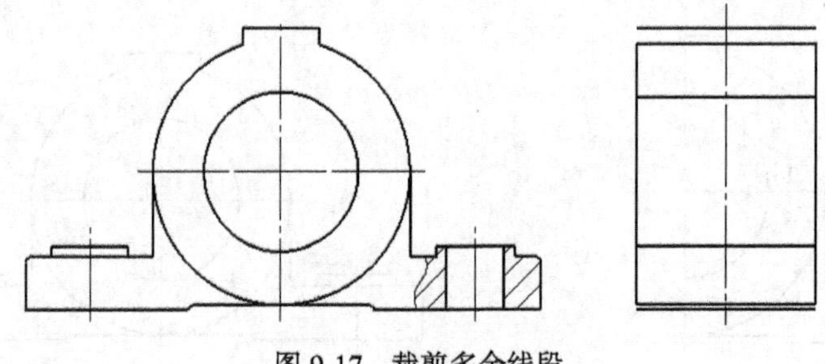

图 9-17　裁剪多余线段

（4）绘制中心线的双向等距线，并裁剪多余线段，结果如图 9-18 所示。

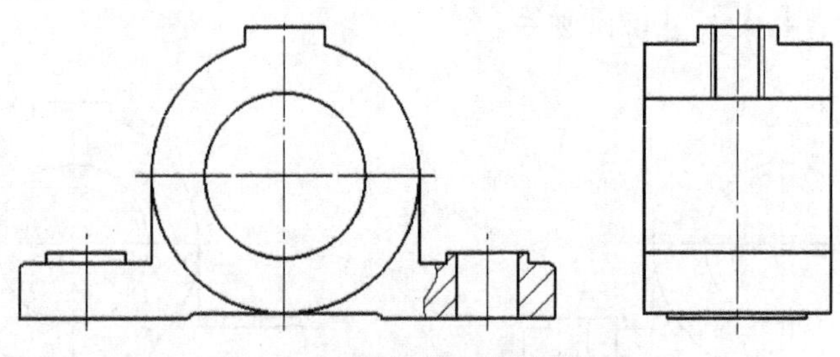

图 9-18　绘制双向等距线并裁剪

（5）绘制内倒角，结果如图 9-19 所示。

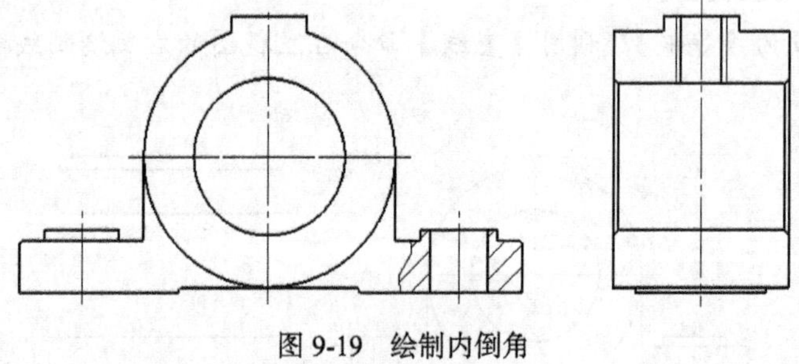

图 9-19　绘制内倒角

（6）绘制圆角，结果如图 9-20 所示。

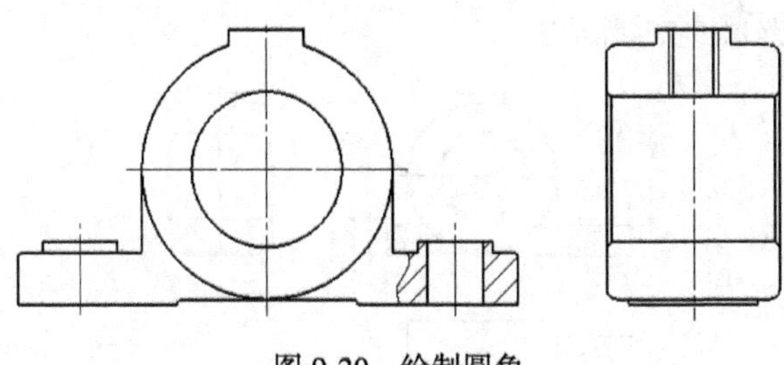

图 9-20　绘制圆角

（7）绘制剖面线，结果如图 9-21 所示。

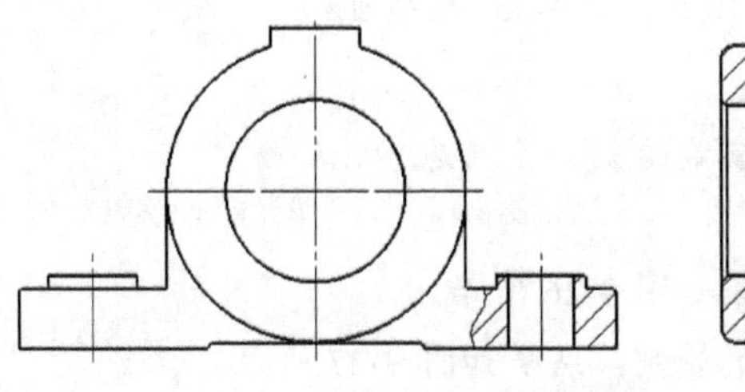

图 9-21　绘制剖面线

在绘制螺纹剖面线时，剖面线一定要剖到螺纹的牙顶线，在选择环内点时不要漏选。

3. 绘制主视图中各倒角的投影，结果如图 9-22 所示。

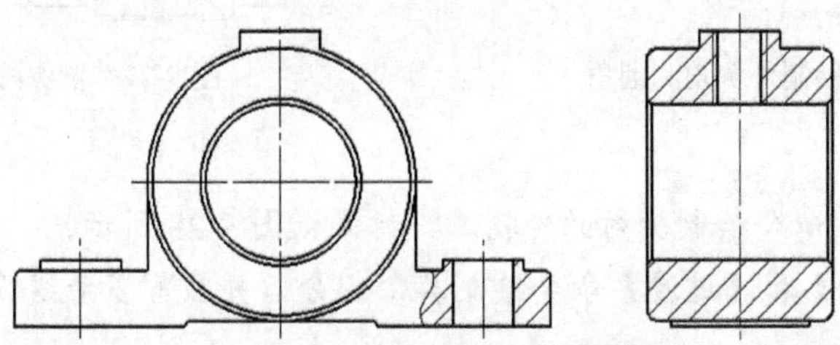

图 9-22　绘制主视图中倒角的投影

4. 绘制轴承座的俯视图。

（1）利用屏幕点的【导航】功能在主视图的下方绘制线段，并在适当位置绘制一条水平的正交线段，结果如图 9-23 所示。

（2）绘制水平正交线段的等距线，并裁剪多余线段，绘制出俯视图的外轮廓，结果如图 9-24 所示。

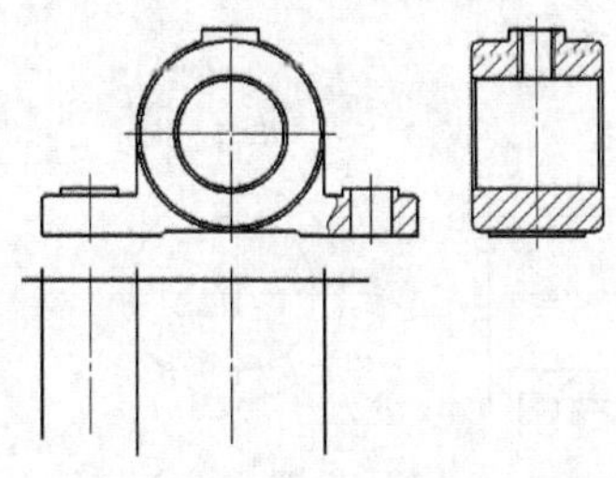

图 9-23　绘制构成俯视图的线段

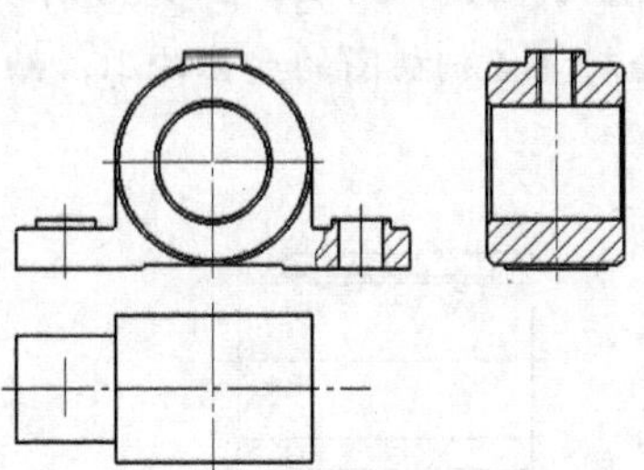

图 9-24　绘制俯视图的外轮廓

（3）绘制圆，结果如图 9-25 所示。

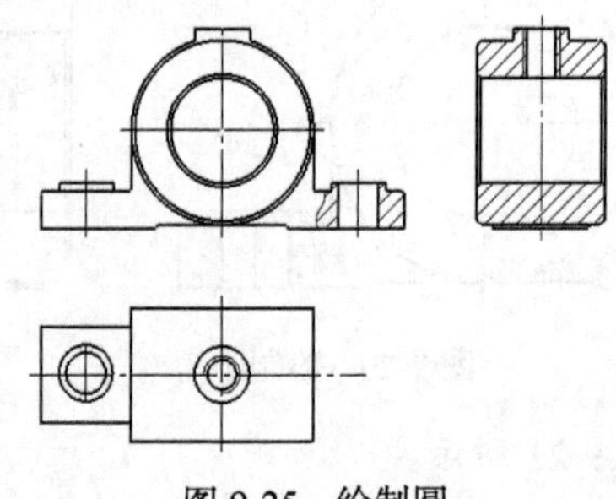

图 9-25　绘制圆

内螺纹的牙底线用细实线绘制，并且是 3/4 圆。

（4）绘制外倒角和圆角，结果如图 9-26 所示。

（5）镜像图形，完成轴承座的绘制，结果如图 9-27 所示。

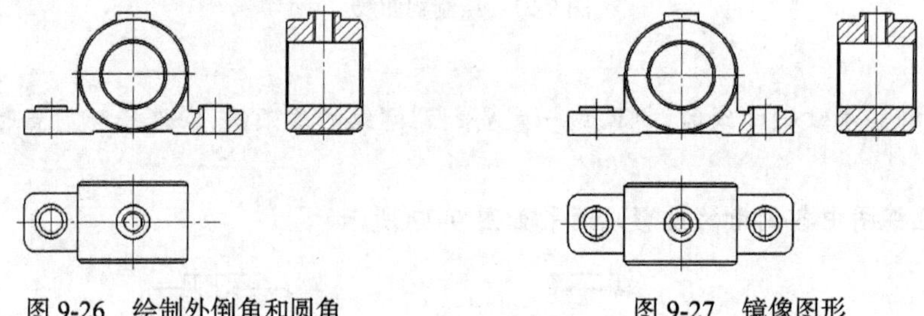

图 9-26　绘制外倒角和圆角　　图 9-27　镜像图形

5. 绘制轴衬。

（1）利用【轴/孔】命令绘制轴衬的外轮廓，结果如图 9-28 所示。

（2）利用【等距线】和【过渡】命令绘制其余部分，并裁剪多余线段，完成油孔的绘制，结果如图 9-29 所示。

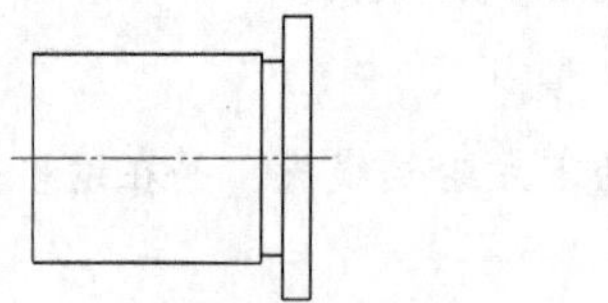

图 9-28　绘制轴衬的外轮廓

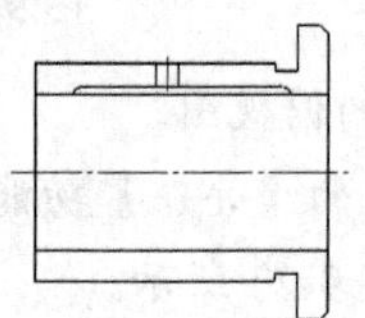

图 9-29　绘制油孔

（3）绘制剖面线，结果如图 9-30 所示。

（4）绘制 *A-A* 剖视图的大体轮廓，结果如图 9-31 所示。

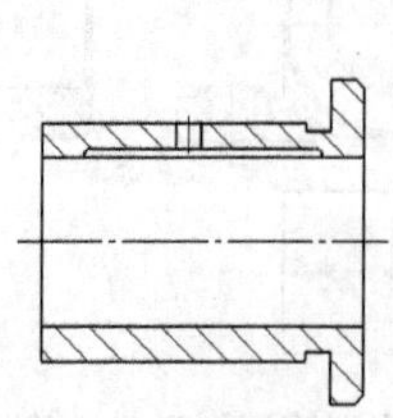

图 9-30　绘制剖面线

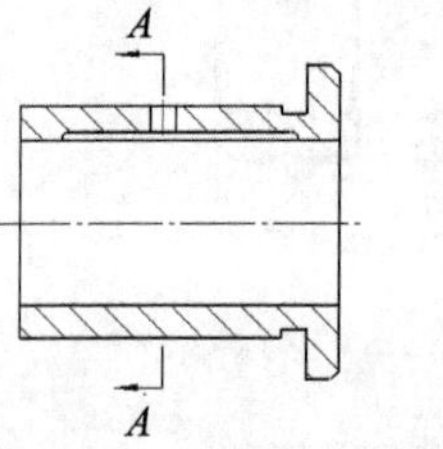

图 9-31　绘制 *A-A* 剖视图的大体轮廓

（5）绘制 *A-A* 剖视图中的油孔，结果如图 9-32 所示。

（6）绘制 *A-A* 剖视图的剖面线，结果如图 9-33 所示。

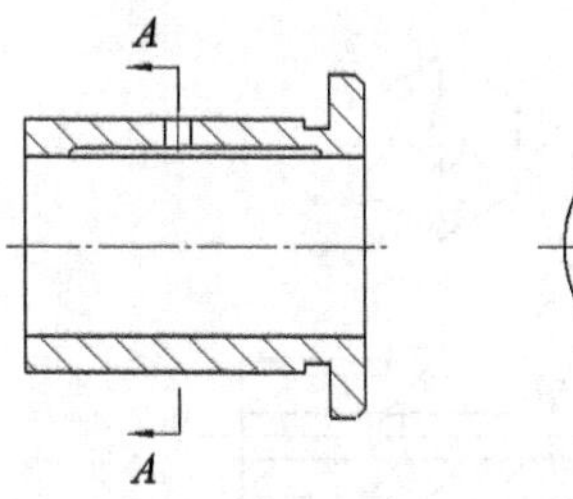

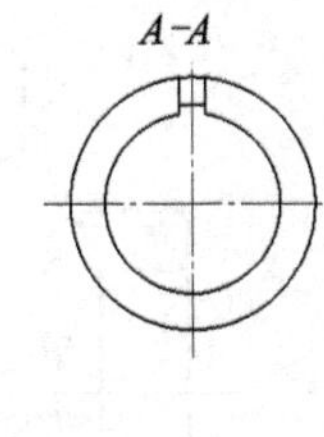

图 9-32 绘制 *A-A* 剖视图中的油孔

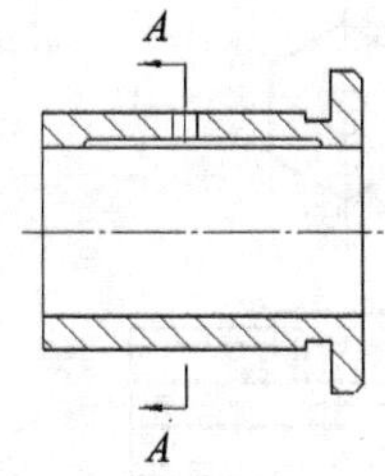

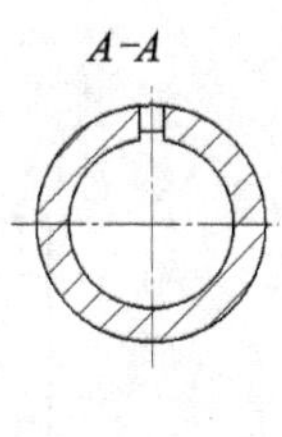

图 9-33 绘制 *A-A* 剖视图的剖面线

6. 绘制杯盖。

（1）利用【孔/轴】命令绘制杯盖的外轮廓，结果如图 9-34 所示。

（2）裁剪多余线段，结果如图 9-35 所示。

（3）重复【孔/轴】命令，绘制杯盖的内部结构，结果如图 9-36 所示。

（4）绘制剖面线，结果如图 9-37 所示。

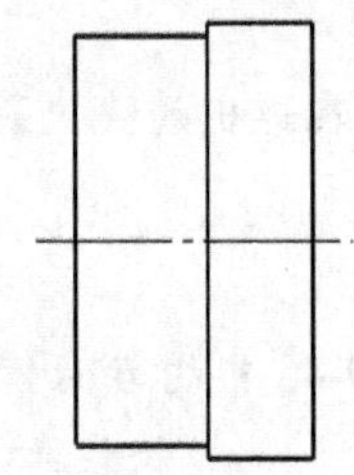

图 9-34 绘制杯盖的外轮廓

图 9-35 裁剪多余线段

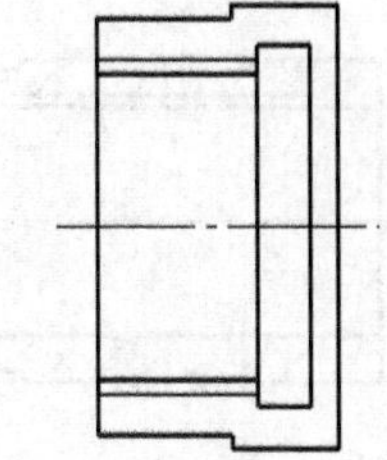

图 9-36 绘制杯盖的内部结构

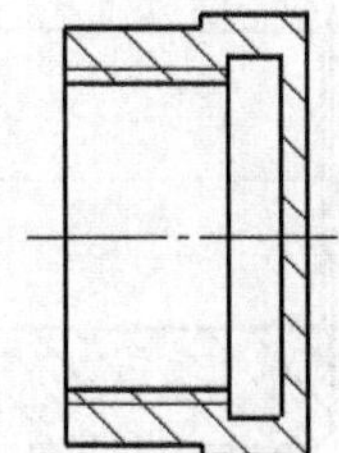

图 9-37 绘制剖面线

7. 绘制油杯。

（1）利用【孔/轴】命令绘制油杯的外轮廓和螺纹，结果如图 9-38 所示。

（2）重复【孔/轴】命令，绘制油杯的内部结构，结果如图 9-39 所示。

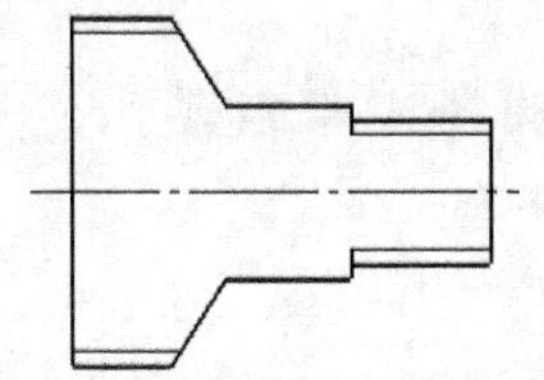

图 9-38 绘制油杯的外轮廓和螺纹

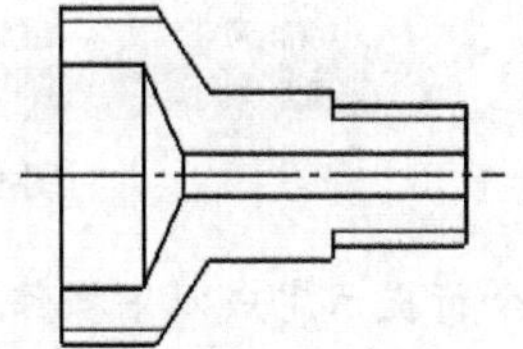

图 9-39 绘制油杯的内部结构

（3）在油杯的上方绘制移出断面图，结果如图 9-40 所示。

（4）绘制剖面线，结果如图 9-41 所示。

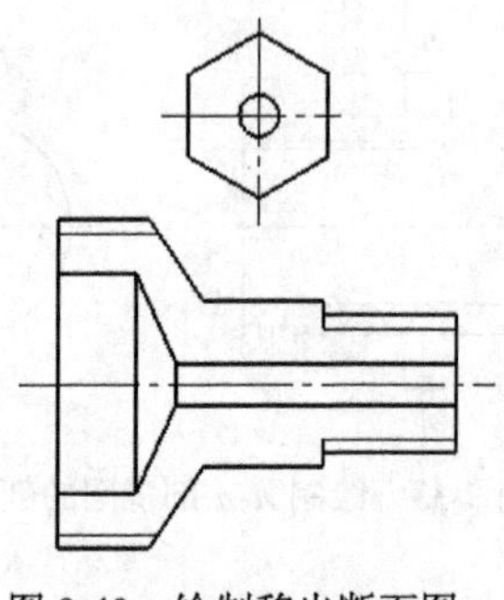

图 9-40　绘制移出断面图

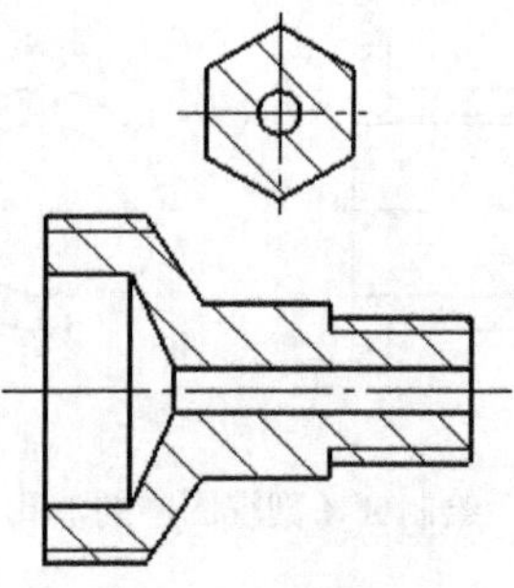

图 9-41　绘制剖面线

三、将所绘制的零件图进行装配

由装配图可知，滑动轴承的装配是在轴承座的基础上进行的，其中最能突出装配结构的是左视图，所以下面将以左视图的装配为主进行介绍。

1. 首先将轴承座的左视图生成块。

（1）将轴承座的左视图全部选中后，单击鼠标右键，在弹出的快捷菜单中选择【块创建】选项。

（2）根据命令行提示，单击图 9-42 中的 A 点作为基点。

2. 参照步骤 1 的方法，将轴衬生成块，基点选择图 9-43 中的 B 点。

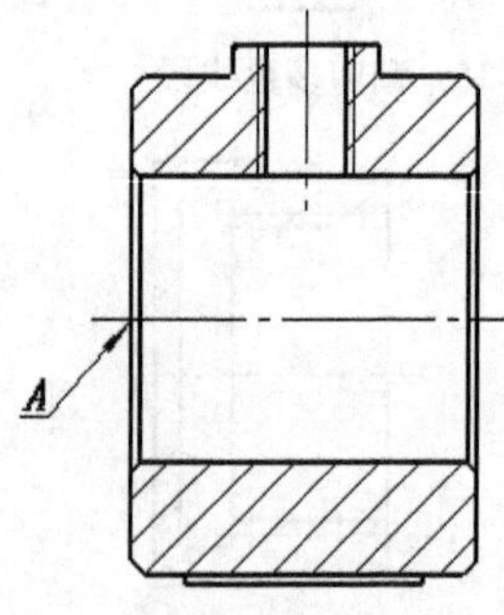

图 9-42　将轴承座生成块

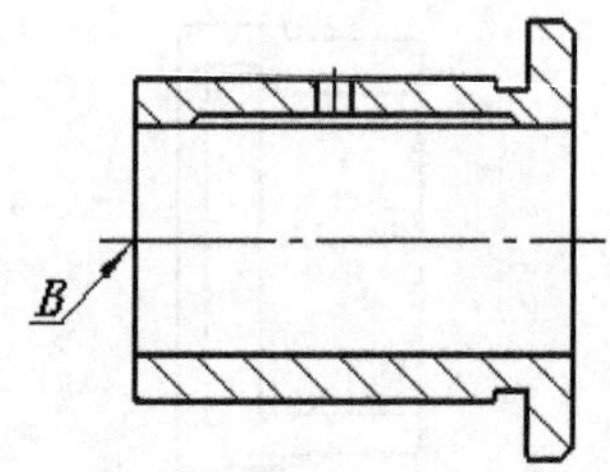

图 9-43　将轴衬生成块

3. 移动轴衬，使之与轴承座配合。

（1）选中图 9-43 所示的轴衬后，单击鼠标右键，在弹出的快捷菜单中选择【平移】选项，设置立即菜单栏如图 9-44 所示。

图 9-44　平移立即菜单栏

（2）根据命令行提示完成以下操作。

第一点：　　//单击图 9-43 中的 B 点

第二点：　　//单击图 9-42 中的 A 点

结果如图 9-45 所示。

4. 选中轴衬，单击鼠标右键，在弹出的快捷菜单中选择【块消隐】选项，使轴衬在最前面，结果如图 9-46 所示。

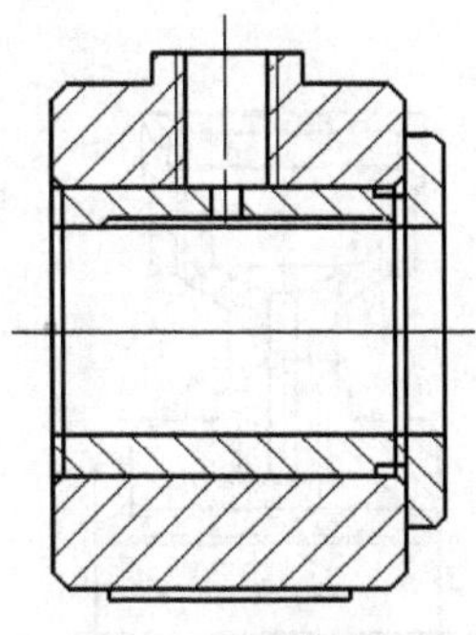
图 9-45 装配轴衬

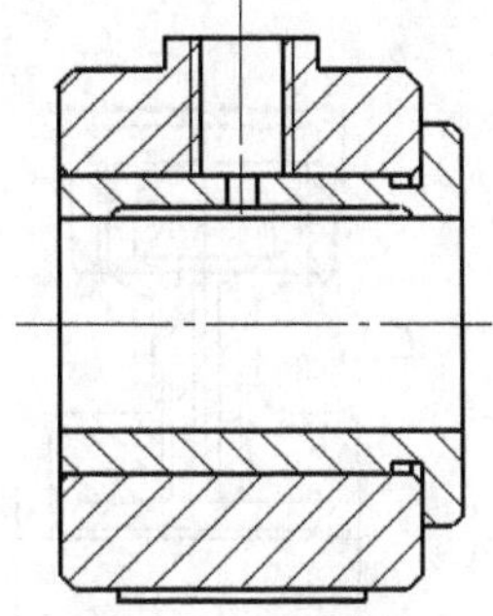
图 9-46 消隐轴衬

5. 将油杯生成块，基点选择 C 点，如图 9-47 所示。
6. 移动油杯，使之与轴承座配合，结果如图 9-48 所示。

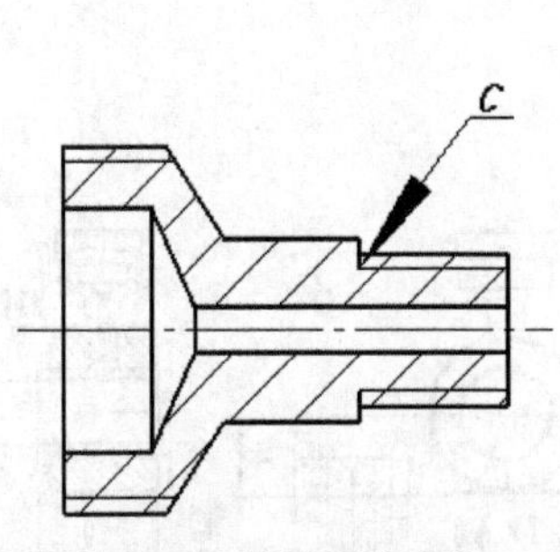

图 9-47 将油杯生成块

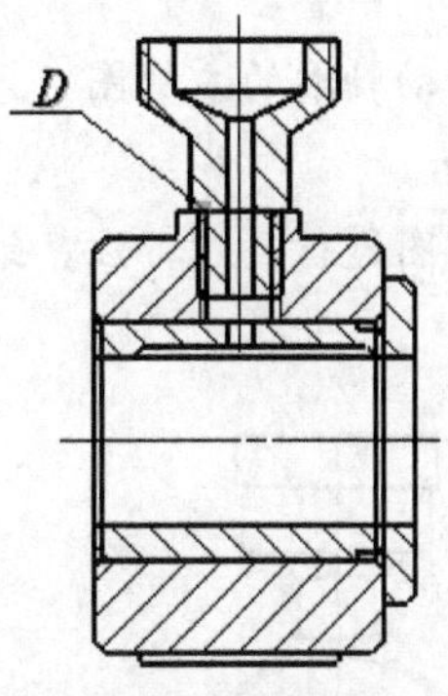

图 9-48 装配油杯

7. 拾取油杯，利用【消隐】命令保证油杯可见，结果如图 9-49 所示。
8. 将杯盖生成块，基点选择 E 点，如图 9-50 所示。

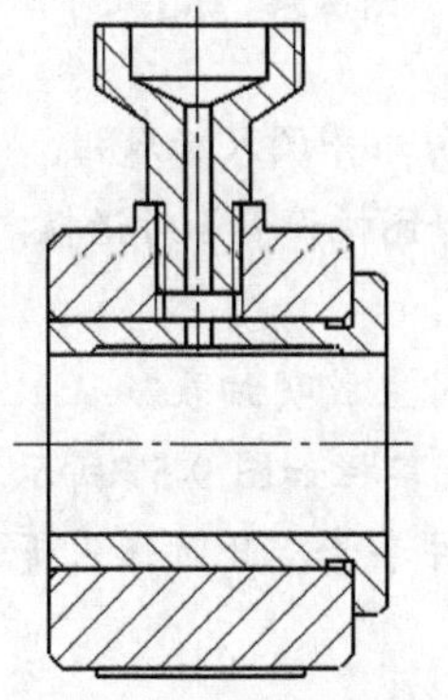
图 9-49 使油杯可见（1）

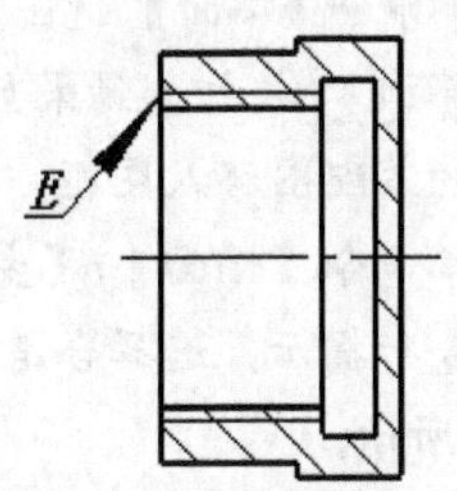

图 9-50 将杯盖生成块

9. 移动杯盖，使之与油杯配合。

（1）执行【平移】命令。

（2）根据命令行提示，单击图 9-50 中的 E 点，接着根据提示单击 F 点，结果如图 9-51 所示。

10. 拾取油杯，利用【消隐】命令保证油杯可见，结果如图 9-52 所示。

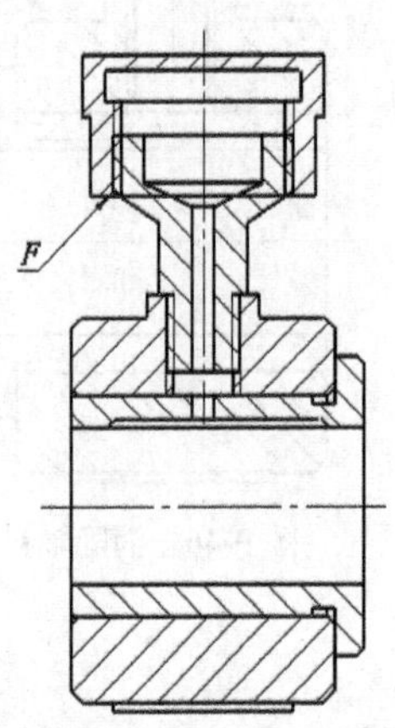

图 9-51　装配杯盖

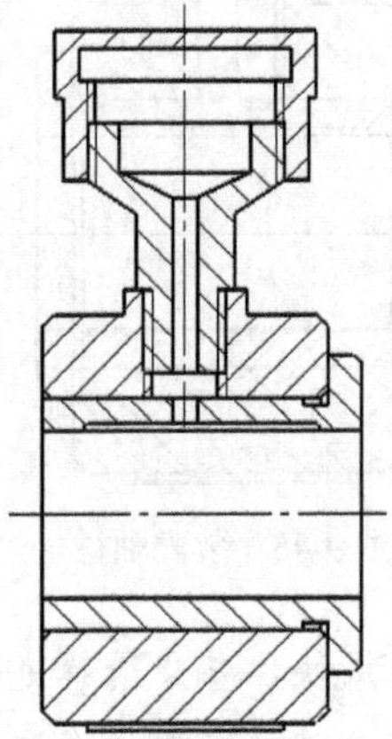

图 9-52　使油杯可见（2）

11. 对于滑动轴承的主视图，只需将左视图中配合的油杯和杯盖的外形图绘制出即可，结果如图 9-53 所示。

12. 对装配图进行尺寸标注，结果如图 9-54 所示。

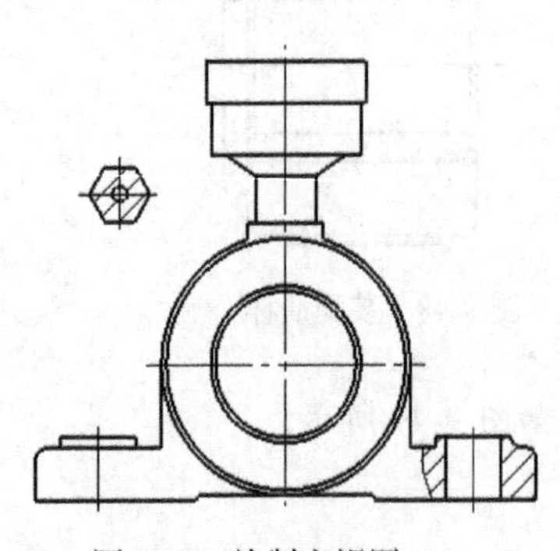

图 9-53　绘制主视图

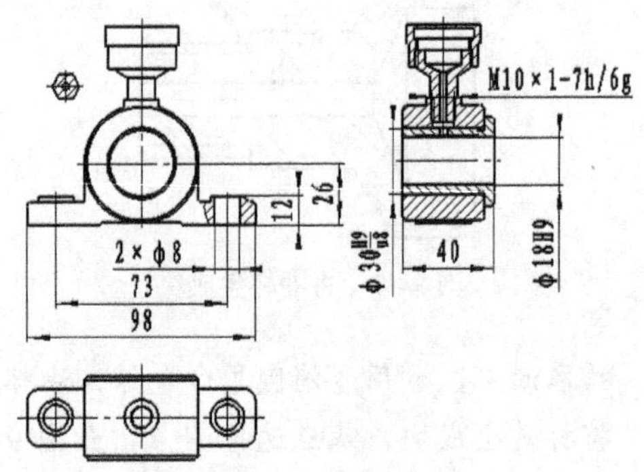

图 9-54　标注尺寸

13. 根据装配图的尺寸大小选择合适的图幅和图纸方向，并调入标题栏。

（1）选择菜单命令【幅面】/【图幅设置】，设置弹出的【图幅设置】对话框，如图 9-55 所示。

（2）单击 确定(O) 按钮，结果如图 9-56 所示。

14. 将绘制的装配图移入图框，并标注零件序号，同时生成明细表。

（1）选择菜单命令【幅面】/【生成序号】，设置立即菜单栏如图 9-57 所示。

（2）根据命令行提示，选择合适的引出点位置引出零件序号，此时弹出【填写明细表】对话框，如图 9-58 所示。

（3）填写完整后，单击 确定(O) 按钮，结果如图 9-59 所示。

15. 在图框的适当位置填写技术要求，并填写标题栏，最终结果如图 9-6 所示。

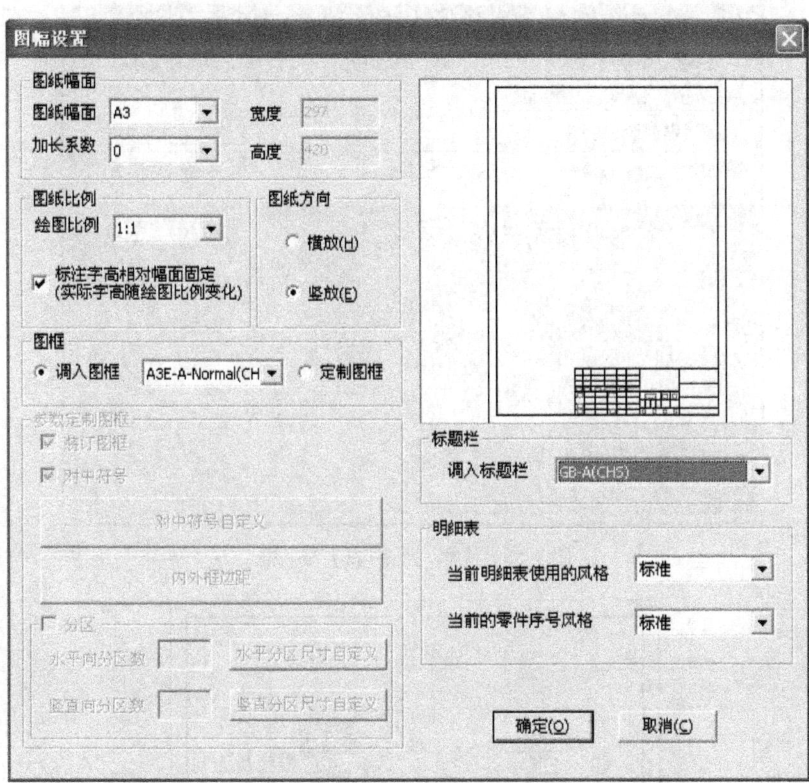

图 9-55 【图幅设置】对话框

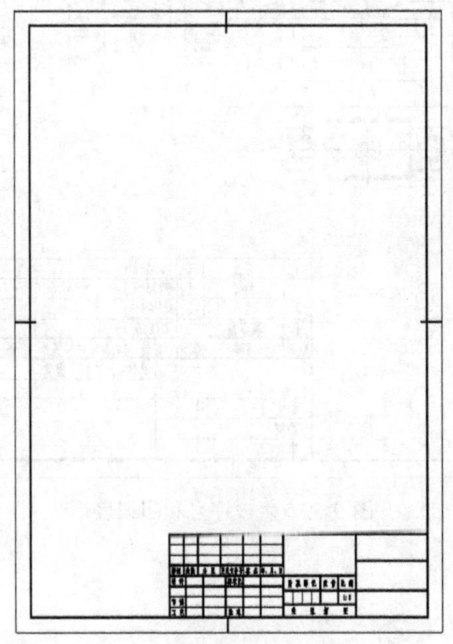

图 9-56 调入图框和标题栏

图 9-57 生成序号立即菜单栏

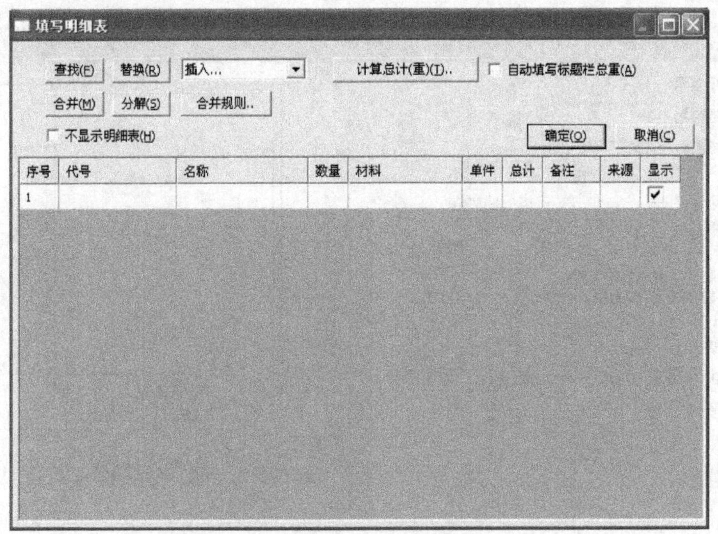

图 9-58 【填写明细表】对话框

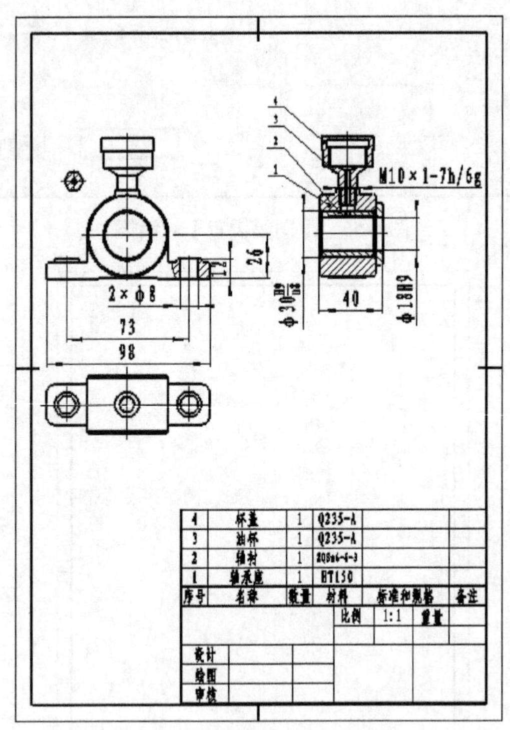

图 9-59 生成序号和明细表

9.3 由零件图组合装配图

由并入零件图的方式完成装配图是 CAXA 绘制装配图的另一种方式，同时，标准零件可由零件库直接插入。

【实例 9-2】用并入文件的方式绘制图 9-60 所示的联轴器装配图。

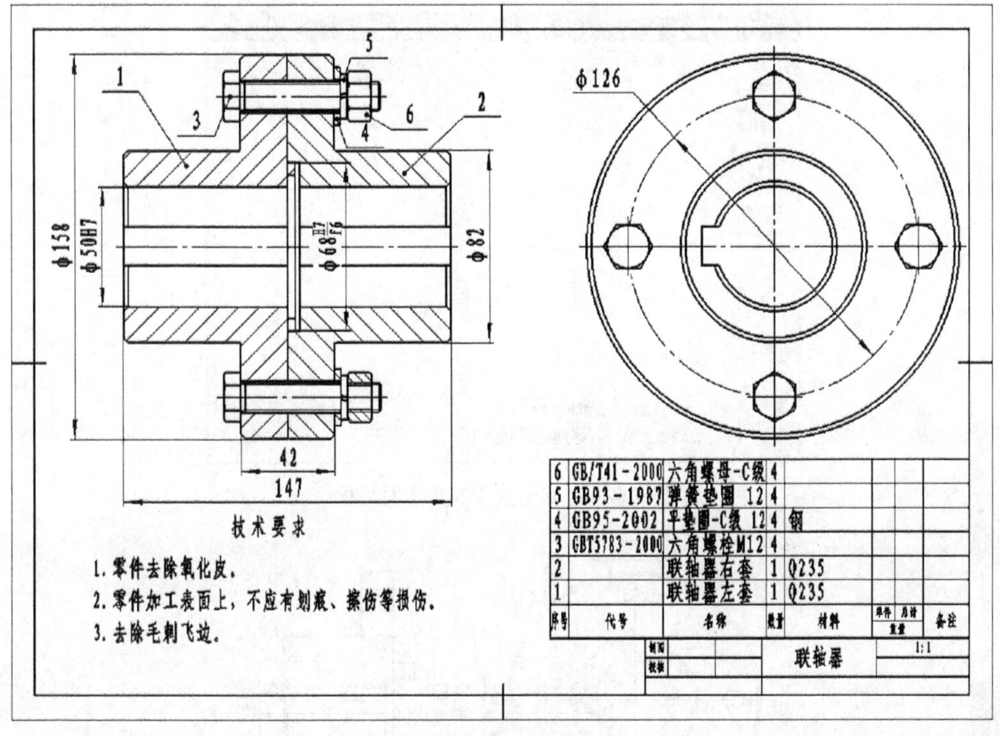

图 9-60　联轴器装配图

1. 部分存储非标准零件。

(1) 部分存储联轴器左套零件图。打开素材文件“\exb\第 9 章\9-2.exb”，选择菜单命令【文件】/【部分存储】，根据提示选取要存储的图形，如图 9-61 所示，按 Enter 键。

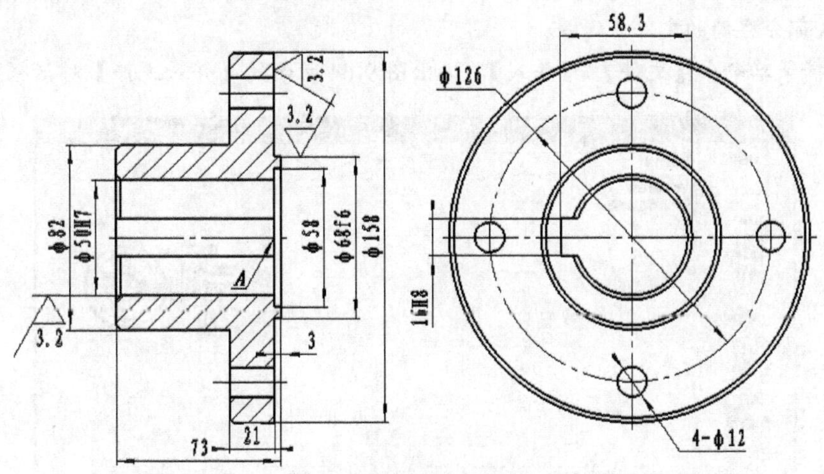

图 9-61　联轴器左套零件图

(2) 根据命令行提示，单击图 9-61 中的 *A* 点，弹出图 9-62 所示的【部分存储文件】对话框。在该对话框中输入文件的名称，然后单击 保存(S) 按钮。

（3）用同样的方法存储联轴器右套零件图，如图 9-63 所示。这里只需保存左视图即可，选择 B 点为基点。

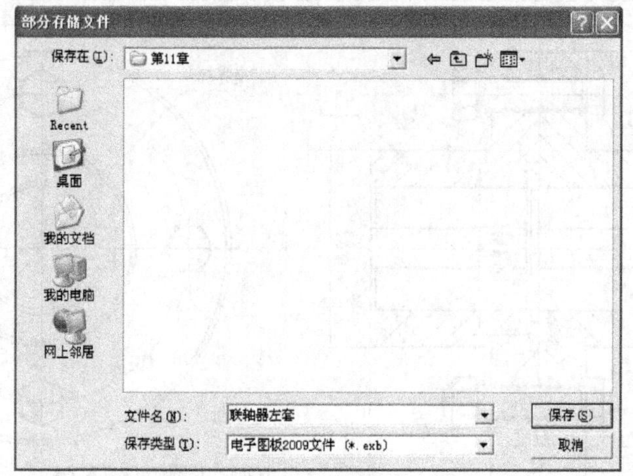

图 9-62 【部分存储文件】对话框

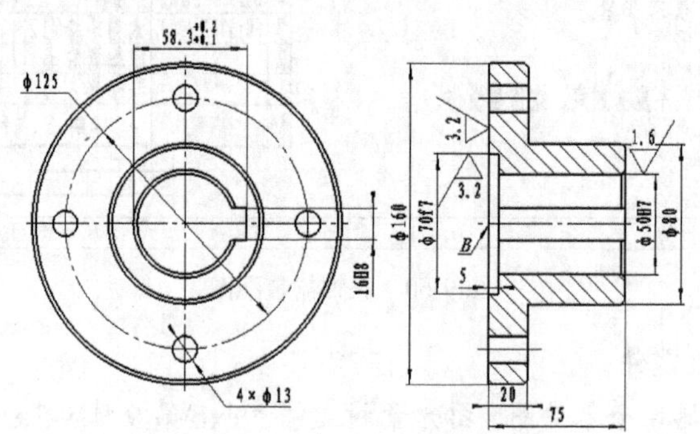

图 9-63 联轴器右套零件图

2. 并入部分存储的文件。

（1）选择菜单命令【文件】/【并入】，弹出图 9-64 所示的【并入文件】对话框。

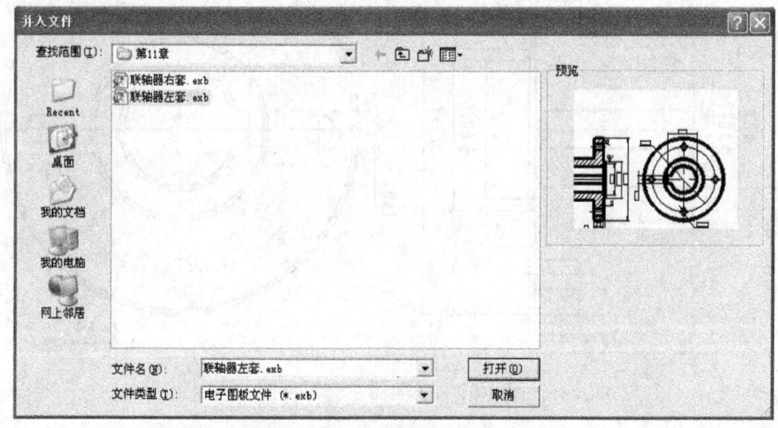

图 9-64 【并入文件】对话框

（2）选择已存储的“联轴器左套”文件，单击 打开(O) 按钮，联轴器左套的图形动态地出现在绘图区中。在立即菜单栏中输入图形比例为“1”，然后在绘图区的适当位置单击鼠标左键，输入旋转角度为“0”，并将尺寸标注删除，结果如图 9-65 所示。

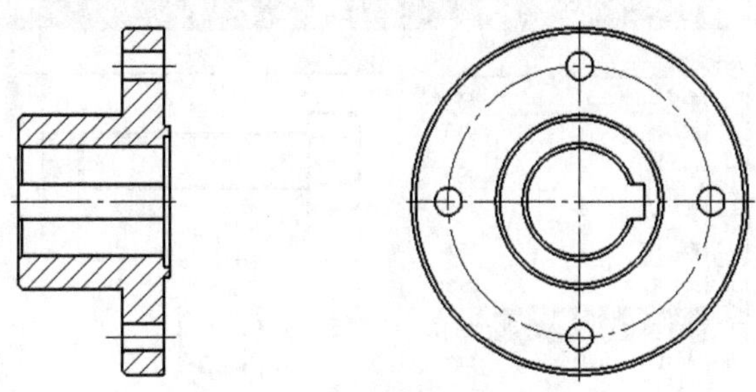

图 9-65 并入联轴器左套

（3）用同样的方法并入联轴器右套。放置动态图形时，选择 A 点为定位点，输入旋转角度“0”，并入右套后删去尺寸标注，结果如图 9-66 所示。

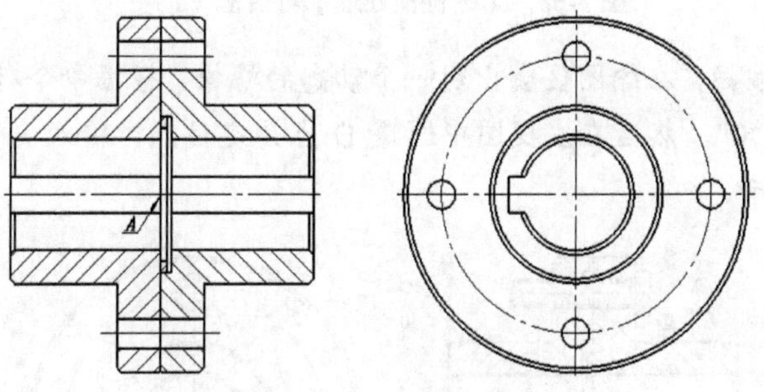

图 9-66 并入联轴器右套

3. 装配标准件，标准件的零件图可以直接从图库中提取。

（1）提取螺栓。单击【绘图工具】栏上的按钮，设置弹出的【提取图符】对话框，如图 9-67 所示。在该对话框右侧的【图形】列表框中会预显六角头螺栓，其中两个红色的“十”字形图标是螺栓的基准点（定位点）。

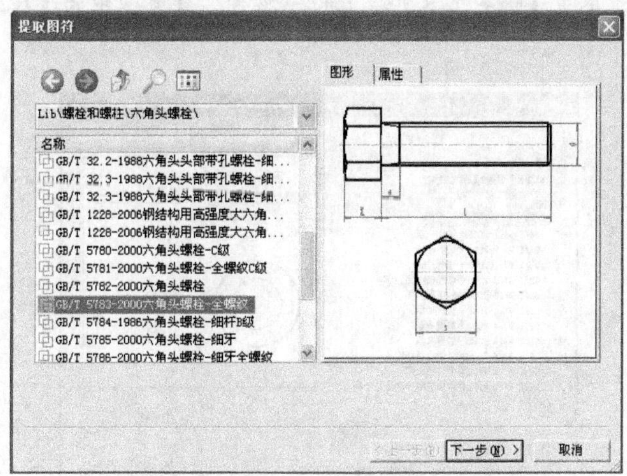

图 9-67 【提取图符】对话框（1）

（2）单击下一步(N)>按钮，弹出【图符预处理】对话框，如图 9-68 所示。在【尺寸规格选择】列表框中选择“*M*12”、长度为“60”的螺纹。

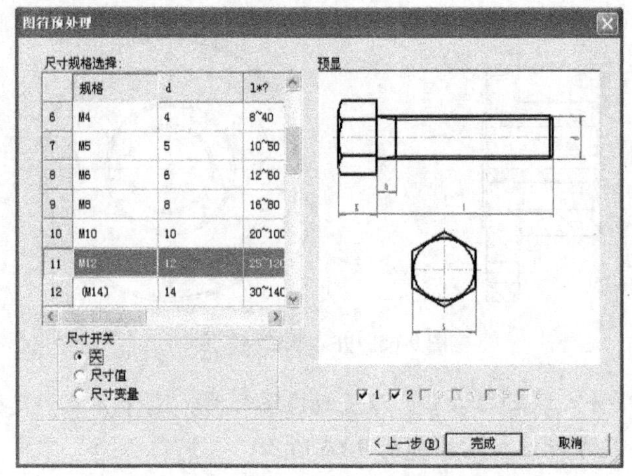

图 9-68 【图符预处理】对话框（1）

（3）单击完成按钮，在绘图区会出现一个动态的螺栓，根据命令行提示，选取 C 点为定位点，输入旋转角度“0”，然后在左视图中选择 D 点为定位点，输入旋转角度“0”，按 Enter 键，结果如图 9-69 所示。

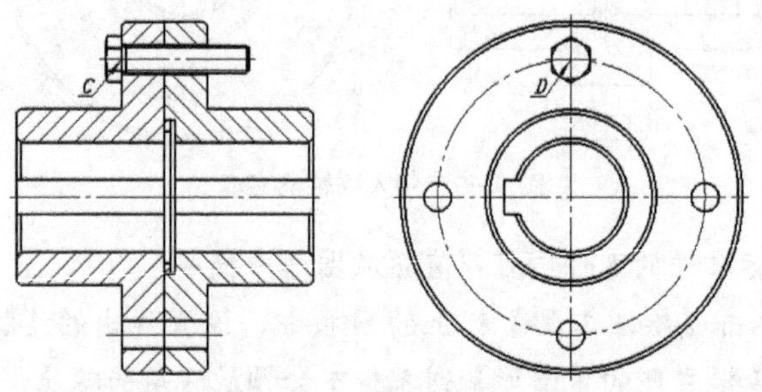

图 9-69 提取螺栓

（4）提取平垫圈。单击【绘图工具】栏上的按钮，设置弹出的【提取图符】对话框，如图 9-70 所示。

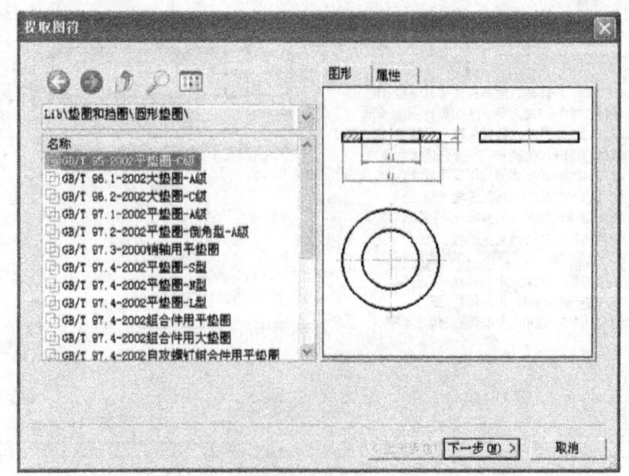

图 9-70 【提取图符】对话框（2）

（5）单击 下一步(N)> 按钮，弹出【图符预处理】对话框，如图 9-71 所示。在【尺寸规格选择】列表框中选择规格为“12”的平垫圈。

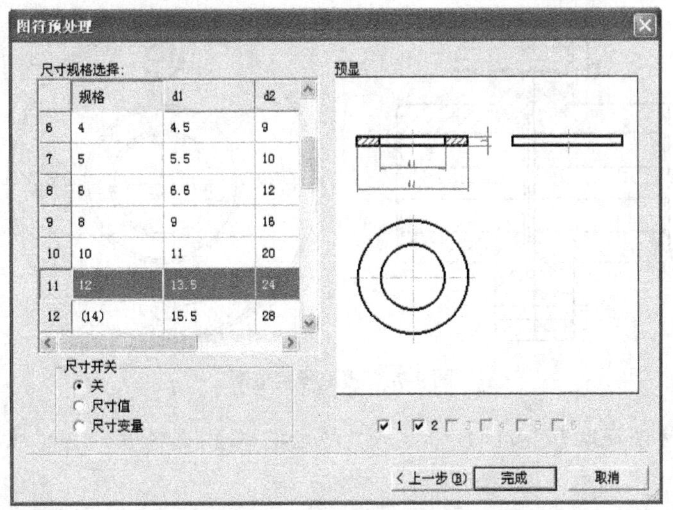

图 9-71 【图符预处理】对话框（2）

（6）单击 确定(O) 按钮，在绘图区会出现一个动态的平垫圈，根据命令行提示，选取 *E* 点为定位点，输入旋转角度“– 90”，按 Enter 键，结果如图 9-72 所示。

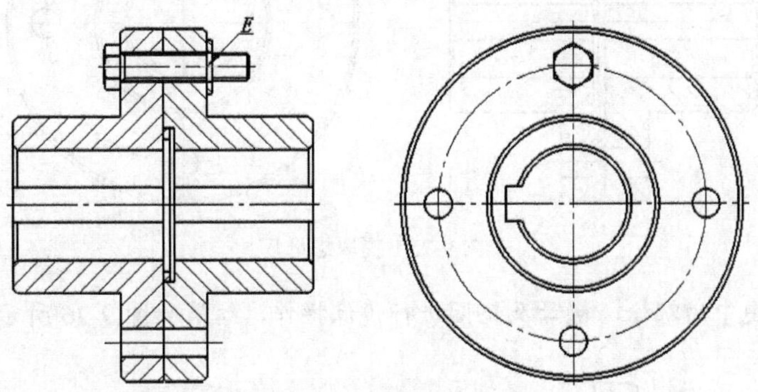

图 9-72 提取平垫圈

（7）拾取图 9-72 中的螺栓，然后单击鼠标右键，在弹出的快捷菜单中选择【消隐】选项，结果如图 9-73 所示。

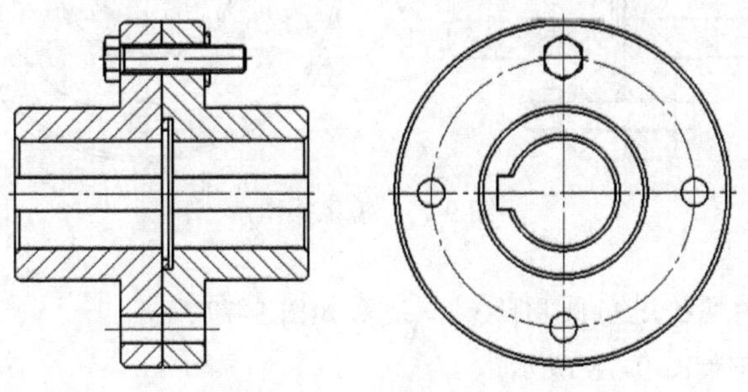

图 9-73 使螺栓可见

（8）参照提取平垫圈的方法，提取【GB93-1987 标准型弹簧垫圈】，直径为“12”，结果如图 9-74 所示。

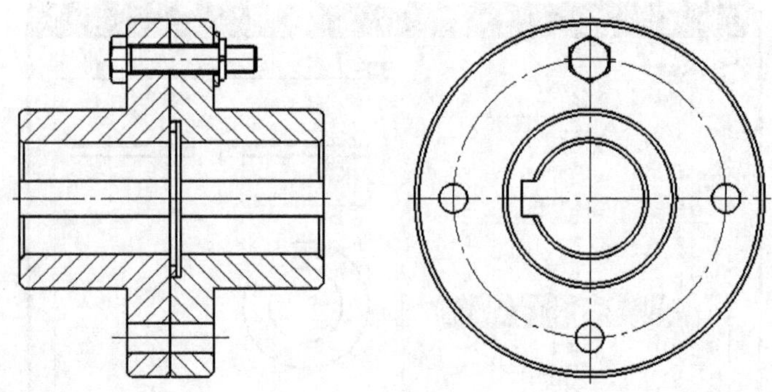

图 9-74　提取弹簧垫圈

（9）用同样的方法提取【GB/T41-2000 六角螺母-C 级】，选择 $d = 12$ 的螺母，结果如图 9-75 所示。

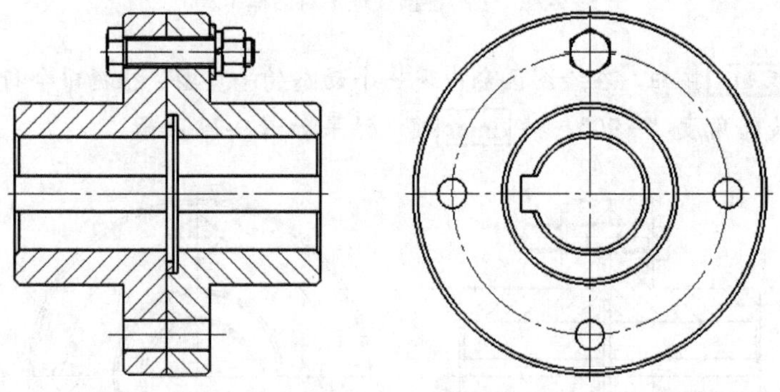

图 9-75　提取螺母

（10）对主视图中的螺栓、螺母及垫圈进行镜像操作，结果如图 9-76 所示。

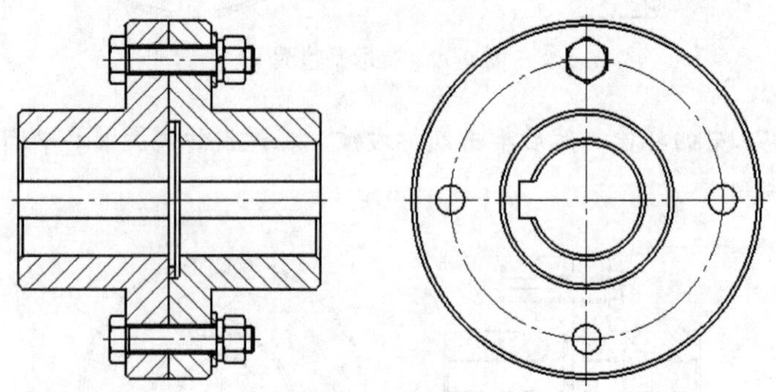

图 9-76　镜像操作

（11）对左视图中的螺栓进行圆周阵列，结果如图 9-77 所示。

4. 标注尺寸，结果如图 9-78 所示。

5. 根据图形尺寸调入图框（A3）和标题栏，并将图形移入图框内，结果如图 9-79 所示。

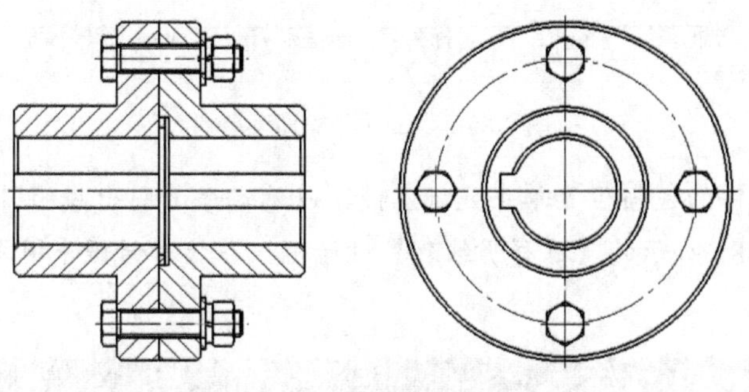

图 9-77 圆周阵列螺栓

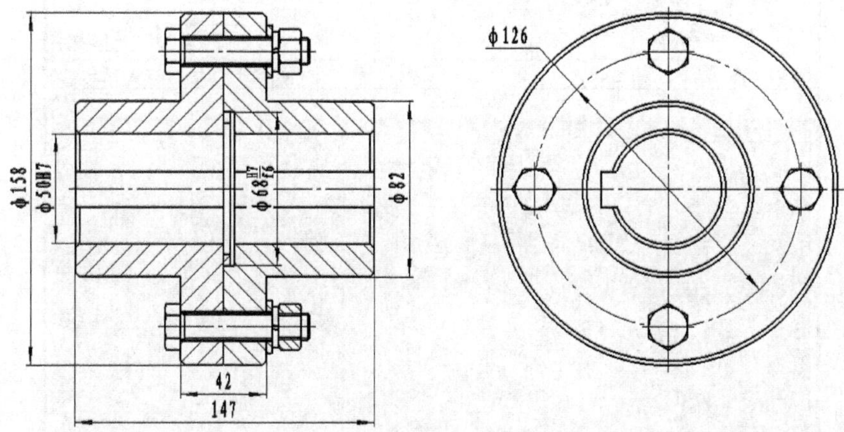

图 9-78 标注尺寸

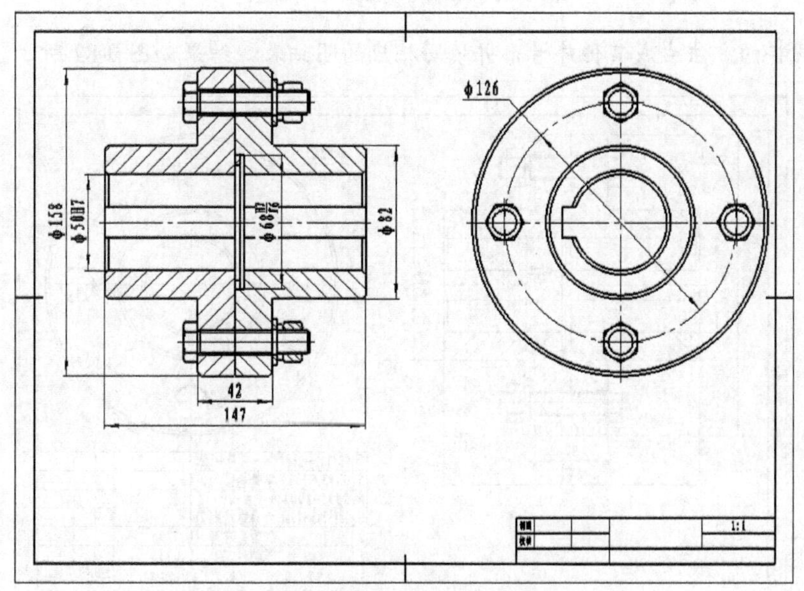

图 9-79 调入图框和标题栏并将图形移入图框

6. 生成零件序号并填写明细表。

（1）选择菜单命令【幅面】/【序号】/【生成】，设置立即菜单栏如图 9-80 所示。

图 9-80　生成序号立即菜单栏

（2）在要标注零件的适当位置单击鼠标左键，以确定序号引出线的引出点。确定引出点的转折点后，弹出图 9-81 所示的【填写明细表】对话框。在该对话框中填写相应的各项内容后，单击 确定(O) 按钮。

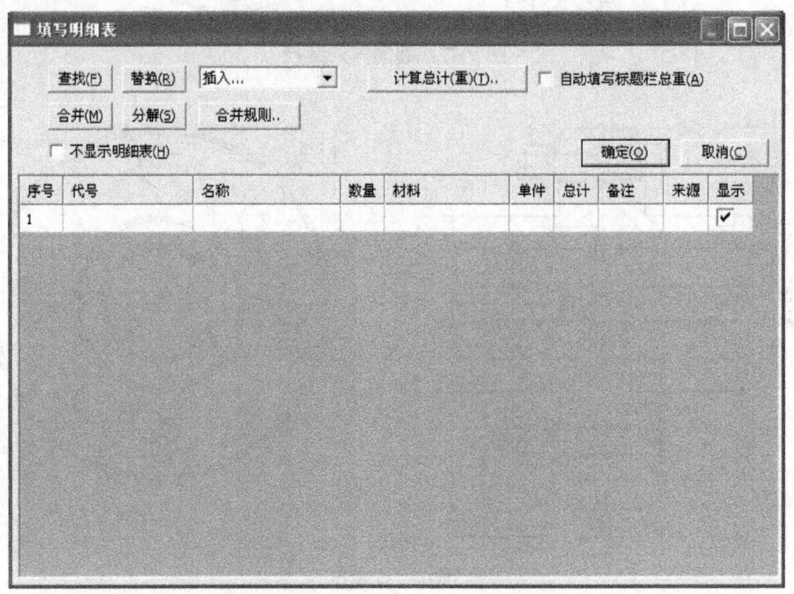

图 9-81　【填写明细表】对话框

（3）用同样的方法生成其他序号，并填写相应的明细表，结果如图 9-82 所示。

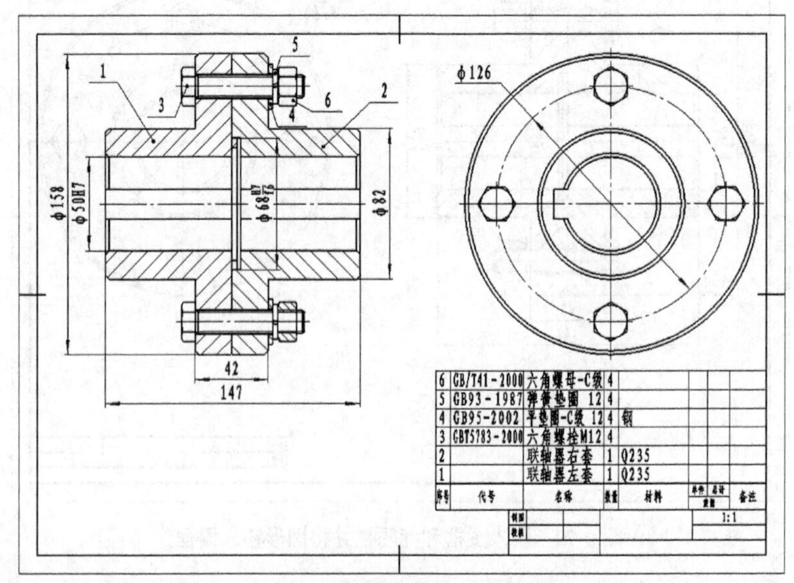

图 9-82　生成其他序号并填写相应的明细表

7. 在图框的适当位置填写技术要求，并填写标题栏，最终结果如图 9-60 所示。

9.4 根据装配图拆画零件图

由装配图拆画零件图是设计工作中的一个重要环节，是设计者在完全看懂装配图的基础上进行的。拆画零件图时，要多使用【复制选择到】命令，将图线从装配图中复制出来组成图形，具体方法如下。

一、构思零件形状

装配图用于表达零件之间的装配关系，有些零件个别部分的形状和详细的结构不一定都能表达清楚，不过这些部分可在拆画零件图时根据零件的工作要求进行设计。

在拆画零件图时，要补充装配图上可能省略了的工艺结构，如圆角、倒角及锥度等。

二、确定视图表达方案

装配图在选择表达方案时是从整个装配体来考虑的，无法符合每个零件的表达需要。零件图与装配图的表达重点不一样，在拆画零件图时不能完全按照零件在装配图中的表达方案，要根据零件的结构形状选择更合适的表达方案。

三、确定并标注零件尺寸

装配图中标注的尺寸大多是重要尺寸，在拆画零件图时可以直接移到零件图上。具有配合代号的尺寸，应该根据配合类别、公差等级标注上、下偏差，一些标准结构的（如螺栓通孔的直径、键槽宽度和深度等）尺寸可通过查表获得。装配图上没有标注的尺寸可根据装配图的比例测量得到并圆整。对于有装配关系的尺寸在标注时要注意相互协调，不能造成矛盾。

四、标注技术要求和填写标题栏

拆画零件图时，零件的各表面都应标注上表面粗糙度代号，配合表面要选择恰当的公差等级和基本偏差，并且根据零件的作用标注上必要的技术要求和形位公差要求。

【实例 9-3】打开素材文件“\exb\第 9 章\9-3.exb”，如图 9-83 所示。该图是机油泵装配图，要求从装配图中拆画出泵体的零件图。图 9-84～图 9-88 所示的是放大后装配图中的各视图及明细表。

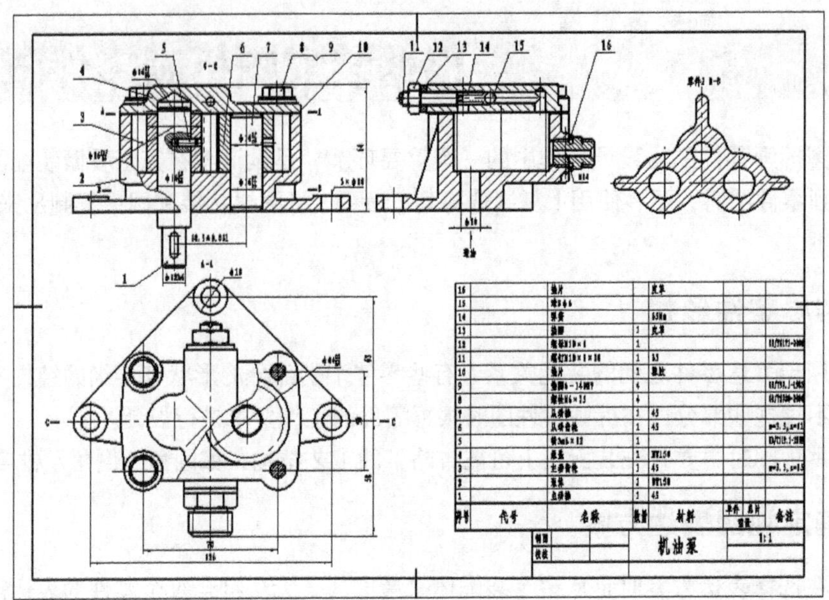

图 9-83　机油泵装配图

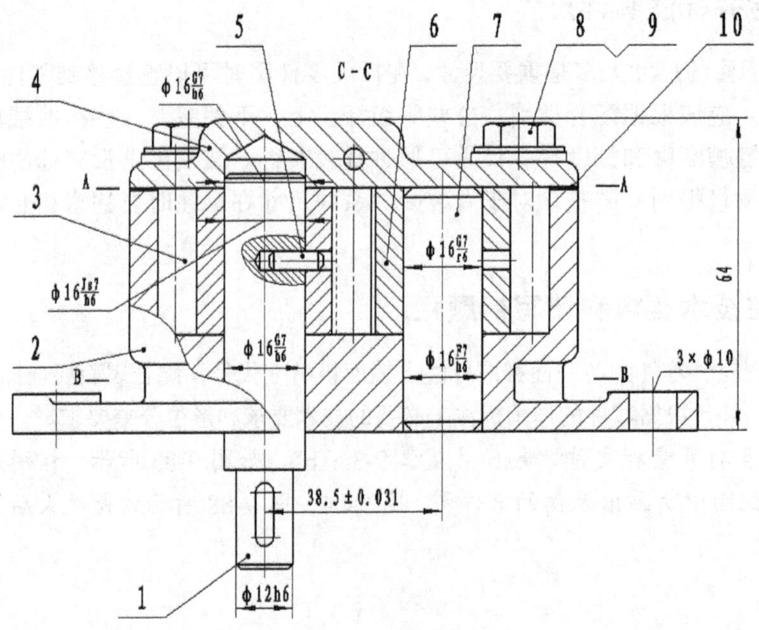

图 9-84　主视图

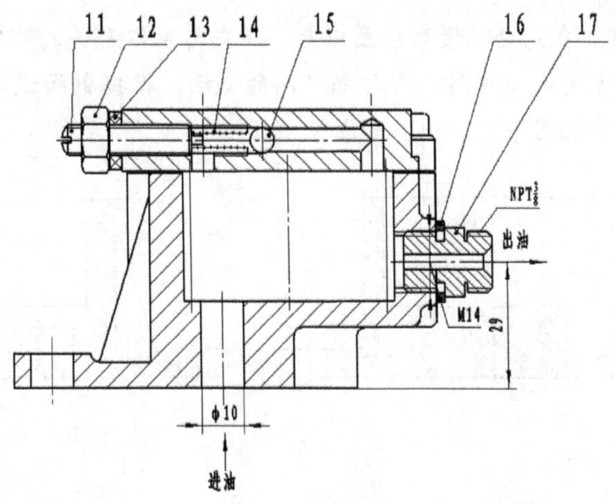

图 9-85　左视图

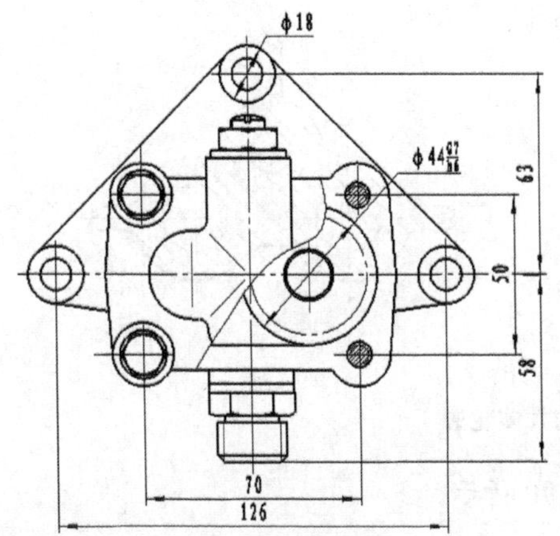

图 9-86　俯视图

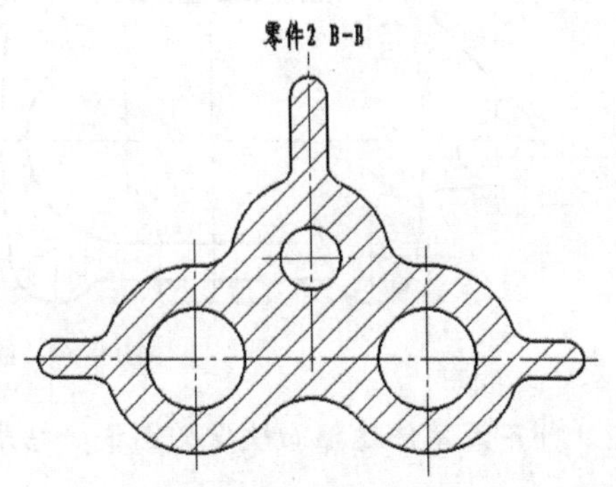

图 9-87　剖视图

序号	代号	名称	数量	材料	单件	总计	备注
					重量		
17		管接头	1	CuZn38			
16		垫片		皮革			
15		球Sϕ6					
14		弹簧		65Mn			
13		垫圈	1	皮革			
12		螺母M10×1	1				GB/T6171-2000
11		螺钉M10×1×30	1	35			
10		垫片	1	橡胶			
9		垫圈6-140HV	4				GB/T97.1-1985
8		螺栓M6×25	4				GB/Ts780-2000
7		从动轴	1	45			
6		从动齿轮	1	45			m=3.5，z=11
5		销3m6×12	1				GB/T119.1-2000
4		泵盖	1	HT150			
3		主动齿轮	1	45			m=3.5，z=1.5
2		泵体	1	HT150			
1		主动轴	1	45			

图 9-88　明细表

1. 仔细阅读装配图，在完全读懂装配图以后，拆去与泵体无关的零件，考虑选择零件的表达方案。在拆除与泵体无关的零件时，可借助不同的剖面，根据剖面线方向的不同找出泵体的大体轮廓，将各线条从装配图中复制出，如图 9-89 所示。

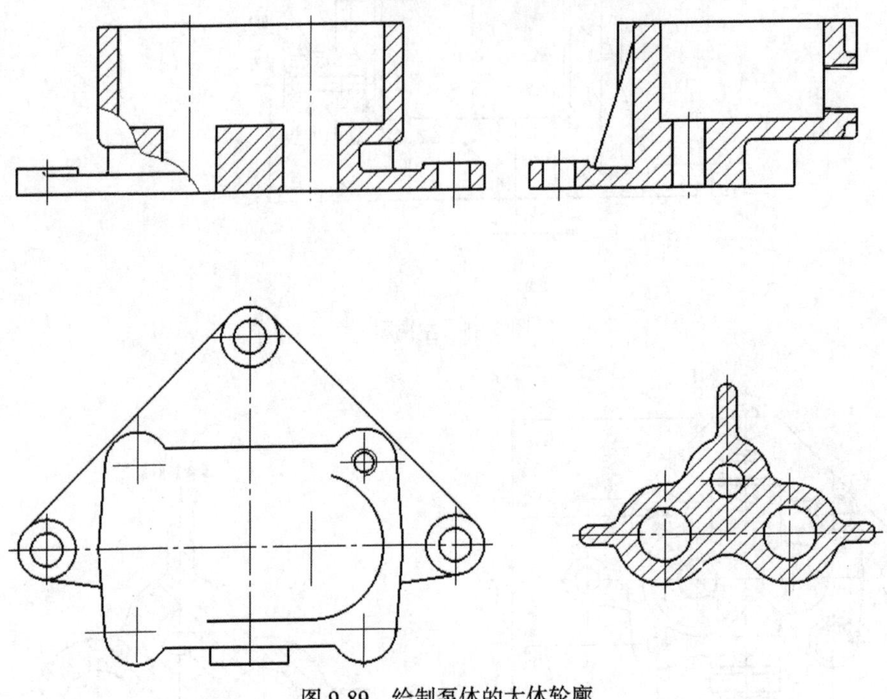

图 9-89　绘制泵体的大体轮廓

2. 补齐因零件遮挡而缺少的图线，结果如图 9-90 所示。

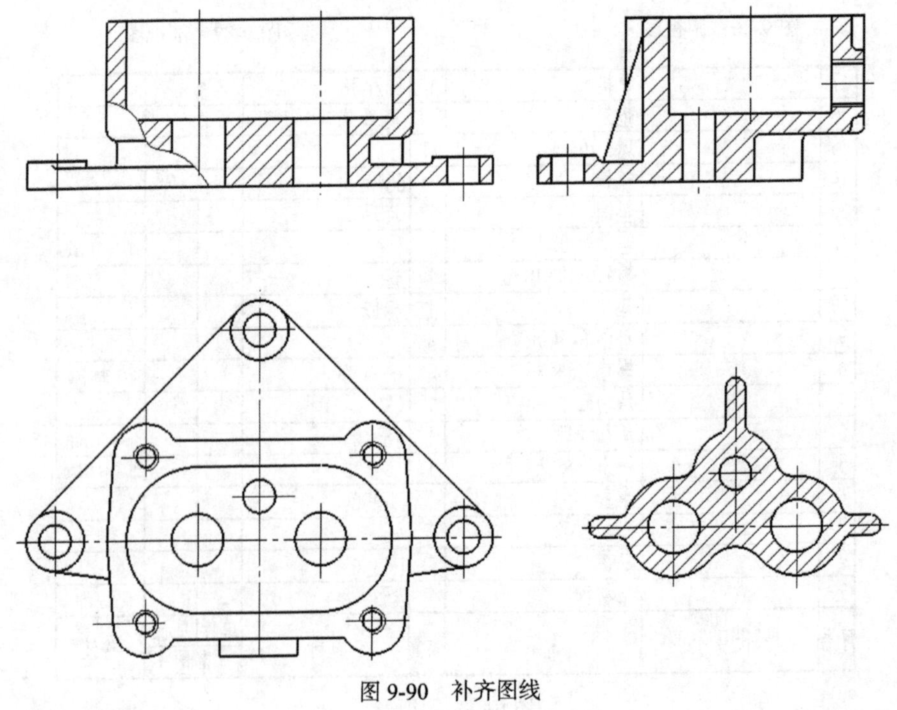

图 9-90　补齐图线

3. 仔细读图并进行修改，选择更合适的表达方案，结果如图 9-91 所示。

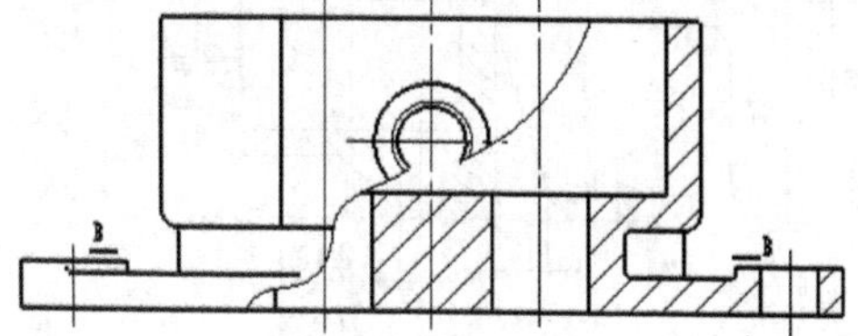

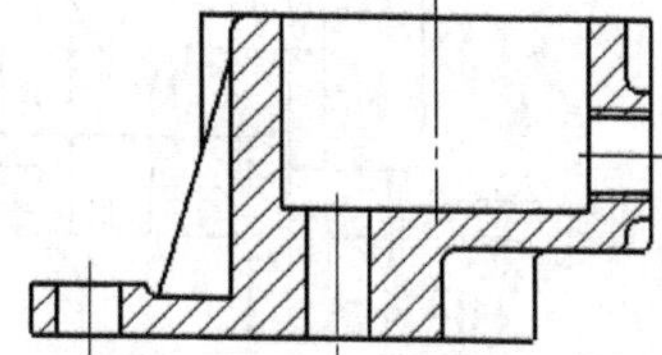

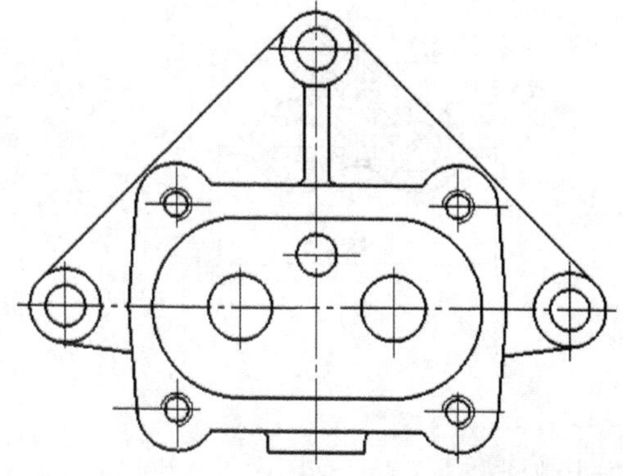

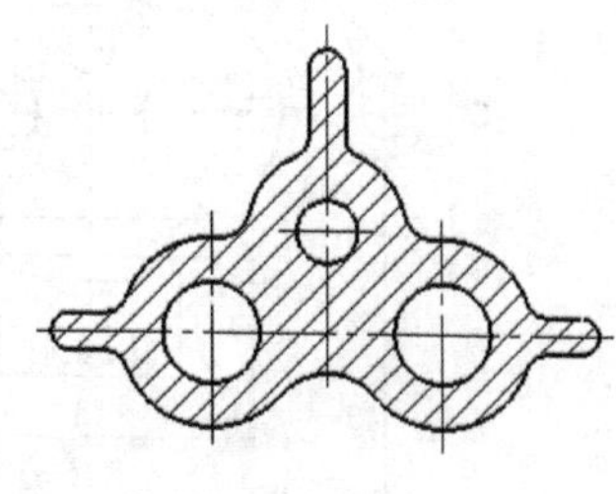

图 9-91　合理表达图形

4. 标注装配图中已有的尺寸，结果如图 9-92 所示。

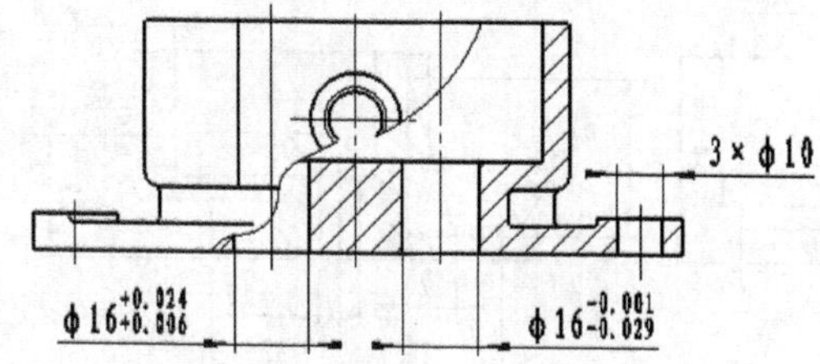

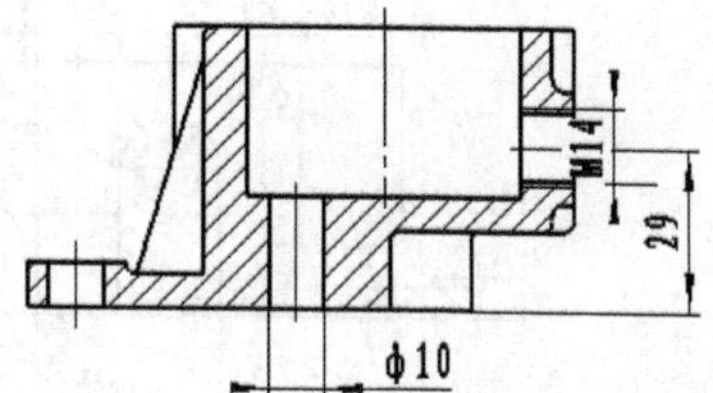

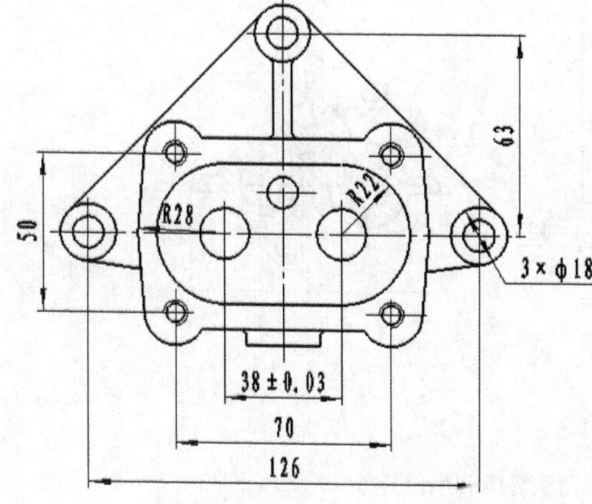

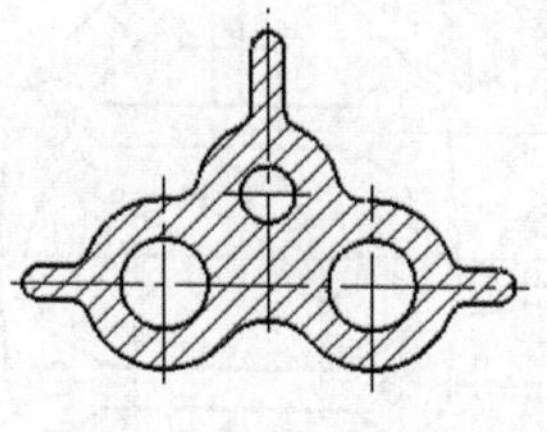

图 9-92　标注已有尺寸

5. 根据零件图的比例、相关零件的尺寸和工艺要求等标注其他尺寸，结果如图 9-93 所示。

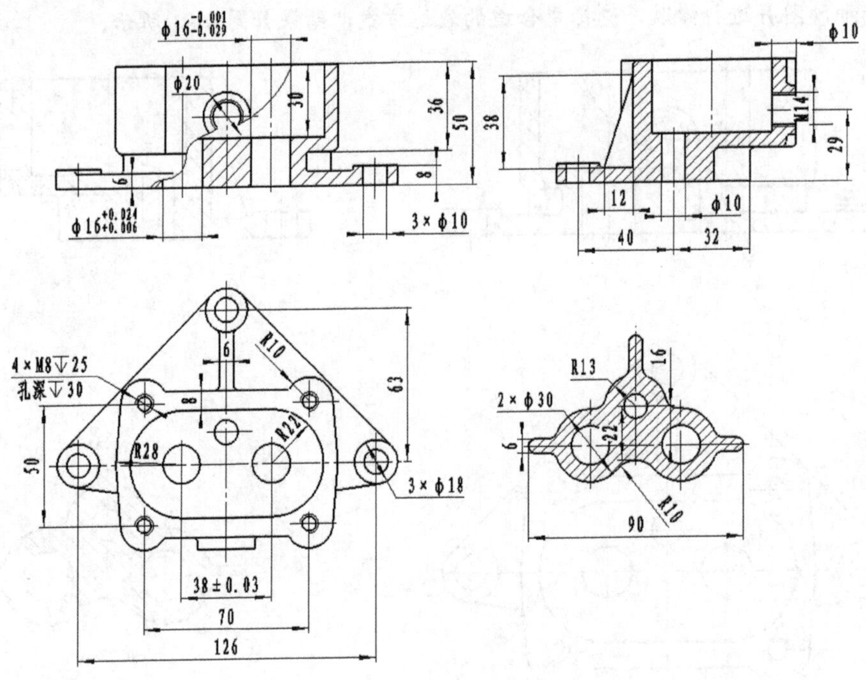

图 9-93　标注其他尺寸

6. 确定并标注表面粗糙度和形位公差，结果如图 9-94 所示。

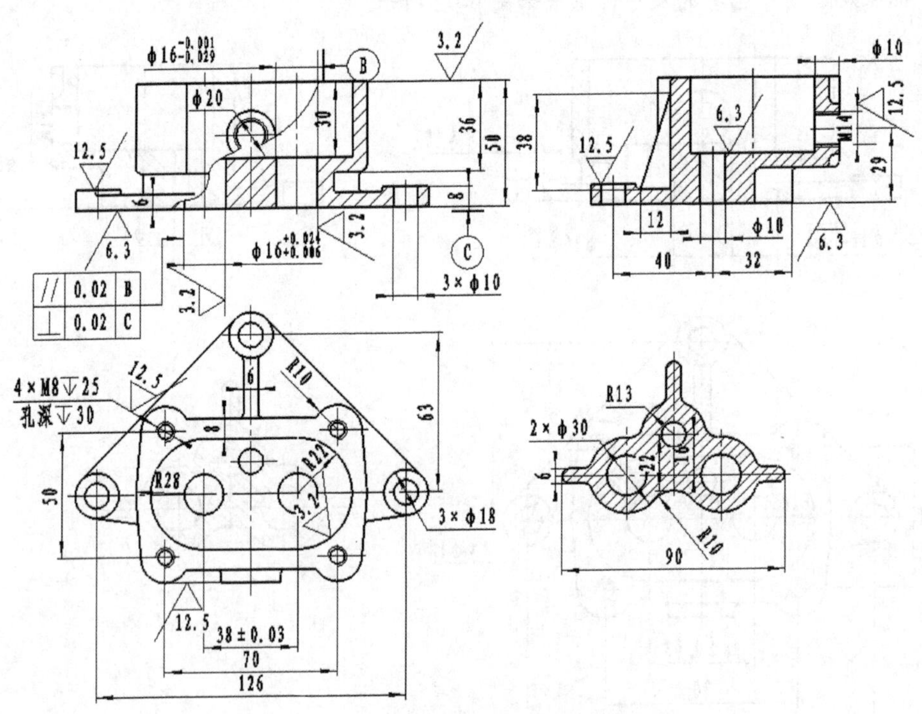

图 9-94　标注表面粗糙度和形位公差

7. 根据零件尺寸和绘图比例确定图纸幅面为 A3，调入图框和标题栏，然后将绘制好的零件图移入图框内，结果如图 9-95 所示。

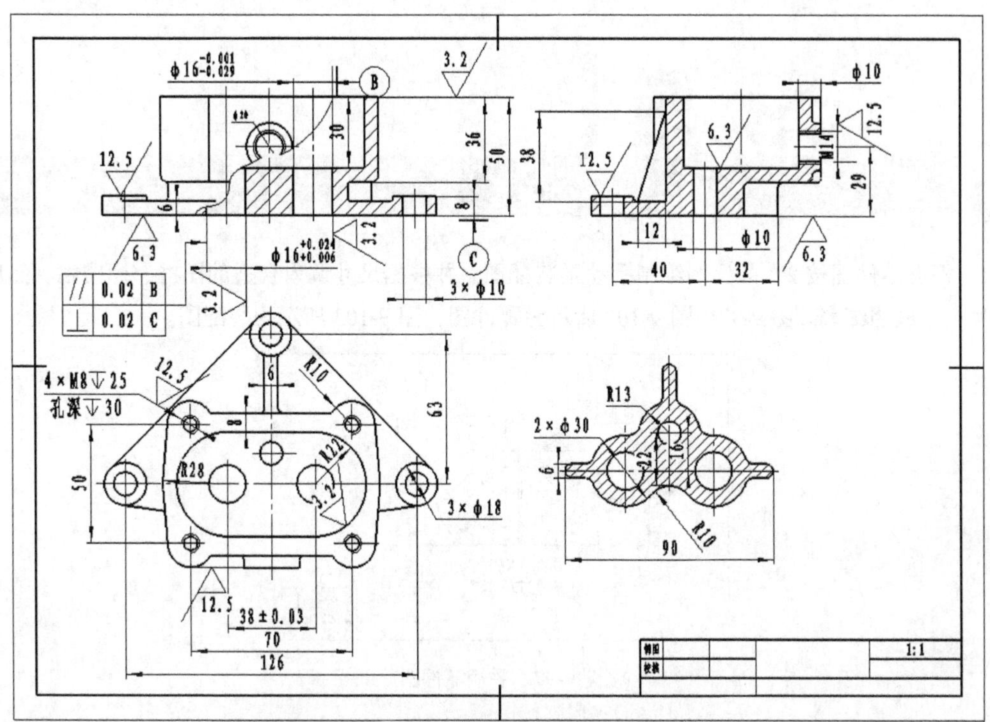

图 9-95　调入图框和标题栏并将图形移入图框内

8. 在图框内的适当位置填写技术要求，并填写标题栏，最终结果如图 9-96 所示。

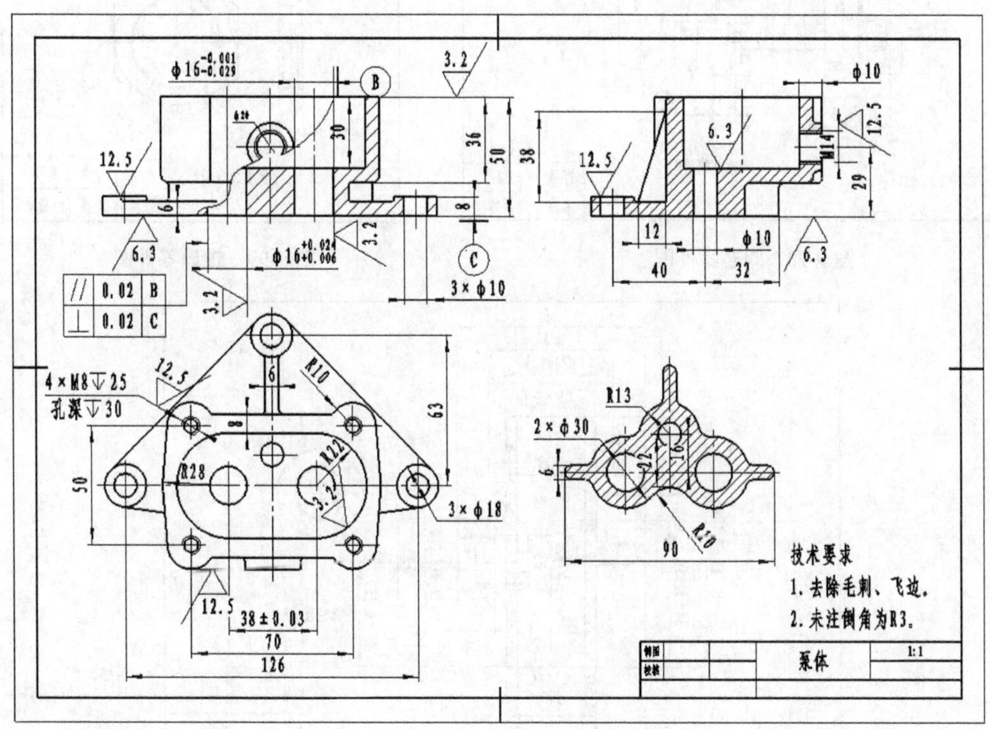

图 9-96　填写技术要求和标题栏

9.5 习题

1. 根据零件图按 2:1 的比例绘制手动泵装配图，并根据尺寸调入合适的图框、标题栏，然后标注序号、生成明细表。图 9-97～图 9-102 所示为零件图，图 9-103 所示为装配图。

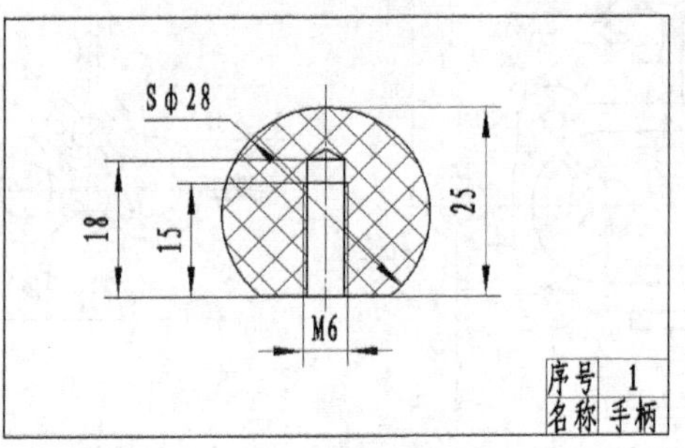

图 9-97　手柄零件图

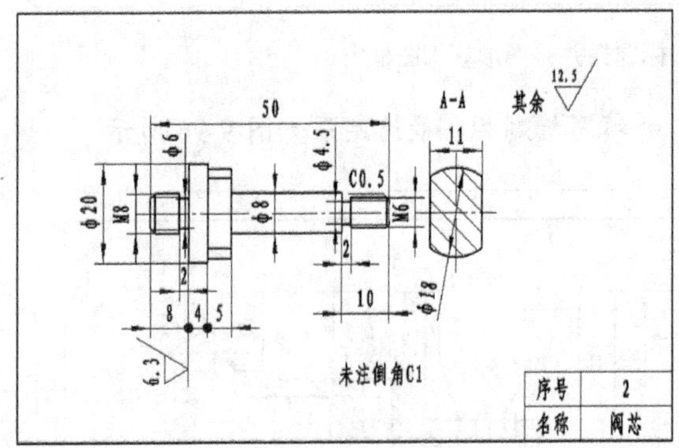

图 9-98　阀芯零件图

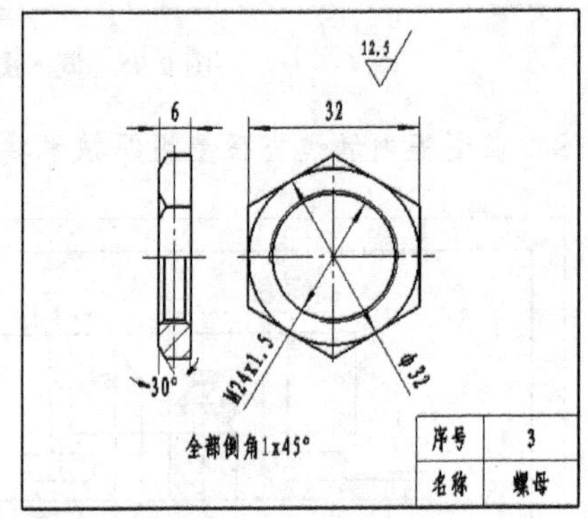

图 9-99　螺母零件图

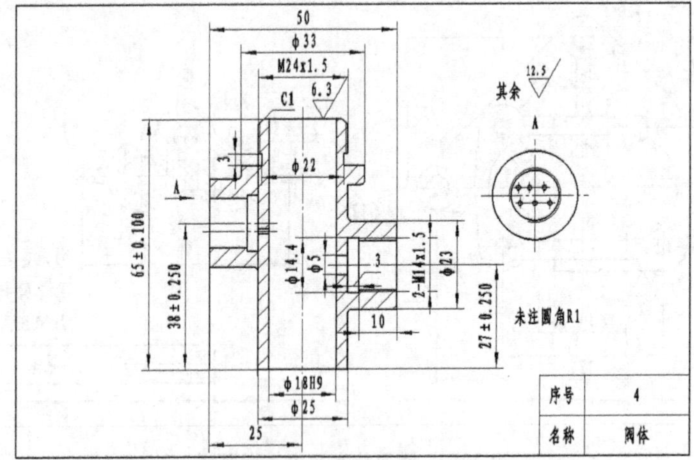

图 9-100　阀体零件图

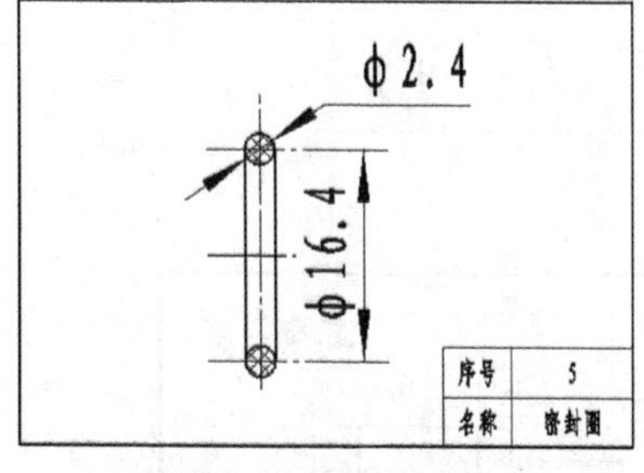

图 9-101　密封圈零件图

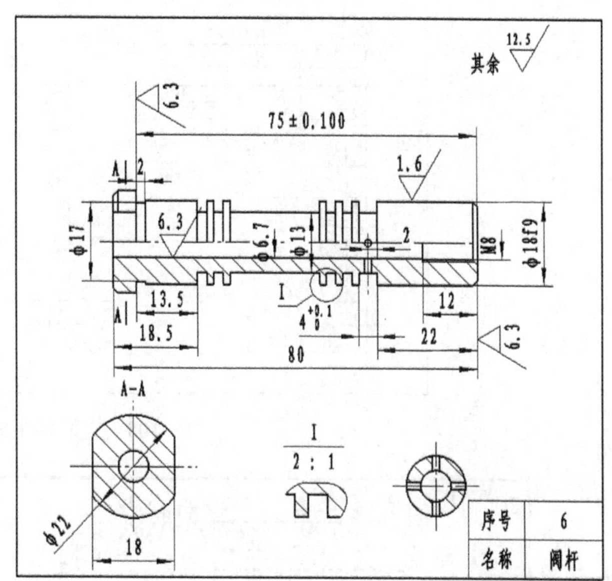

图 9-102　阀杆零件图

2. 在 A4 图幅内绘制装配图，如图 9-104 所示，比例为 1:1，然后标注尺寸，编写序号和明细表，并填写标题栏。图 9-105～图 9-107 所示为各零件图。

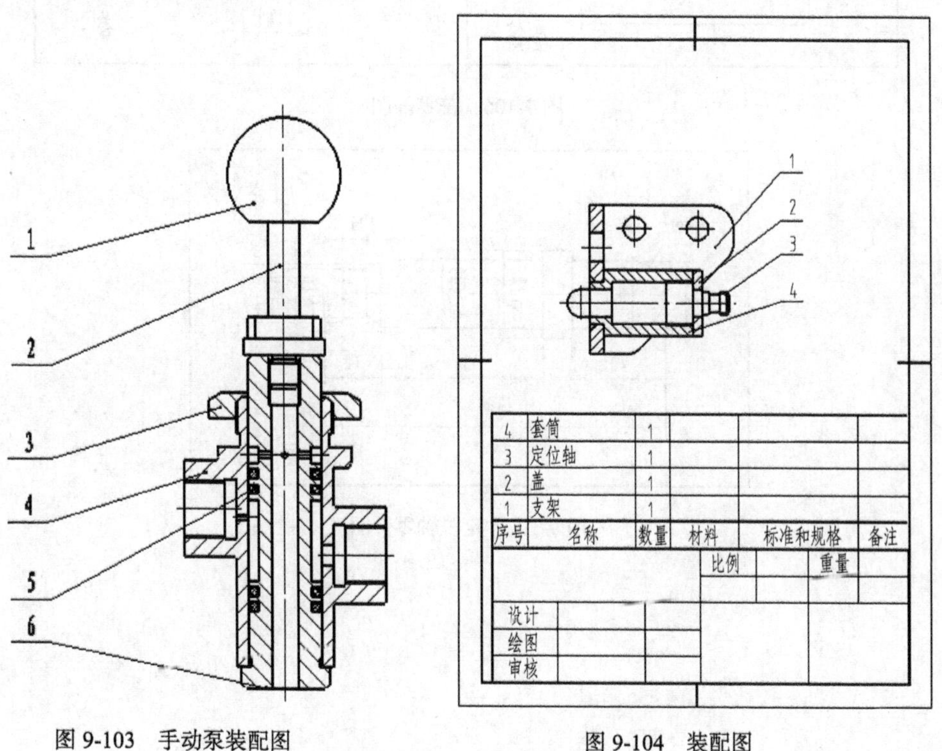

图 9-103　手动泵装配图

图 9-104　装配图

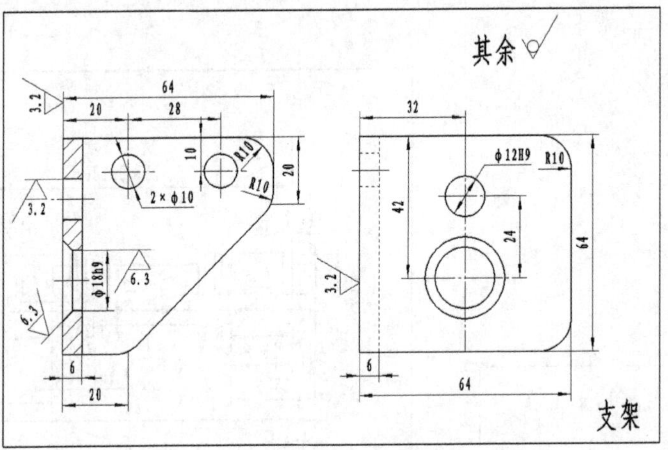

图 9-105　支架零件图

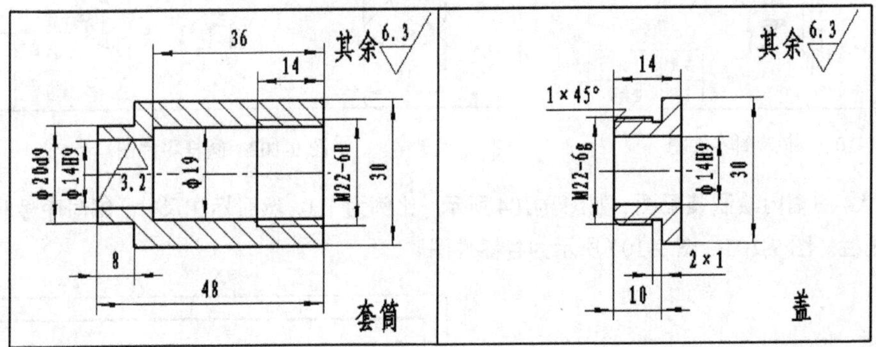

图 9-106　盖零件图

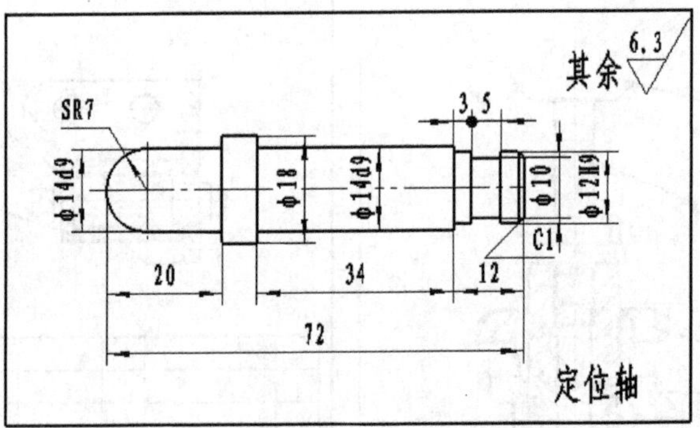

图 9-107　定位轴零件图

绘制完 CAXA 图形之后，就需要对所绘制的图形进行输出。图形的输出有利于纠正图形差错，更便于图形的携带与现场使用。

10.1 打印设置

CAXA 电子图板采用 Windows 的标准输出接口，可支持任何 Windows 支持的打印机，由输出设备输出图形。打印机只需在 Windows 下安装即可，无需在电子图板系统内单独安装。

选择菜单命令【文件】/【打印】或单击【标准】工具栏上的 按钮，弹出图 10-1 所示的【打印对话框】。

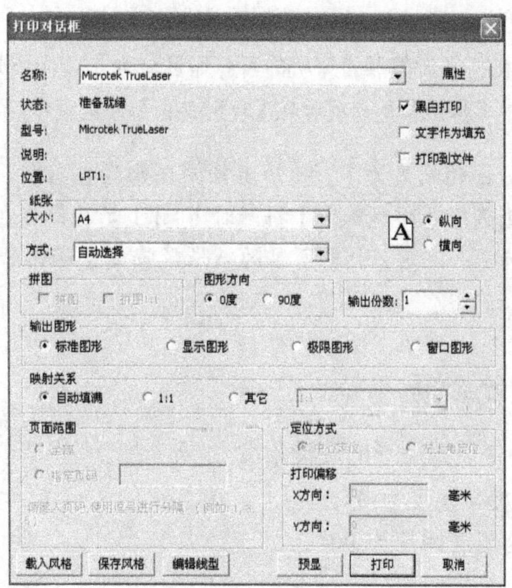

图 10-1　打印对话框

该对话框中的各选项介绍如下。

一、【打印机】分组框

【打印机】分组框主要用于选择打印机及设置当前图纸的幅面。

- 名称：在此下拉列表中选择打印机。
- 属性(P)：单击此按钮，可对当前的打印机属性进行设置。
- 黑白打印：在不支持无灰度的黑白打印的打印机上，可达到更好的黑白打印效果，不会出现某些图形颜色变浅看不清楚的问题，使得电子图板输出设备的能力得到了进一步加强。
- 文字作为填充：可以将文字作为整体填充到图纸当中。
- 打印到文件：如果不将文档发送到打印机上打印，而是将结果发送到文件中，可选中【打印到文件】复选项。选中此复选项后，系统将控制绘图设备的指令输出到一个扩展名为“.prn”的文件中，而不是直接送往绘图设备。输出成功后，用户可单独使用此文件在没有安装 CAXA 的计算机上打印。

二、【纸张】分组框

【纸张】分组框用来设置当前所选打印机的纸张大小、来源及方向。

- 大小：在此下拉列表中选择纸张的大小。
- 方式：在此下拉列表中设置纸张来源，有【自动供纸器】和【手动供纸器】两种方式。
- 纵向：设置图纸方向为竖放。
- 横向：设置图纸方向为横放。

三、【拼图】分组框

【拼图】分组框用来设置在打印时用若干小号图纸拼出大图时的属性。

- 拼图：若选中此复选项，则系统自动用若干张小号图纸拼出大号图形。拼图的张数根据系统当前的纸张大小和所选图纸幅面的大小来决定。
- 拼图时 1∶1：表示在拼图时按照打印机的可打印区域大小（而不是按照纸张大小）进行拼图。该复选项只有在选中【拼图】复选项和在【映射关系】分组框中选择【1∶1】单选项后才可用。

如果希望拼图输出的结果为 1∶1，并且所有图形均在打印机的硬裁剪区域内，则可在选中【拼图】复选项的同时选中【拼图时 1∶1】复选项和在【映射关系】分组框中选择【1∶1】单选项。注意，此时所需的纸张数将多于不选择【拼图时 1∶1】复选项时的纸张数。

四、【图形方向】分组框

【图形方向】分组框用来设置图形的旋转角度。

- 0 度：设置图型的旋转角度为 0°。
- 90 度：设置图型的旋转角度为 90°。

五、【输出图形】分组框

【输出图形】分组框用来设置待输出图形的范围。

- 标准图纸：输出当前系统定义的图纸幅面内的图形。
- 显示图形：输出在当前屏幕上显示出的图形。
- 极限图形：输出当前系统所有可见的图形。
- 窗口图形：输出在用户指定的矩形框内的图形。

六、【映射关系】分组框

【映射关系】分组框用来设置屏幕上的图形与输出到图纸上的图形的比例关系。

- 自动填满：使输出的图形完全在图纸的可打印区域内。
- 1:1：将图形按照 1:1 的比例输出。
- 其他：输出的图形按照用户自定义的比例进行输出。

七、【页面范围】分组框

【页面范围】分组框用来设置输出多张图纸时可打印的范围。

- 全部：将所有的图纸打印输出。
- 指定页码：只打印用户指定页码的图纸。

八、【定位方式】分组框

【定位方式】分组框用来设置打印时图形在纸张上的位置。只有在【映射关系】分组框中选择【1:1】或【其他】单选项时，该分组框才可用。

- 中心定位：图形的原点与纸张的中心相对应，打印结果是图形在纸张的中间。
- 左上角定位：图框的左上角与纸张的左上角相对应，打印结果是图形在纸张的左上角。

九、【打印偏移】分组框

【打印偏移】分组框用来设置打印定位点的移动距离。

- X：打印定位点相对于图形原点在 x 方向上移动的距离。
- Y：打印定位点相对于图形原点在 y 方向上移动的距离。

当图纸幅面与打印纸的大小相同时，由于打印机有硬裁剪区，因此可能导致输出的图形不完全。用户若要得到 1:1 的图纸，可采用拼图的方法。

以上各参数都设置好后，单击 预显 按钮，此时在屏幕上将模拟显示绘图的输出效果。

10.2 按颜色设置

用户在打印图纸时，可以根据线型颜色设置线型宽度，并按照设置输出图纸。

单击图 10-1 中的 编辑线型 按钮，弹出如图 10-2 所示的对话框，然后选择【按颜色设置】复选项，弹出【按颜色设置】对话框，如图 10-3 所示。该对话框中有【列表视图】和【格式视图】

两个选项卡，说明如下。

图 10-2 【按颜色设置】对话框

一、【列表视图】选项卡

用户利用【列表视图】选项卡可对线型或颜色进行一对一的修改，如图 10-2 所示。

修改线型时，双击【实体线宽】选项后可直接输入线型的宽度，如图 10-3 所示。用户也可选中【系统线宽】复选项，在下拉列表中选择给定的线宽。更改后的线宽自动保存，下次打开时默认为上次的设置。

修改颜色时，双击【对象颜色】选项，在其下拉列表中选择相应的颜色即可。

二、【格式视图】选项卡

用户利用【格式视图】选项卡可对线型进行多对一的修改，这对把多种颜色修改为同一种颜色特别有用。用户也可以在该对话框中为不同颜色的线型指定相应的线宽，如图 10-4 所示。

图 10-3 【列表视图】选项卡

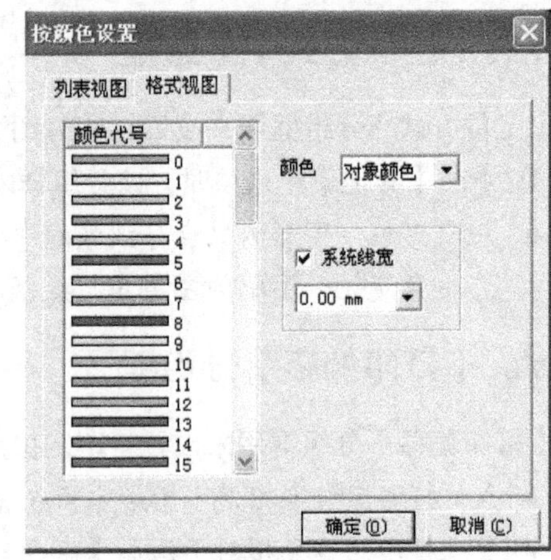

图 10-4 【格式视图】选项卡

10.3 按线型设置

选择菜单命令【文件】/【打印】或单击【标准】工具栏上的 按钮，在弹出的【打印对话框】中单击编辑线型按钮，弹出图 10-5 所示的【线型设置】对话框。

系统提供了标准线型的输出宽度，在【粗线宽】和【细线宽】下拉列表中列出了国标规定的线宽系列值。用户可选取其中任意一组，也可直接输入数值。线宽的有效范围为 0.18～2.0mm。

若在该对话框中选中【使用标准线型】复选项，则按标准线型进行打印，否则按用户自定义的线型打印。

图 10-5 【线型设置】对话框

当设备为"笔式绘图仪"时，线宽与笔宽有关。

10.4 习题

1. 绘制如图 10-6 所示零件图，并选择合适的图纸进行打印。
2. 绘制如图 10-7 所示零件图，并选择合适的图纸进行打印。

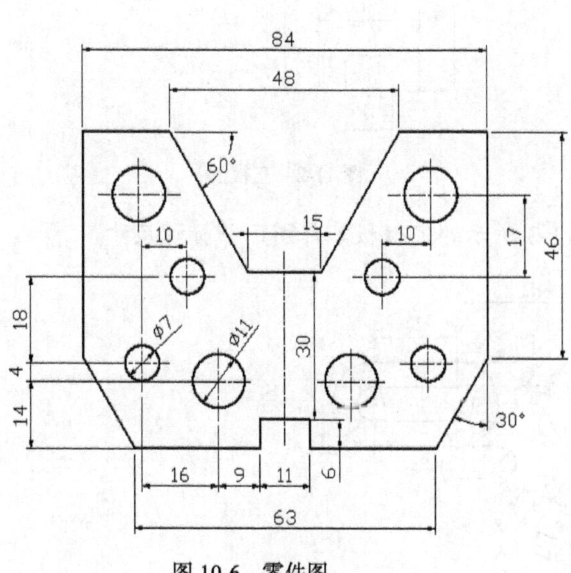

图 10-6 零件图

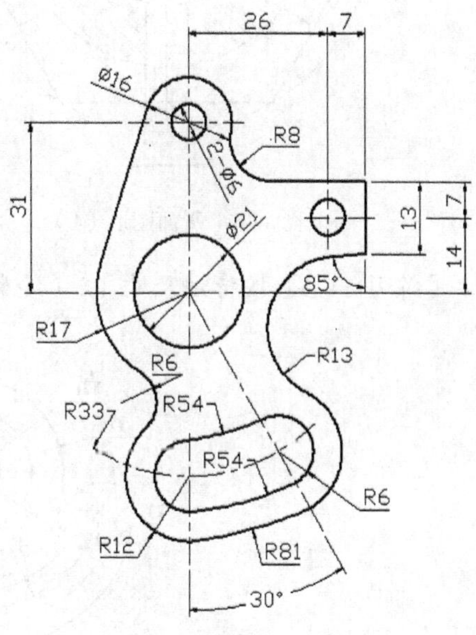

图 10-7 零件图

第11章 CAXA国家制图员考试练习题

为满足各高职高专院校学生参加绘图员考试的需要，本章结合劳动部职业技能证书考试的内容，安排了一定数量的练习，可使学生进一步掌握绘图技能。

【练习 11-1】按标注尺寸 1∶1 绘制图 11-1 所示的平面图形（不标尺寸）。

【练习 11-2】按标注尺寸 1∶1 绘制图 11-2 所示的三视图，并标注尺寸。

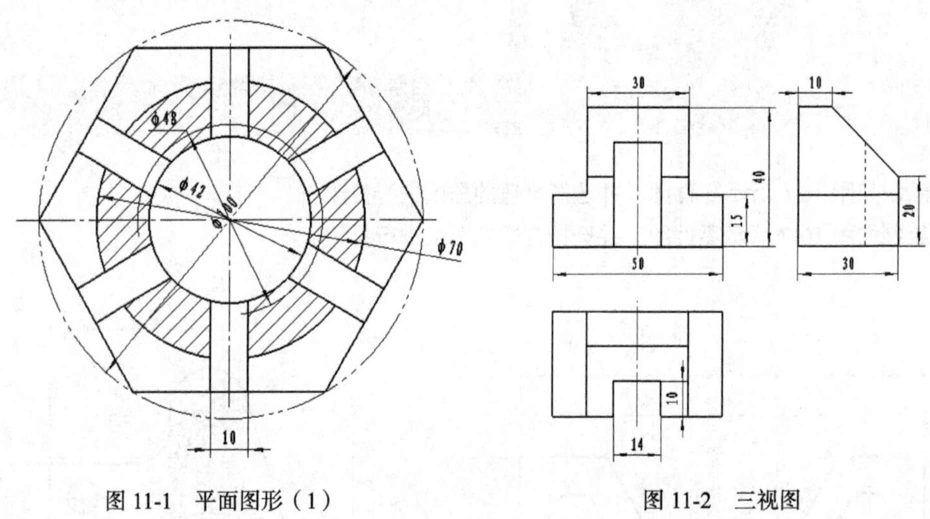

图 11-1 平面图形（1） 图 11-2 三视图

【练习 11-3】按标注尺寸 1∶1 绘制图 11-3 所示的定位板零件图，并标注尺寸。

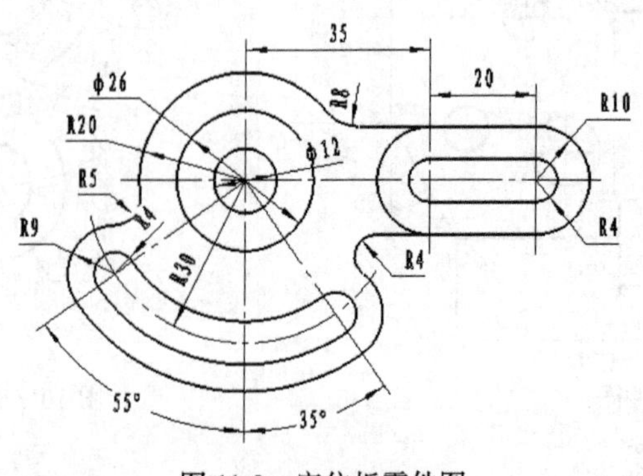

图 11-3 定位板零件图

【练习 11-4】按标注尺寸 1∶1 绘制图 11-4 所示的平面图形（不标注尺寸）。

【练习 11-5】按标注尺寸 1∶4 绘制图 11-5 所示的平面图形，并标注尺寸。

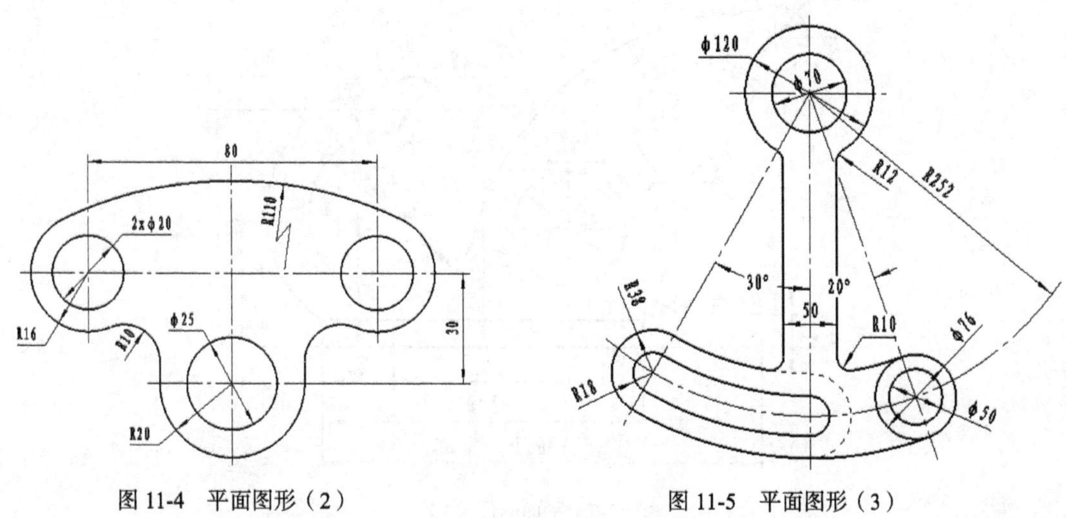

图 11-4　平面图形（2）　　图 11-5　平面图形（3）

【练习 11-6】按标注尺寸 1∶1 绘制图 11-6 所示的零件图，并标注尺寸、粗糙度及填写技术要求。

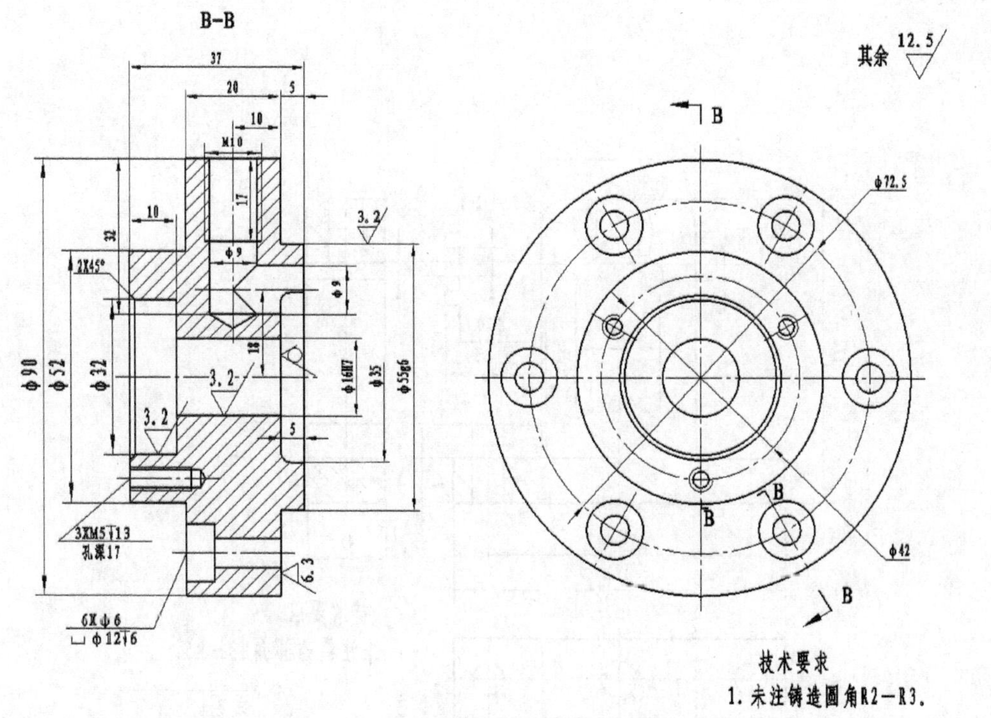

图 11-6　零件图

【练习 11-7】按标注尺寸 1∶2 绘制图 11-7 所示的平面图形，并标注尺寸。

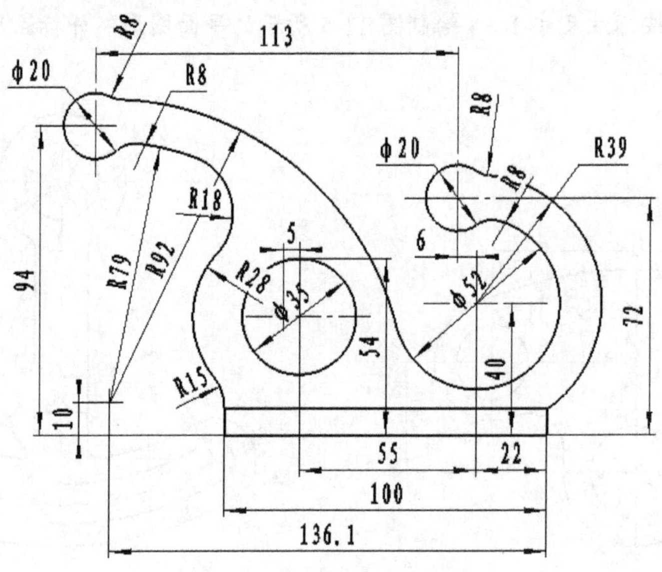

图 11-7　平面图形（4）

【练习 11-8】按标注尺寸 1∶2 绘制图 11-8 所示的钳体零件图，并标注尺寸和粗糙度，然后根据零件图按 1∶2 绘制图 11-12 所示的钳座装配图的主视图、俯视图，并标注序号和尺寸（图 11-9～图 11-11 所示的零件图见素材文件）。

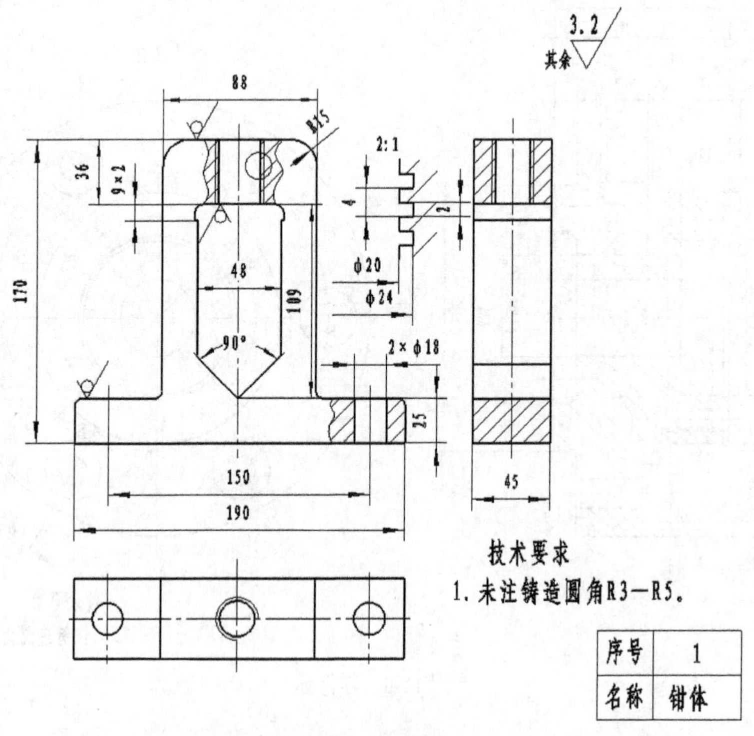

序号	1
名称	钳体

图 11-8　钳体零件图

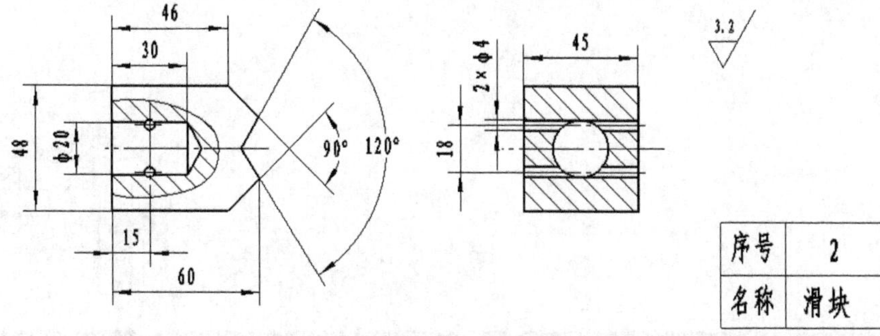

序号	2
名称	滑块

图 11-9　滑块零件图

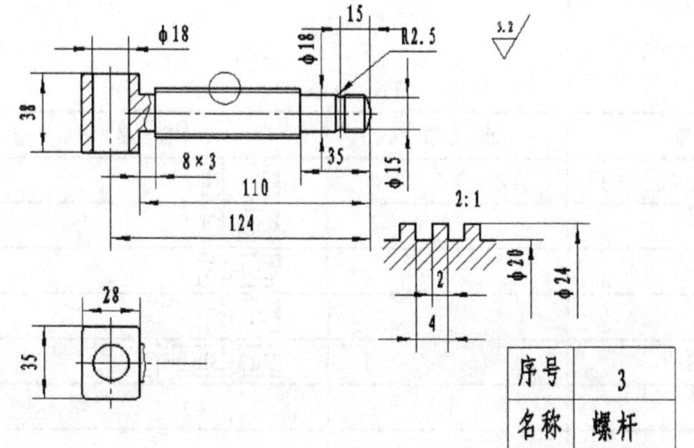

序号	3
名称	螺杆

图 11-10　螺杆零件图

序号	4（无图）	国标	GB119.1
名称	圆柱销4×45°	数量	2

图 11-11　圆柱销明细表

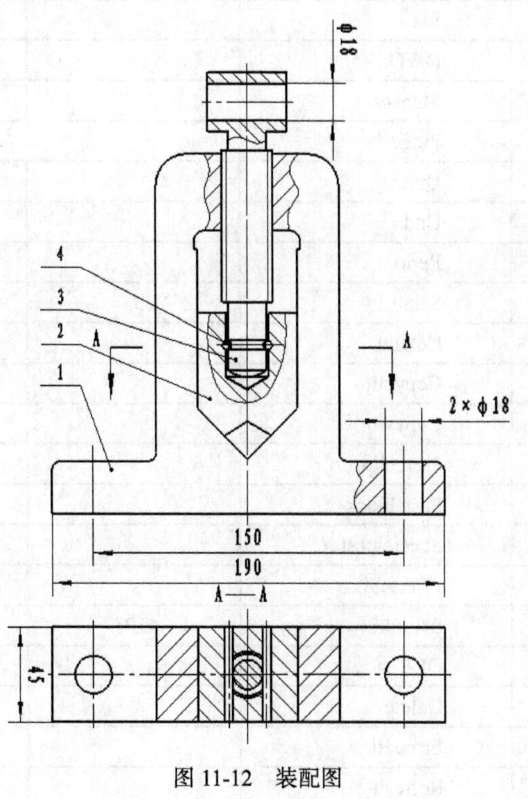

图 11-12　装配图

功能名称	键盘命令	简化命令	快捷键
新建	New		Ctrl+N
打开	Open		Ctrl+O
关闭	Close		Ctrl+W
保存	Save		Ctrl+S
另存为	Saveas		Ctrl+Shift+S
并入	Merge		
部分存储	Partsave		
打印	Plot		Ctrl+P
文件检索	Idx		Ctrl+F
DWG/DXF 批转换器	DWG		
模块管理器	Manage		
清理	Purge		
退出	Quit		
撤销	Undo		Alt+F4
恢复	Redo		Ctrl+Z
选择所有	Selall		Ctrl+Y
剪切	Cutclip		Ctrl+A
复制	Copyclip		Ctrl+X
带基点复制	Copywb		Ctrl+C
粘贴	Pasteclip		Ctrl+Shift+C
粘贴为块	Pasteblock		Ctrl+V
选择性粘贴	Specialpaste		Ctrl+Shift+V
插入对象	Insertobj		Ctrl+R
链接	Setlink	OBJ	
OLE 对象	OLE		Ctrl+K
清除	Delete		
删除所有	Eraseall		Delete
重新生成	Refresh		

续表

功能名称	键盘命令	简化命令	快捷键
全部重新生成	Refreshall		
显示窗口	Zoom	Z	
显示平移	Pan	P	
显示全部	Zoomall	ZA	F3
显示复原	Home		Home
显示比例	Vscale		
显示回溯	Prev	ZP	
显示向后	Next	ZN	
显示放大	Zoomin		PageUp
显示缩小	Zoomout		PageDown
动态平移	Dyntrans		鼠标中键/Shift+鼠标左键
动态缩放	Dynscale		鼠标滚轮/Shift+鼠标右键
图层	Layer		
线型	Ltype		
颜色	Color		
线宽	Wide		
点样式	Ddptype		
文本样式	Textpara		
尺寸样式	Dimpara		
引线样式	Ldtype		
形位公差样式	Fcstype		
粗糙度样式	Roughtype		
焊接符号样式	Weldtype		
基准代号样式	Datumtype		
剖切符号样式	Hatype		
序号样式	Ptnotype		
明细表样式	Tbltype		
样式管理	Type	T	
图幅设置	Setup		
调入图框	Frmload		
定义图框	Frmdef		
存储图框	Frmsave		
填写图框	Frmfill		
编辑图框	Frmedit		
调入标题栏	Headload		
定义标题栏	Headdef		
存储标题栏	Headsave		
填写标题栏	Headerfill		
编辑标题栏	Headeredit		

续表

功能名称	键盘命令	简化命令	快捷键
调入参数栏	Paraload		
定义参数栏	Paradef		
存储参数栏	Parasave		
填写参数栏	Parafill		
编辑参数栏	Paraedit		
生成序号	Ptno		
删除序号	Ptnodel		
编辑序号	Ptnoedit		
交换序号	Ptnochange		
明细表删除表项	Tbldel		
明细表表格折行	Tblbrk		
填写明细表	Tbledit		
明细表插入空行	Tblnew		
输出明细表	Tableexport		
明细表数据库操作	Tabdat		
直线	Line	L	
两点线	Lpp		
角度线	La		
角等分线	Lia		
切线/法线	Ltn		
等分线	Bisector		
平行线	Parallel	LL	
圆	Circle	C	
圆：圆心_直径	Cir		
圆：两点	Cppl		
圆：三点	Cppp		
圆：两点_半径	Cppr		
圆弧	Arc	A	
圆弧：三点	Appp		
圆弧：圆心起点圆心角	Acsa		
圆弧：两点半径	Appr		
圆弧：圆心半径起终角	Acra		
圆弧：起点终点圆心角	Asea		
圆弧：起点半径起终角	Asra		
样条	Spline	SPL	
点	Point	PO	
公式曲线	Fomul		
椭圆	Ellipse	EL	
矩形	Rect		

续表

功能名称	键盘命令	简化命令	快捷键
正多边形	Polygon		
多段线	Pline		
中心线	Centerl		
等距线	Offset	O	
剖面线	Hatch	H	
填充	Solid		
文字	Text		
局部放大图	Enlarge		
波浪线	Wavel		
双折线	Condup		
箭头	Arrow		
齿轮	Gear		
圆弧拟合样条	Nhs		
孔 /轴	Hole		
插入图片	Insertimage		
图片管理器	Image		
块创建	Block		
块插入	Insertblock		
块消隐	Hide		
属性定义	Attrib		
粘贴为块	Pasteblock		Ctrl+Alt+V
块编辑	Blockedit	BE	
块在位编辑	Refedit	RE	
提取图符	Sym		
定义图符	Symdef		
图库管理	Symman		
驱动图符	Symdrv		
图库转换	Symexchange		
构件库（见构件库表）			
尺寸标注	Dim	D	
基本标注	Powerdim		
基线标注	Basdim		
连续标注	Contdim		
三点角度标注	3parcdim		
角度连续标注	Continuearcdim		
半标注	Halfdim		
大圆弧标注	Arcdim		
射线标注	Radialdim		
锥度/斜度标注	Gradientdim		

续表

功能名称	键盘命令	简化命令	快捷键
曲率半径标注	Curvradiusdim		
坐标标注	Dimco	DC	
原点标注	Origindim		
快速标注	Fastdim		
自由标注	Freedim		
对齐标注	Aligndim		
孔位标注	Hsdim		
引出标注	downleaddim		
自动列表	Autolist		
倒角标注	Dimch		
引出说明	Ldtext		
粗糙度	Rough		
基准代号	Datum		
形位公差	Fcs		
焊接符号	Weld		
剖切符号	Hatchpos		
中心孔标注	Dimhole		
技术要求	Speclib		
删除	Erase		Delete
删除重线	Eraseline		
平移	Move	MO	
平移复制	Copy		
旋转	Rotate	RO	
镜像	Mirror	MI	
缩放	Scale	SC	
阵列	Array	AR	
过渡	Corner	CO	
圆角	Fillet		
多圆角	Fillets		
倒角	Chamfer		
外倒角	Chamferaxle		
内倒角	Chamferhole		
多倒角	Chamfers		
尖角	Sharp		
裁减	Trim	TR	
齐边	Edge	ED	
打断	Break	BR	
拉伸	Stretch	S	
分解	Explode	EX	

续表

功能名称	键盘命令	简化命令	快捷键
标注编辑	Dimedit		
尺寸驱动	Drive		
特性匹配	Match		
切换尺寸风格	Dimset		
文本参数编辑	Textset		
文字查找替换	Textoperation		
三视图导航	Guide		
坐标点	Id		
两点距离	Dist		
角度	Angle		
元素属性	List		
周长	Circum		
面积	Area		
重心	Barcen		
惯性矩	Iner		
系统状态	Status		
特性	Properties		
置顶	Totop		
置底	Tobottom		
置前	Tofront		
置后	Toback		
文字置顶	Texttotop		
尺寸置顶	Dimtotop		
文字或尺寸置顶	Tdtotop		
新建用户坐标系	Newucs		
管理用户坐标系	Switch		
打印排版	Printool		
EXB 浏览器	Exbview		
工程计算器	Caxacalc		
计算器	Calc		
画笔	Paint		
智能点工具设置	Potset		
拾取过滤设置	Objectset		
自定义界面	Customize		

续表

功能名称	键盘命令	简化命令	快捷键
界面重置	Interfacereset		
界面加载	Interfaceload		
界面保存	Interfacesave		
选项	Syscfg		
关闭窗口	Close		
全部关闭窗口	Closeall		
层叠窗口	Cascade		
横向平铺	Horizontally		
纵向平铺	Vertically		
排列图标	Arrange		
帮助	Help		F1
关于电子图板	About		
构件库：单边洁角	Concs		
构件库：双边洁角	Concd		
构件库：单边止锁孔	Conch		
构件库：双边止锁孔	Conci		
构件库：孔根部退刀槽	Conce		
构件库：孔中部退刀槽	Concm		
构件库：孔中部圆弧退刀槽	Conca		
构件库：轴端部退刀槽	Conco		
构件库：轴中部退刀槽	Concp		
构件库：轴中部圆弧退刀槽	Concq		
构件库：轴中部角度退刀槽	Concr		
构件库：径向轴承润滑槽 1	Conla		
构件库：径向轴承润滑槽 2	Conlb		
构件库：径向轴承润滑槽 3	Conlc		
构件库：推力轴承润滑槽 1	Conlh		
构件库：推力轴承润滑槽 2	Conli		
构件库：推力轴承润滑槽 3	Conlj		
构件库：平面润滑槽 1	Conlo		
构件库：平面润滑槽 2	Conlp		
构件库：平面润滑槽 3	Conlq		
构件库：平面润滑槽 4	Conlr		
构件库：滚花	Congg		

续表

功能名称	键盘命令	简化命令	快捷键
构件库：圆角或倒角	Congc		
构件库：磨外圆	Conro		
构件库：磨内圆	Conri		
构件库：磨外端面	Conre		
构件库：磨内端面	Conrf		
构件库：磨内圆及端面	Conra		
构件库：磨内圆及端面	Conrb		
构件库：平面	Conrp		
构件库：V 型	Conrv		
构件库：燕尾导轨	Conrt		
构件库：矩形导轨	Conrr		
转图工具：幅面初始化	Frminit		
转图工具：填写标题栏	Headerfill		
转图工具:转换明细表表头	Tblhtrans		
转图工具：转换明细表	Tbltransform		
转图工具：补充序号	Ptnoadd		
转图工具：恢复标题栏	Rehead		
转图工具：恢复图框	Refrm		
切换正交	Ortho		F8
切换线宽	Showide		
切换动态输入	Showd		
切换捕捉方式	Catch		F6
切换	Interface		F9
添加到块内	Blockin		
从块内移出	Blockout		
取消块在位编辑	Blockonqwo		
完成块在位编辑	Blockonqws		
退出块编辑	Blockq		
指定参考点			F4
切换当前坐标系			F5
切换相对/坐标值			F2
三维视图导航开关			F7
标准工具条			Ctrl+B

续表

功能名称	键盘命令	简化命令	快捷键
颜色图层工具条			Ctrl+E
常用工具条			Ctrl+U
主菜单			Ctrl+M
状态条			Ctrl+T
特性窗口			Ctrl+Q
立即菜单			Ctrl+I